U0151073

国防科技图书出版基金

镍基单晶合金
高温氧化与腐蚀

High Temperature Oxidation and Corrosion of Ni-based Single Crystal Alloys

温志勋　裴海清　李振威　赵云松　岳珠峰　著

国防工业出版社

·北京·

图书在版编目（CIP）数据

镍基单晶合金高温氧化与腐蚀 / 温志勋等著. 一北
京：国防工业出版社，2024.1
ISBN 978-7-118-12877-2

Ⅰ. ①镍…　Ⅱ. ①温…　Ⅲ. ①镍基合金－耐热合金－
研究　Ⅳ. ①TG146.1

中国国家版本馆 CIP 数据核字（2023）第 039710 号

※

国防工业出版社出版发行

（北京市海淀区紫竹院南路 23 号　邮政编码 100048）
雅迪云印（天津）科技有限公司印刷
新华书店经售

*

开本 710×1000　1/16　插页 12　印张 17　字数 292 千字
2024 年 1 月第 1 版第 1 次印刷　印数 1—1500 册　定价 148.00 元

（本书如有印装错误，我社负责调换）

国防书店：(010) 88540777　　书店传真：(010) 88540776
发行业务：(010) 88540717　　发行传真：(010) 88540762

致读者

本书由中央军委装备发展部**国防科技图书出版基金**资助出版。

为了促进国防科技和武器装备发展，加强社会主义物质文明和精神文明建设，培养优秀科技人才，确保国防科技优秀图书的出版，原国防科工委于1988年初决定每年拨出专款，设立国防科技图书出版基金，成立评审委员会，扶持、审定出版国防科技优秀图书。这是一项具有深远意义的创举。

国防科技图书出版基金资助的对象是：

1. 在国防科学技术领域中，学术水平高，内容有创见，在学科上居领先地位的基础科学理论图书；在工程技术理论方面有突破的应用科学专著。

2. 学术思想新颖，内容具体、实用，对国防科技和武器装备发展具有较大推动作用的专著；密切结合国防现代化和武器装备现代化需要的高新技术内容的专著。

3. 有重要发展前景和有重大开拓使用价值，密切结合国防现代化和武器装备现代化需要的新工艺、新材料内容的专著。

4. 填补目前我国科技领域空白并具有军事应用前景的薄弱学科和边缘学科的科技图书。

国防科技图书出版基金评审委员会在中央军委装备发展部的领导下开展工作，负责掌握出版基金的使用方向，评审受理的图书选题，决定资助的图书选题和资助金额，以及决定中断或取消资助等。经评审给予资助的图书，由国防工业出版社出版发行。

国防科技和武器装备发展已经取得了举世瞩目的成就，国防科技图书承担着记载和弘扬这些成就，积累和传播科技知识的使命。开展好评审工作，使有限的基金发挥出巨大的效能，需要不断摸索、认真总结和及时改进，更需要国防科技和武器装备建设战线广大科技工作者、专家、教授，以及社会各界朋友的热情支持。

让我们携起手来，为祖国昌盛、科技腾飞、出版繁荣而共同奋斗！

国防科技图书出版基金
评审委员会

前　言

　　镍基单晶合金可承载 1400K 以上高温，是制造先进航空发动机高压涡轮叶片的首选材料。抗高温氧化和腐蚀性能是镍基单晶合金应用中必须考虑的重要性能指标，特别是对于长寿命的民机、舰载机发动机以及地面燃气轮机。高温氧化与腐蚀可使合金抗疲劳、蠕变能力降低，诱发表面裂纹和缺陷，加速合金的失效。这将严重降低热端部件的使用寿命，从而对发动机的服役寿命构成严重威胁。因此，镍基单晶合金高温氧化与腐蚀是涡轮叶片设计和安全使用需要考虑的关键因素。

　　在长时高温服役环境下，温度、时间、加工表面状态、氧浓度、应力、腐蚀介质等因素均会对镍基单晶合金的高温氧化与腐蚀行为产生显著的影响，同时，高温氧化和力学行为的耦合作用也严重影响热端部件的强度和寿命。针对镍基单晶合金的氧化与腐蚀行为的研究，当前大多为短时条件（<500h），考虑的影响因素种类也较少，并且氧化腐蚀与蠕变、疲劳等高温力学行为耦合作用的系统性研究还比较缺乏。因此本书针对多元镍基单晶合金长时高温氧化与腐蚀行为、不同影响因素对氧化与腐蚀行为的影响以及高温氧化对蠕变、疲劳等力学行为的影响开展了系统性的研究。

　　本书共 13 章：第 1 章为研究背景与现状；第 2 章研究了多组元镍基单晶合金在高温条件下的长时（2000h）氧化机理并建立了分阶段氧化动力学模型；第 3 章研究了特定条件下稳定 $\alpha-Al_2O_3$ 保护性氧化层的长时演化机理并建立了分阶段氧化动力学模型；第 4~7 章分别研究了表面粗糙度、氧浓度、应力和气膜孔制孔再铸层对镍基单晶合金高温氧化行为的影响机理并建立了氧化动力学模型；第 8 章和第 9 章分别研究了镍基单晶合金的热腐蚀机理和电化学腐蚀机理，建立了不同盐环境下的腐蚀动力学模型；第 10 章研究了高温氧化对镍基单晶合金蠕变行为的影响机理并建立了考虑氧化影响的蠕变寿命模型；第 11 章和第 12 章分别研究了高温氧化对镍基单晶合金热疲劳裂纹萌生和扩展行为的影响机理并建立了寿命模型；第 13 章研究了高温氧化对含再铸层气膜孔结构热疲劳行为的影响。

　　针对镍基单晶合金的服役环境，作者系统研究了其高温氧化与腐蚀行为以及氧化与力学耦合行为，主要涉及高温合金氧化、热腐蚀、电化学腐蚀、蠕变和热疲劳等试验技术，超景深光学显微（OM）、X 射线衍射（XRD）、扫描电镜（SEM）、能谱分析（EDS）、共聚焦离子束（FIB）、透射电镜（TEM）等分析测试技术，以及氧化动力学、氧化扩散理论、晶体塑性理论、损伤力学和断裂力学等理论方法。本书由长期从事镇基单晶合金高温强度与寿命研究的科研人员撰写，重点强调实用性，适合航空航天、力学、金属材料工程专业相关科研工作人员阅读和参考。

本书涉及的研究工作得到了国家自然科学基金面上项目（52375158，52105147）、国家"两机"科技重大专项（2017-Ⅳ-0003-0040，2019-Ⅳ-0011-0079）、陕西省杰出青年科学基金（2020JC-16）、中国航空发动机集团有限公司项目的资助。西北工业大学力学与土木建筑学院研究生杨艳秋、李萌、杨一哲、李震为本书的撰写付出了辛勤劳动。本书的出版得到了国防科技图书出版基金的资助和国防工业出版社的支持，在此一并表示感谢。

由于作者水平有限，书中难免存在不妥和疏漏之处，恳请读者批评指正。

温志勋

目　录

第1章　绪论 …………………………………………………………… 001

1.1　背景及意义 ……………………………………………………… 001

1.2　研究现状 ………………………………………………………… 004

参考文献 ……………………………………………………………… 006

第2章　镍基单晶合金长时高温氧化行为 ………………………… 009

2.1　引言 ……………………………………………………………… 009

2.2　长时高温氧化试验 ……………………………………………… 009

2.3　氧化层物相表征 ………………………………………………… 010

2.4　氧化层结构分析 ………………………………………………… 012

　　2.4.1　50h/1050℃条件下氧化层结构 …………………………… 012

　　2.4.2　500h/1050℃条件下氧化层结构 ………………………… 014

　　2.4.3　50h/1100℃条件下氧化层结构 …………………………… 015

　　2.4.4　300h/1100℃条件下氧化层结构 ………………………… 016

　　2.4.5　1050℃和1100℃条件下长时高温氧化层结构 ………… 017

2.5　氧化层厚度变化规律 …………………………………………… 019

2.6　氧化动力学分析 ………………………………………………… 020

2.7　氧化机理 ………………………………………………………… 022

2.8　本章小结 ………………………………………………………… 024

参考文献 ……………………………………………………………… 025

第3章　镍基单晶合金保护性 $\alpha-Al_2O_3$ 层演化行为 ………… 026

3.1　引言 ……………………………………………………………… 026

3.2　保护性 $\alpha-Al_2O_3$ 层演化试验 …………………………… 026

3.3　氧化层物相表征 ………………………………………………… 026

3.4　氧化层结构分析 ………………………………………………… 028

3.4.1　50h/1000℃条件下氧化层结构 ·················· 028

3.4.2　500h/1000℃条件下氧化层结构 ················· 029

3.4.3　1000h/1000℃条件下氧化层结构 ·············· 032

3.4.4　2000h/1000℃条件下氧化层结构 ·············· 033

3.5　保护性 α-Al$_2$O$_3$ 层演化动力学分析 ·············· 034

3.6　保护性 α-Al$_2$O$_3$ 层厚度生长规律 ·············· 036

3.7　氧化机理 ·· 039

3.8　本章小结 ·· 041

参考文献 ·· 042

第4章　表面粗糙度对镍基单晶合金氧化行为的影响 ·············· 043

4.1　引言 ··· 043

4.2　不同表面粗糙度高温氧化试验 ····················· 043

4.3　氧化层物相表征 ······································· 046

4.4　氧化层结构分析 ······································· 048

4.5　氧化动力学分析 ······································· 054

4.6　初始氧化行为分析 ···································· 057

4.6.1　初始氧化产物宏观形貌 ·················· 057

4.6.2　初始氧化产物微观形貌 ·················· 059

4.7　表面粗糙度对氧化行为的影响机理 ·············· 062

4.8　表面粗糙度对力学性能的影响 ···················· 065

4.9　本章小结 ·· 065

参考文献 ·· 066

第5章　氧浓度对镍基单晶合金氧化行为的影响 ·············· 068

5.1　引言 ··· 068

5.2　不同氧浓度下的氧化试验 ··························· 068

5.3　氧化物相表征 ·· 069

5.4　氧化层结构分析 ······································· 071

5.4.1　10%（贫氧）氧浓度下氧化层结构 ·············· 071

5.4.2　21%（模拟大气）氧浓度下氧化层结构 ·············· 075

5.4.3　30%（富氧）氧浓度下氧化层结构 ·············· 078

5.5　氧化动力学分析 ······································· 081

5.6　氧浓度对镍基单晶合金氧化行为的影响 ················ 082

5.7　氧化机理 ·················· 084

5.8　本章小结 ·················· 085

参考文献 ·················· 086

第 6 章　应力对镍基单晶合金氧化行为的影响 ············· 087

6.1　引言 ·················· 087

6.2　不同应力下的氧化试验 ·················· 087

6.3　氧化物相表征 ·················· 089

6.4　表面氧化物及其演化过程 ·················· 090

6.5　氧化层结构分析 ·················· 094

6.6　氧化动力学分析 ·················· 097

6.7　应力对镍基单晶合金氧化的影响 ·············· 099

6.8　氧化机理 ·················· 101

6.9　本章小结 ·················· 102

参考文献 ·················· 103

第 7 章　制孔再铸层对镍基单晶合金高温氧化行为的影响 ············· 104

7.1　引言 ·················· 104

7.2　气膜孔制孔再铸层氧化试验 ·················· 105

7.3　氧化物相表征 ·················· 106

7.4　基体-常规再铸层/缺陷再铸层氧化行为分析 ·············· 110

7.5　再铸层氧化动力学行为分析 ·················· 112

7.6　气膜孔再铸层热影响层动力学 ·················· 113

7.7　再铸层关键氧化物 α-Al_2O_3 演化行为 ·············· 115

7.8　本章小结 ·················· 117

参考文献 ·················· 118

第 8 章　镍基单晶合金热腐蚀行为 ················ 120

8.1　引言 ·················· 120

8.2　不同盐分下的热腐蚀试验 ·················· 121

8.2.1　试样制备 ·················· 121

8.2.2　试验方法 ·················· 121

8.3　热腐蚀动力学分析 ·················· 122

8.4 热腐蚀产物物相表征 ·················· 127

8.5 热腐蚀产物表面形貌分析 ·················· 130

8.6 热腐蚀产物结构分析 ·················· 144

8.6.1 类型-Ⅰ盐膜成分 ·················· 144

8.6.2 类型-Ⅱ盐膜成分 ·················· 147

8.6.3 类型-Ⅲ盐膜成分 ·················· 150

8.7 盐膜成分对合金腐蚀程度的影响 ·················· 153

8.8 本章小结 ·················· 154

参考文献 ·················· 155

第9章 镍基单晶合金电化学腐蚀行为 ·················· 156

9.1 引言 ·················· 156

9.2 不同取向电化学腐蚀试验 ·················· 157

9.2.1 材料与预处理 ·················· 157

9.2.2 电化学测试 ·················· 157

9.2.3 微观结构表征 ·················· 157

9.3 电化学腐蚀产物物相表征 ·················· 158

9.4 不同取向电化学行为 ·················· 159

9.4.1 开路电位 ·················· 159

9.4.2 动电位极化 ·················· 159

9.5 钝化膜特征 ·················· 160

9.5.1 横电位极化 ·················· 160

9.5.2 电化学阻抗谱 ·················· 161

9.5.3 钝化膜的表面形态 ·················· 163

9.5.4 钝化膜的成分 ·················· 166

9.6 取向相关性腐蚀机理 ·················· 170

9.7 钝化膜致密性和成分占比的影响 ·················· 171

9.7.1 钝化膜致密性的影响 ·················· 171

9.7.2 钝化膜成分占比的影响 ·················· 172

9.8 电化学腐蚀机制 ·················· 173

9.9 本章小结 ·················· 176

参考文献 ·················· 176

第10章 高温氧化对镍基单晶合金蠕变行为的影响 ·················· 178

10.1 引言 ·················· 178

10.2　氧化–蠕变试验 ·· 178

10.3　氧化对镍基单晶合金蠕变性能的影响 ························· 179

10.4　镍基单晶合金高温氧化动力学模型 ···························· 185

10.5　晶体塑性蠕变理论 ··· 186

10.6　预氧化初始损伤模型 ·· 188

10.7　蠕变协变形理论 ··· 191

10.8　热影响层–基体两相损伤模型 ······································ 192

10.9　模型对比 ·· 195

10.10　本章小结 ·· 196

参考文献 ··· 196

第 11 章　高温氧化对镍基单晶合金热疲劳裂纹萌生的影响 ······· 198

11.1　引言 ·· 198

11.2　瞬态热冲击疲劳裂纹萌生试验 ····································· 198

11.3　瞬态热冲击裂纹萌生寿命及形貌 ·································· 200

11.4　瞬态热冲击疲劳裂纹萌生寿命预测 ······························ 204

11.4.1　各向异性瞬态热冲击本构理论 ························· 204

11.4.2　寿命预测模型 ··· 208

11.4.3　寿命预测结果 ··· 208

11.5　瞬态热应力的产生机理 ··· 211

11.6　瞬态热冲击过程中分切应力–应变变化规律 ··················· 212

11.7　温度对瞬态热冲击应力–应变的影响 ···························· 215

11.8　氧化和腐蚀 ··· 216

11.9　本章小结 ·· 217

参考文献 ··· 218

第 12 章　高温氧化对镍基单晶合金热疲劳裂纹扩展的影响 ······· 220

12.1　引言 ·· 220

12.2　瞬态热冲击疲劳裂纹扩展试验 ····································· 221

12.3　裂纹扩展行为 ·· 222

12.4　裂纹扩展机理 ·· 225

12.5　氧化对裂纹扩展行为的影响 ··· 227

12.6　瞬态热冲击疲劳裂纹扩展寿命预测 ······························ 228

12.6.1　各向异性瞬态热疲劳裂纹扩展理论 ··············· 228

12.6.2 寿命预测模型 ⋯⋯⋯⋯⋯⋯⋯⋯⋯⋯⋯⋯⋯⋯⋯ 229

12.6.3 弹塑性条件下裂纹尖端瞬态热应力 ⋯⋯⋯⋯ 232

12.6.4 应力强度因子和 J-积分 ⋯⋯⋯⋯⋯⋯⋯⋯⋯ 232

12.6.5 热疲劳裂纹扩展寿命预测 ⋯⋯⋯⋯⋯⋯⋯⋯ 234

12.7 本章小结 ⋯⋯⋯⋯⋯⋯⋯⋯⋯⋯⋯⋯⋯⋯⋯⋯⋯⋯ 237

参考文献 ⋯⋯⋯⋯⋯⋯⋯⋯⋯⋯⋯⋯⋯⋯⋯⋯⋯⋯⋯⋯ 237

第 13 章 高温氧化对镍基单晶合金气膜孔结构热疲劳行为的影响 ⋯ 239

13.1 引言 ⋯⋯⋯⋯⋯⋯⋯⋯⋯⋯⋯⋯⋯⋯⋯⋯⋯⋯⋯⋯ 239

13.2 热疲劳行为研究 ⋯⋯⋯⋯⋯⋯⋯⋯⋯⋯⋯⋯⋯⋯⋯ 240

13.2.1 热疲劳理论 ⋯⋯⋯⋯⋯⋯⋯⋯⋯⋯⋯⋯⋯⋯⋯ 240

13.2.2 热疲劳裂纹萌生及扩展 ⋯⋯⋯⋯⋯⋯⋯⋯⋯ 240

13.3 气膜孔结构热疲劳试验 ⋯⋯⋯⋯⋯⋯⋯⋯⋯⋯⋯ 241

13.4 瞬态热冲击下热疲劳裂纹形貌 ⋯⋯⋯⋯⋯⋯⋯⋯ 243

13.4.1 单气膜孔结构热疲劳裂纹形貌 ⋯⋯⋯⋯⋯ 243

13.4.2 多气膜孔热疲劳裂纹形貌 ⋯⋯⋯⋯⋯⋯⋯ 245

13.5 瞬态热冲击下孔周氧化和腐蚀 ⋯⋯⋯⋯⋯⋯⋯⋯ 246

13.6 本章小结 ⋯⋯⋯⋯⋯⋯⋯⋯⋯⋯⋯⋯⋯⋯⋯⋯⋯⋯ 251

参考文献 ⋯⋯⋯⋯⋯⋯⋯⋯⋯⋯⋯⋯⋯⋯⋯⋯⋯⋯⋯⋯ 251

Contents

Chapter 1 Introduction ··· 001

1. 1 Background and Significance ····························· 001
1. 2 Research Status ··· 004
References ·· 006

Chapter 2 Long Term Oxidation Behavior at High Temperature of Ni-based Single Crystal Alloys ························· 009

2. 1 Introduction ··· 009
2. 2 Long Term Oxidation Test at High Temperature ·········· 009
2. 3 Phase Characterization of Oxide Layer ················· 010
2. 4 Morphologies Analysis of Oxide Layer ················· 012

    2. 4. 1 Oxide Layer Structure at 50h/ 1050℃ ··············· 012

    2. 4. 2 Oxide Layer Structure at 500h/ 1050℃ ·············· 014

    2. 4. 3 Oxide Layer Structure at 50h/ 1100℃ ··············· 015

    2. 4. 4 Oxide Layer Structure at 300h/ 1100℃ ·············· 016

    2. 4. 5 Long Term Oxide Layer at 1050℃ and 1100℃ ········· 017

2. 5 Thickness Growth Law of Oxide Layer ················· 019
2. 6 Oxidation Kinetics and Characterization ··············· 020
2. 7 Oxidation Mechanism ····································· 022
2. 8 Summary ·· 024
References ·· 025

Chapter 3 Evolution of Protective α−Al$_2$O$_3$ of Ni-based Single Crystal Alloys ··· 026

3. 1 Introduction ··· 026

3.2 The Test of Protective α-Al_2O_3 Evolution ·················· 026

3.3 Phase Characterization of Oxide Layer ·················· 026

3.4 Morphologies Analysis of Oxide Layer ·················· 028

    3.4.1 Oxide Layer Structure at 50h/1000℃ ·················· 028

    3.4.2 Oxide Layer Structure at 500h/1000℃ ·················· 029

    3.4.3 Oxide Layer Structure at 1000h/1000℃ ·················· 032

    3.4.4 Oxide Layer Structure at 2000h/1000℃ ·················· 033

3.5 Evolution Kinetics of Protective α-Al_2O_3 ·················· 034

3.6 Thickness Growth Law of Protective α-Al_2O_3 ·················· 036

3.7 Oxidation Mechanism ·················· 039

3.8 Summary ·················· 041

References ·················· 042

Chapter 4 Influence of Surface Roughness on the Oxidation Behavior of Ni-based Single Crystal Alloys ·················· 043

4.1 Introduction ·················· 043

4.2 Oxidation Test with Different Surface Roughness ·················· 043

4.3 Phase Characterization of Oxide Layer ·················· 046

4.4 Morphologies Analysis of Oxide Layer ·················· 048

4.5 Oxidation Kinetics and Characterization ·················· 054

4.6 Initial Oxidation Behavior ·················· 057

    4.6.1 Morphologies of Initial Oxidation Products ·················· 057

    4.6.2 Micromorphologies of Initial Oxidation Products ·················· 059

4.7 The Influence Mechanism of Different Surface Roughness on Oxidation Behavior ·················· 062

4.8 The Effect of Surface Roughness on Mechanical Properties ·················· 065

4.9 Summary ·················· 065

References ·················· 066

Chapter 5 Effect of Oxygen Concentration on Oxidation Behavior of Ni-based Single Crystal Alloys ·················· 068

5.1 Introduction ·················· 068

5. 2　Oxidation Test under Different Oxygen Concentration ⋯⋯⋯ 068

5. 3　Phase Characterization of Oxide Layer ⋯⋯⋯⋯⋯⋯⋯⋯⋯ 069

5. 4　Morphologies Analysis of Oxide Layer ⋯⋯⋯⋯⋯⋯⋯⋯⋯ 071

　　5. 4. 1　Oxide Layer Structure at 10% (Oxygen-poor) Oxygen

　　　　　　Concentration ⋯⋯⋯⋯⋯⋯⋯⋯⋯⋯⋯⋯⋯⋯⋯⋯⋯⋯ 071

　　5. 4. 2　Oxide Layer Structure at 21% (Simulated Atmosphere) Oxygen

　　　　　　Concentration ⋯⋯⋯⋯⋯⋯⋯⋯⋯⋯⋯⋯⋯⋯⋯⋯⋯⋯ 075

　　5. 4. 3　Oxide Layer Structure at 30% (Oxygen-rich) Oxygen

　　　　　　Concentration ⋯⋯⋯⋯⋯⋯⋯⋯⋯⋯⋯⋯⋯⋯⋯⋯⋯⋯ 078

5. 5　Oxidation Kinetics and Characterization ⋯⋯⋯⋯⋯⋯⋯⋯ 081

5. 6　Oxidation Mechanism ⋯⋯⋯⋯⋯⋯⋯⋯⋯⋯⋯⋯⋯⋯⋯⋯ 082

5. 7　Effect of Oxygen Concentration on Oxidation Behavior ⋯⋯ 084

5. 8　Summary ⋯⋯⋯⋯⋯⋯⋯⋯⋯⋯⋯⋯⋯⋯⋯⋯⋯⋯⋯⋯⋯ 085

References ⋯⋯⋯⋯⋯⋯⋯⋯⋯⋯⋯⋯⋯⋯⋯⋯⋯⋯⋯⋯⋯⋯ 086

Chapter 6　Effect of Stress on Oxidation Behavior of Ni-based Single

**　　　　　Crystal Alloys** ⋯⋯⋯⋯⋯⋯⋯⋯⋯⋯⋯⋯⋯⋯⋯⋯ 087

6. 1　Introduction ⋯⋯⋯⋯⋯⋯⋯⋯⋯⋯⋯⋯⋯⋯⋯⋯⋯⋯⋯ 087

6. 2　Oxidation Test under Different Stress ⋯⋯⋯⋯⋯⋯⋯⋯⋯ 087

6. 3　Phase Characterization of Oxide Layer ⋯⋯⋯⋯⋯⋯⋯⋯ 089

6. 4　Evolution of Oxide Layer ⋯⋯⋯⋯⋯⋯⋯⋯⋯⋯⋯⋯⋯⋯ 090

6. 5　Morphologies Analysis of Oxide Layer ⋯⋯⋯⋯⋯⋯⋯⋯ 094

6. 6　Oxidation Kinetics and Characterization ⋯⋯⋯⋯⋯⋯⋯⋯ 097

6. 7　Effect of Stress on Oxidation Behavior ⋯⋯⋯⋯⋯⋯⋯⋯ 099

6. 8　Oxidation Mechanism ⋯⋯⋯⋯⋯⋯⋯⋯⋯⋯⋯⋯⋯⋯⋯ 101

6. 9　Summary ⋯⋯⋯⋯⋯⋯⋯⋯⋯⋯⋯⋯⋯⋯⋯⋯⋯⋯⋯⋯ 102

References ⋯⋯⋯⋯⋯⋯⋯⋯⋯⋯⋯⋯⋯⋯⋯⋯⋯⋯⋯⋯⋯⋯ 103

Chapter 7　Effect of Recast Layer on High Temperature Oxidation

**　　　　　Behavior of Ni-based Single Crystal Alloys** ⋯⋯⋯⋯ 104

7. 1　Introduction ⋯⋯⋯⋯⋯⋯⋯⋯⋯⋯⋯⋯⋯⋯⋯⋯⋯⋯⋯ 104

7. 2　Oxidation Test of Recast Layer ⋯⋯⋯⋯⋯⋯⋯⋯⋯⋯⋯ 105

7. 3　Phase Characterization of Oxide Layer ⋯⋯⋯⋯⋯⋯⋯⋯ 106

7.4 Oxidation Behavior of Substrate-normal Recast Layer/Defect
    Recast Layer ··· 110

7.5 Oxidation Kinetics of Recast Layer ···················· 112

7.6 Kinetics of Heat Affected Layer in Recast Layer ·········· 113

7.7 Evolution Behavior of Key Oxide Layer $\alpha -Al_2O_3$ in
    Recast Layer ··· 115

7.8 Summary ·· 117

References ··· 118

Chapter 8 Hot Corrosion of Ni-based Single Crystal Alloys ·········· 120

8.1 Introduction ·· 120

8.2 Hot Corrosion Test under Different Salts ··············· 121

   8.2.1 Sample Preparation ································· 121

   8.2.2 Test Methods ······································· 121

8.3 Hot Corrosion Kinetics ···································· 122

8.4 Characterization of Phase Constitution ··············· 127

8.5 Morphologies Analysis ···································· 130

8.6 Structure Analysis ·· 144

   8.6.1 Type-I Salt Membrane Composition ··············· 144

   8.6.2 Type-II Salt Membrane Composition ·············· 147

   8.6.3 Type-III Salt Membrane Composition ············· 150

8.7 Effect of Salt Film Composition on Corrosion Degree ········ 153

8.8 Summary ·· 154

References ··· 155

Chapter 9 Electrochemical Corrosion of Ni-based Single Crystal Alloys ··· 156

9.1 Introduction ·· 156

9.2 Electrochemical Corrosion Tests of Different Orientations ··· 157

   9.2.1 Materials and Pretreatment ······················· 157

   9.2.2 Electrochemical Test ······························· 157

   9.2.3 Characterization of Microstructure ··············· 157

9.3 Phase Characterization of Electrochemical Corrosion
    Products ·· 158

9.4 Electrochemical Behavior of Different Orientations ·········· 159

9. 4. 1 Open Circuit Potential ································· 159

9. 4. 2 Potentiometric Polarization ·························· 159

9. 5 Characteristics of Passivating Film ···················· 160

9. 5. 1 Transverse Potential Polarization ··················· 160

9. 5. 2 Electrochemical Impedance Spectrum ··············· 161

9. 5. 3 Surface Morphology of Passivation Film ············· 163

9. 5. 4 Composition of Passivation Film (XPS) ············· 166

9. 6 Origin of Orientation-dependent Corrosion Behavior ········ 170

9. 7 Influence of Compactness and Composition Ratio of

Passivation Film ································· 171

9. 7. 1 Influence of Compactness of Passivation Film ········· 171

9. 7. 2 Influence of Compactness Ratio of Passivation Film ········· 172

9. 8 Electrochemical Corrosion Mechanism ··············· 173

9. 9 Summary ································· 176

References ································· 176

Chapter 10 Effect of High Temperature Oxidation on Creep Behavior

of Ni-based Single Crystal Alloys ···················· 178

10. 1 Introduction ································· 178

10. 2 Oxidation-creep Tests ································· 178

10. 3 Effect of Oxidation on Creep Properties ··············· 179

10. 4 Unified Oxidation Kinetic Model at High Temperatures ······ 185

10. 5 Crystal Plasticity Theory of Creep ···················· 186

10. 6 Initial Damage Model of Preoxidation ················· 188

10. 7 Synergetic Deformation Creep Theory ················· 191

10. 8 Two Phase Damage Model of Heat Affected Layer

and Matrix ································· 192

10. 9 Model Comparison ································· 195

10. 10 Summary ································· 196

References ································· 196

Chapter 11 Effect of High Temperature Oxidation on Thermal Fatigue

Crack Initiation Behavior of Ni-based Single Crystal Alloys ····· 198

11. 1 Introduction ································· 198

11.2 Transient Thermal Shock Fatigue Crack Initiation Test ⋯⋯ 198

11.3 Crack Initiation Life and Morphology under Transient
Thermal Shock ⋯⋯⋯⋯⋯⋯⋯⋯⋯⋯⋯⋯⋯⋯⋯⋯⋯⋯ 200

11.4 Prediction of Transient Thermal Shock Fatigue Crack
Initiation Life ⋯⋯⋯⋯⋯⋯⋯⋯⋯⋯⋯⋯⋯⋯⋯⋯⋯⋯ 204

    11.4.1 Anisotropic Transient Thermal Shock Constitutive Theory ⋯⋯ 204

    11.4.2 Life Prediction Model ⋯⋯⋯⋯⋯⋯⋯⋯⋯⋯⋯⋯ 208

    11.4.3 Life Prediction Results ⋯⋯⋯⋯⋯⋯⋯⋯⋯⋯⋯⋯ 208

11.5 Generation of Transient Thermal Stress ⋯⋯⋯⋯⋯⋯⋯⋯ 211

11.6 Variation of Shear Stress / Strain During Transient Thermal
Shock ⋯⋯⋯⋯⋯⋯⋯⋯⋯⋯⋯⋯⋯⋯⋯⋯⋯⋯⋯⋯⋯ 212

11.7 Effect of Temperature on Transient Thermal Shock
Stress / Strain ⋯⋯⋯⋯⋯⋯⋯⋯⋯⋯⋯⋯⋯⋯⋯⋯⋯ 215

11.8 Oxidation and Corrosion ⋯⋯⋯⋯⋯⋯⋯⋯⋯⋯⋯⋯⋯ 216

11.9 Summary ⋯⋯⋯⋯⋯⋯⋯⋯⋯⋯⋯⋯⋯⋯⋯⋯⋯⋯ 217

References ⋯⋯⋯⋯⋯⋯⋯⋯⋯⋯⋯⋯⋯⋯⋯⋯⋯⋯⋯ 218

**Chapter 12 Effect of High Temperature Oxidation on Thermal Fatigue Crack
Propagation Behavior of Ni-based Single Crystal Alloys** ⋯⋯ 220

12.1 Introduction ⋯⋯⋯⋯⋯⋯⋯⋯⋯⋯⋯⋯⋯⋯⋯⋯⋯ 220

12.2 Transient Thermal Shock Fatigue Crack Propagation Test ⋯ 221

12.3 Crack Propagation Behavior ⋯⋯⋯⋯⋯⋯⋯⋯⋯⋯⋯ 222

12.4 Crack Propagation Mechanism ⋯⋯⋯⋯⋯⋯⋯⋯⋯⋯ 225

12.5 Effect of Oxidation on Crack Propagation Behavior ⋯⋯⋯ 227

12.6 Prediction of Fatigue Crack Propagation Life under Transient
Thermal Shock ⋯⋯⋯⋯⋯⋯⋯⋯⋯⋯⋯⋯⋯⋯⋯⋯⋯ 228

    12.6.1 Anisotropic Transient Thermal Fatigue Crack Propagation Theory ⋯ 228

    12.6.2 Life Prediction Model ⋯⋯⋯⋯⋯⋯⋯⋯⋯⋯⋯⋯ 229

    12.6.3 Transient Thermal Stress at Crack Tip under Elastoplastic
Condition ⋯⋯⋯⋯⋯⋯⋯⋯⋯⋯⋯⋯⋯⋯⋯⋯⋯ 232

    12.6.4 Stress Intensity Factor and J-integral ⋯⋯⋯⋯⋯⋯ 232

    12.6.5 Prediction of Thermal Fatigue Crack Propagation Life ⋯⋯⋯ 234

12.7 Summary ⋯⋯⋯⋯⋯⋯⋯⋯⋯⋯⋯⋯⋯⋯⋯⋯⋯⋯ 237

References ⋯⋯⋯⋯⋯⋯⋯⋯⋯⋯⋯⋯⋯⋯⋯⋯⋯⋯⋯ 237

Chapter 13　Effect of High Temperature Oxidation on Thermal Fatigue Behavior of Film Cooling Holes of Ni-based Single Crystal Alloys ················· 239

13. 1　Introduction ················· 239
13. 2　Theoretical Study of Thermal Fatigue ················· 240
　13. 2. 1　Thermal Fatigue Theory ················· 240
　13. 2. 2　Mechanism of Thermal Fatigue Crack Initiation and Propagation ················· 240
13. 3　Thermal Fatigue Tests of Specimens with Film Cooling Holes ················· 241
13. 4　Morphology of Thermal Fatigue Crack under Transient Thermal Shock ················· 243
　13. 4. 1　Morphology of Thermal Fatigue Crack of Single Hole ··········· 243
　13. 4. 2　Morphology of Thermal Fatigue Crack of Multiple Hole ········· 245
13. 5　Oxidation and Corrosion Around Holes under Transient Thermal Shock ················· 246
13. 6　Summary ················· 251
References ················· 251

第1章
绪　论

1.1　背景及意义

航空发动机和燃气轮机（"两机"）的发展水平是一个国家综合实力和科技水平的重要标志，集合了氧化腐蚀、传热、结构强度等多学科于一身，对工作条件的要求极其苛刻，因而对设计、制造及试验要求极高[1-3]。

涡轮叶片一直以来都是"两机"核心高温部件，是现代工业高精尖技术的结晶，有"一代涡轮叶片，一代航发"之说。涡轮叶片服役期间承受高温、高压和高应力等极端复杂工况，其相关性能直接关乎发动机各方面指标的优劣。高推重比、低油耗和高可靠性是"两机"发动机发展的主要目标，为了提高发动机的推力和效率，要求尽可能提高发动机的涡轮进口温度。随着"两机"性能的不断提高，涡轮前进口温度越来越高，对高温合金高温强度的要求也越来越高。因此，涡轮叶片材料的合金化程度不断提高。从20世纪40年代至今，发动机涡轮叶片用高温合金经历了由变形高温合金到等轴晶铸造合金再到定向凝固柱晶，又到单晶高温合金的发展历程[4-6]。相比传统的普通铸造合金，定向凝固合金技术消除了横向晶界，能够大幅提升材料的承温能力。而单晶高温合金完全消除了作为高温断裂特征的横向和纵向晶界，具有优越的高温抗蠕变与抗疲劳性能，同时在恶劣工况下内部组织结构具有良好的稳定性。目前，国内外先进"两机"叶片均采用镍基单晶高温合金作为关键材料。

镍基单晶涡轮叶片处在环境氧化腐蚀、高低温转变和交变应力的联合作用下，易发生力学、材料性能退化，进而导致机械部件功能和可靠性的下降而提前失效。研究和探索镍基单晶合金材料在服役环境下的高温性能对提高发动机性能具有重要意义。发动机涡轮叶片失效是由环境介质、冶金材料和力学三个方面共同作用的结果。影响叶片寿命的主要因素包括设计和服役两个部分，且后者更为突出。总体而言，大多数叶片处在苛刻的工作环境下，包括恶劣服役环境（高温、燃油与空气污染物、固体颗粒等）、高机械应力（离心力、振动应力等）和高度热应力（热梯度）。一般而言，发动机涡轮叶片至少由氧化腐蚀和力学两个因素共同作用才导致失效，其损害形式可分为外表面和内表面损害（氧化、腐蚀、缝隙形成、磨蚀、外来物损伤和腐蚀磨振），内部显微组织破坏，如 γ' 相时效老化、晶粒长大、蠕变和晶界孔洞形成、碳化物沉淀与脆性相生成等[7]。在常规服役环境下，与其优异的高温力学性能如抗拉伸、抗蠕变和抗疲劳性能等相比，镍基单晶合金通常不具备同等的抗高温氧化腐蚀性能[8-10]。当材料损伤区域直接暴露于恶劣的服役环境下时，合金更易发生氧化腐蚀。这将严重降低热端部件的使用寿命，从而对发动机的服役寿命构成严重威胁。通常情况下，为增加发动机热端部件的耐高温能力和抗高温氧化腐蚀能力，会在涡轮叶片等热端部件上涂覆高温合金黏结涂层和热障涂层（保护性涂层）。保护性涂层的工作原理是其在高温合金表面与工作环境反应后生成具有保护性质的热力学稳定相，主要以尖晶石结构的 Al_2O_3、Cr_2O_3 和 SiO_2 为主。这些具有保护性质的稳定相的生长速度较慢，从而对涂层中的元素消耗量足够低，并且涂层和高温合金基体之间的热膨胀系数相差较小以保证较高的界面结合力，从而达到长期的抗高温氧化和抗高温腐蚀的目的。然而，一方面，热端部件的某些部位不适宜喷涂高温合金热障涂层，例如叶片内壁和气膜孔部位。另一方面，恶劣的服役环境及复杂的应力状态会使高温合金热障涂层发生剥落，使得合金基体暴露于高温环境之中。同时涂层的添加仍然会使得合金发生一定程度的高温氧化，并且会在一定程度上改变叶片表面的力学性能，诱发微裂纹，使合金基体暴露在恶劣的外部高温环境中，加剧了合金的氧化和腐蚀。而裂纹的氧化和腐蚀又进一步降低了裂尖的力学性能，促进了合金裂纹的扩展，如此循环，使得合金的服役寿命缩短。例如发生于 2019 年的挪威 787-8 客机 1000 多片叶片"天女散花"空中断裂事件，究其原因是叶片极其严苛的服役环境导致了叶片的氧化腐蚀。故叶片合金基体的抗氧化腐蚀性能仍然是叶片设计和安全使用的关键因素之一。

发动机进口燃气温度的不断提高，不仅要求镍基单晶合金叶片具有良好的高温力学性能，同时要求其必须具有较好的抗高温氧化和抗热腐蚀性能。镍基单晶高温合金含有多种合金元素，是一个十分复杂的合金体系。各元素不同比例的添加，对合金的抗氧化腐蚀性能具有不同的影响。Al 元素可以形成保护性氧化膜，阻止其他合金元素向外扩散和 O 元素向内扩散，从而提高合金抗氧化性能，但会显著降低合金强度。Ta 和 Al 元素均是导致合金 γ′ 相形成的重要元素，Ta 元素可以形成尖晶石相，使合金抗氧化能力提高。Mo 元素会促进TCP 相的形成，并且会降低合金的抗氧化性能。固溶强化元素 Cr 主要存在基体相中，可促进形成致密且连续的保护性氧化物膜，从而提高合金的抗氧化性能。Hf 元素可以增强氧化膜的黏附性，从而使合金的抗氧化及腐蚀能力得到提高。通常状况下，W、Mo 等固溶强化元素的添加可以使合金的高温力学性能得到提高，与此同时，提高合金的抗高温腐蚀性能，就需要增加 Al、Cr等元素的含量，同时保证良好的高温力学性能和高温氧化腐蚀性能比较困难。由于较多种类的元素组成使得镍基单晶合金的氧化行为比较复杂，因此揭示镍基单晶合金氧化机理，研究合金基体在长时高温服役状态下固有的氧化行为，就显得尤为重要。

本书中的镍基单晶高温合金是由无序镍基固溶体 γ 相和 γ′-Ni$_3$Al 相组成的两相材料，两相均为面心立方结构，并且具有相似的晶格常数，形成高度规则化的立方共格关系。热处理工艺为固溶加两级时效，1315℃/6h(AC)+1130℃/4h(AC)+870℃/32h(AC)（AC 为空冷）。合金经过热处理后，含有体积分数较高（>65%）的 γ′ 强化相，尺寸为 0.4~0.6μm，弥散分布于 γ 基体相中，如图 1-1 所示。镍基单晶合金含有十多种合金元素，如 Ni、Al、Cr、Co、Ta、W、Mo 等，且两相之间存在差异，因此具有较为复杂的氧化过程。合金的名义成分及两相元素分布如图 1-2 所示。

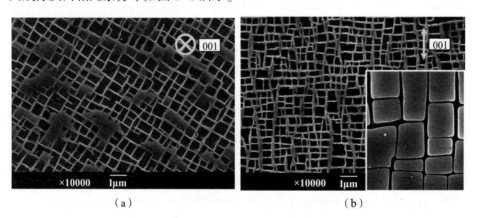

（a）　　　　　　　　　　　　　（b）

图 1-1　镍基单晶合金微观组织结构形貌

(a) 垂直 [001] 取向；(b) 平行 [001] 取向。

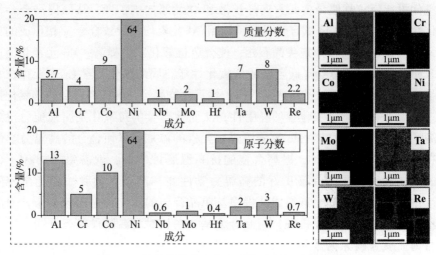

图1-2　镍基单晶合金名义成分及两相元素分布

1.2　研究现状

　　镍基单晶高温合金在服役过程中除了承受蠕变、疲劳等机械载荷外，还存在明显的氧化和热腐蚀损伤。镍基单晶高温合金的氧化是指单晶合金在高温环境下与氧化介质反应生成氧化物的过程，而热腐蚀则是指在高温含硫气氛下单晶合金与沉积在其表面的盐发生反应而引起的高温腐蚀。

　　金属高温氧化相关理论的研究起始于1920年，塔曼[11]发现银、铅、镉氧化膜随时间的增厚遵从抛物线规律。1923年，庇林与贝德沃斯[12]研究发现金属的氧化速率符合抛物线规律具有普遍性，并对不带电荷的原子经由氧化膜扩散控制的氧化，提出了氧化速率的经验方程，被称为塔曼-庇林-贝德沃斯（Tammann-Pilling-Bedworth）定律。同时指出金属与形成氧化物的体积比（PBR）是作为判断金属氧化动力学的重要判据，即当PBR<1时，氧化产物不能完全覆盖试样的整个表面，形成的氧化层疏松，存在空洞或者裂缝等形貌，氧化膜的增厚呈现直线规律；当PBR>1时，氧化膜的生长才可能遵循抛物线规律。1933年，马普学会物理化学研究所的研究人员提出了瓦格纳理论[13]，表明带电荷物质（金属阳离子和O^{2-}）以化学位梯度和电位梯度为驱动力，经氧化膜缺陷扩散传质，并以此推导出了金属氧化膜生长的经典抛物线模型。随后英国的莫特等[14]提出了低温氧化薄膜生长的动力学理论，认为在低温下，薄氧化膜（约1nm）的生长驱动力不是热扩散，而是薄膜内产生了较强的空间电荷区。在氧化膜的黏附性和氧化膜的力学性质方面，埃文斯等[15] 提出了氧化膜黏附性与开裂及剥落的理论模型。

当前镍基高温合金大多为多元合金，通常含有 10 种以上的合金元素，造成其氧化产物结构复杂。表 1-1 中列举了部分镍基高温合金高温氧化行为研究相关的合金牌号、试验条件和氧化产物组成结构[16-28]。结合文献研究结果，镍基高温合金的氧化产物结构在高于 700℃ 条件下大致可以分为三层。最外层主要为 Cr_2O_3 和（或）NiO，最内层主要为 α-Al_2O_3。中间层氧化产物比较复杂，包括 Cr、Co、Al 等元素和 Ta、W 等难熔金属元素的复杂氧化物和一些尖晶石相，如 $NiCr_2O_4$、$NiAl_2O_4$、$CrTaO_4$、$NiTa_2O_6$ 等。最内层下方可形成 γ' 相消失层及 γ' 相减少层，均会对高温条件下的力学行为产生不利影响。多元镍基合金高温氧化产物形态和结构的复杂性致使其影响因素众多，主要因素包括合金溶质元素含量如 Al、Ta、Si 和 Re[24,29-31] 含量，氧化温度[23-24,32-33]，氧化气氛[24,34-35]，外加载荷[36-38] 和表面处理[39-42] 等。目前，关于镍基高温合金长时氧化行为、多重影响因素（表面处理、氧浓度、应力等）下的氧化行为、多种盐环境下的高温腐蚀行为以及其对高温力学行为影响的相关系统性研究还尚且缺乏，有必要开展相关研究。

表 1-1 镍基高温合金氧化行为

合金牌号	温度	氧化时间	氧化环境	氧化层组成
制作合金	800℃，900℃	2000h	空气	$NiO+CrTaO_4+Al_2O_3$
制作合金	1400h/1000℃，200h/1100℃，200h/1150℃		空气	尖晶石相+[$Al_2O_3+CrTaO_4$]+ Al_2O_3
DD32	1000h/900℃，1000h/1000℃，200h/1100℃		空气	NiO+尖晶石相+Al_2O_3
TMS82+	900℃	200h	空气/空气+ 15%水蒸气	（Ni，Co）O + [$NiCr_2O_4$ + Cr_2O_3]+Al_2O_3
Ni-Cr-Al	1100℃	400h	空气	Al_2O_3
PWA1483	950℃	120h	流动空气	[TiO_2 + NiO + $NiTiO_3$] + [Cr_2O_3+（Ni，Co）Cr_2O_4+ $NiTaO_4$]+Al_2O_3
Rene 95	800℃，1000℃	100h	空气	$NiO+NiCr_2O_4+Cr_2O_3$+氧化 影响区
DD32	900℃，1000℃	500h	空气	NiO + [$NiCr_2O_4$ + $NiAl_2O_4$ + $CoAl_2O_4$+$CrTaO_4$(1000℃)]+ Al_2O_3

续表

合金牌号	温度	氧化时间	氧化环境	氧化层组成
SCA 425+(0Si, 0.25Si, 0.5Si)	900℃，950℃，1000℃	100h	空气	$Cr_2O_3+Ta_2O_5(1000℃)/$ $NiTa_2O_6(900℃)+Al_2O_3$
Rene N5, SCA 425+	900℃，980℃	100h	空气	$Cr_2O_3+Ta_2O_5+[Ni(Cr,$ $Al)_2O_4+Ta_2O_5]+Al_2O_3$
Inconel 600	600~900℃	24h	水蒸气	NiO
GTD111	900℃	452h	空气	$[TiO_2+Cr_2O_3]+W-Ta$ 层+ 块状 Al_2O_3
制作高 Mo 合金 (AlL+AlH)	循环氧化 $T_{max}=1100℃$	100h	空气	$NiO+[NiAl_2O_4+CrTaO_4]+$ Al_2O_3

参考文献

[1] KYPRIANIDIS K G. Future aero engine designs：An evolving vision ［M］. London：IntechOpen，2011.

[2] 黄劲东. 航空涡轮喷气发动机技术发展 ［J］. 航空动力，2020（01）：53-58.

[3] 刘勤，周人治，王占学. 军用航空发动机特征分析 ［J］. 燃气涡轮试验与研究，2014，27（02）：59-62.

[4] DONACHIE M J，DONACHIE S J. Superalloys：A technical guide ［M］. 2nd Ed. Geauga：ASM International，2002.

[5] 董志国，王鸣，李晓欣，等. 航空发动机涡轮叶片材料的应用与发展 ［J］. 钢铁研究学报，2011，（S2）：3.

[6] 张鹏，朱强，秦鹤勇，等. 航空发动机用耐高温材料的研究进展 ［J］. 材料导报，2014，28（11）：6.

[7] 黄永昌，张建旗. 现代材料腐蚀与防护 ［M］. 上海：上海交通大学出版社，2012.

[8] GAO W，LI Z，WU Z，et al. Oxidation behavior of Ni_3Al and FeAl intermetallics under low oxygen partial pressures ［J］. Intermetallics，2002，10（3）：263-270.

[9] KUMAR A，NASRALLAH M，DOUGLASS D L. The effect of yttrium and thorium on the oxidation behavior of Ni-Cr-Al alloys ［J］. Oxidation of Metals，1974，8（4）：227-263.

[10] FERDINANDO M，FOSSATI A，LAVACCHI A，et al. Isothermal oxidation resistance comparison between air plasma sprayed，vacuum plasma sprayed and high velocity oxygen fuel sprayed CoNiCrAlY bond coats ［J］. Surface and Coatings Technology，2010，204（15）：2499-2503.

[11] TAMMANN G. Über Anlauffarben von metallen ［J］. Zeitschrift für anorganische und allgemeine Chemie，1920，111（1）：78-89.

［12］ PILLING N. The oxidation of metals at high temperature ［J］. J. Inst. Met., 1923, 29: 529-582.

［13］ WAGNER C. Diffusion and high temperature oxidation of metals ［J］. Atom movements, 1951 (165): 153-173.

［14］ CABRERA N, MOTT N F. Theory of the oxidation of metals ［J］. Reports on progress in physics, 1949, 12 (1): 163.

［15］ EVANS U R. The corrosion and oxidation of metals: Scientific principles and practical applications ［J］. 1961.

［16］ ZHENG L, ZHANG M, DONG J. Oxidation behavior and mechanism of powder metallurgy Rene95 nickel based superalloy between 800 and 1000℃ ［J］. Applied Surface Science, 2010, 256 (24): 7510-7515.

［17］ LI M, SUN X, LI J, et al. Oxidation behavior of a single-crystal Ni-base superalloy in air. I: At 800 and 900℃ ［J］. Oxidation of Metals, 2003, 59 (5-6): 591-605.

［18］ LI M, SUN X, JIN T, et al. Oxidation behavior of a single-crystal Ni-base superalloy in air-II: At 1000, 1100, and 1150℃ ［J］. Oxidation of Metals, 2003, 60 (1-2): 195-210.

［19］ HUANG L, SUN X F, GUAN H R, et al. Effect of rhenium addition on isothermal oxidation behavior of single-crystal Ni-based superalloy ［J］. Surface & Coatings Technology, 2006, 200 (24): 6863-6870.

［20］ YING W, NARITA T. Oxidation behavior of the single crystal Ni-based superalloy at 900℃ in air and water vapor ［J］. Surface & Coatings Technology, 2007, 202 (1): 140-145.

［21］ NIJDAM T J, SLOOF W G. Modelling of composition and phase changes in multiphase alloys due to growth of an oxide layer ［J］. Acta Materialia, 2008, 56 (18): 4972-4983.

［22］ PFENNIG A, FEDELICH B. Oxidation of single crystal PWA 1483 at 950℃ in flowing air ［J］. Corrosion Science, 2008, 50 (9): 2484-2492.

［23］ LIU C, MA J, SUN X. Oxidation behavior of a single-crystal Ni-base superalloy between 900 and 1000℃ in air ［J］. Journal of alloys and compounds, 2010, 491 (1-2): 522-526.

［24］ SATO A, CHIU Y L, REED R C. Oxidation of nickel-based single-crystal superalloys for industrial gas turbine applications ［J］. Acta Materialia, 2010, 59 (1): 225-240.

［25］ BENSCH M, SATO A, WARNKEN N, et al. Modelling of high temperature oxidation of alumina-forming single-crystal Nickel-base superalloys ［J］. Acta Materialia, 2012, 60 (15): 5468-5480.

［26］ XIAO J, PRUD' HOMME N, LI N, et al. Influence of humidity on high temperature oxidation of Inconel 600 alloy: Oxide layers and residual stress study ［J］. Applied Surface Science, 2013, 284 (nov. 1): 446-452.

［27］ BRENNEMAN J, WEI J, SUN Z, et al. Oxidation behavior of GTD111 Ni-based superalloy at 900℃ in air ［J］. Corrosion Science, 2015, 100: 267-274.

［28］ QIN L, PEI Y, LI S, et al. Role of volatilization of molybdenum oxides during the cyclic oxidation of high-Mo containing Ni-based single crystal superalloys ［J］. Corrosion Science,

2017, 129: 192-204.

[29] YUN D W, SEO S M, JEONG H W, et al. Effect of refractory elements and Al on the high temperature oxidation of Ni-base superalloys and modelling of their oxidation resistance [J]. Journal of Alloys and Compounds, 2017, 710: 8-19.

[30] PARK S J, SEO S M, YOO Y S, et al. Effects of Al and Ta on the high temperature oxidation of Ni-based superalloys [J]. Corrosion Science, 2015, 90 (5): 305-312.

[31] WU R, KAWAGISHI K, HARADA H, et al. The retention of thermal barrier coating systems on single-crystal superalloys: effects of substrate composition [J]. Acta Materialia, 2008, 56 (14): 3622-3629.

[32] CHYRKIN A, PILLAI R, GALIULLIN T, et al. External $\alpha-Al_2O_3$ scale on Ni-base alloy 602 CA. -Part I: Formation and long-term stability [J]. Corrosion Science, 2017, 124: 138-149.

[33] PEI H, WEN Z, YUE Z. Long-term oxidation behavior and mechanism of DD6 Ni-based single crystal superalloy at 1050℃ and 1100℃ in air [J]. Journal of Alloys and Compounds, 2017, 704: 218-226.

[34] CHAPOVALOFF J, ROUILLARD F, WOLSKI K, et al. Kinetics and mechanism of reaction between water vapor, carbon monoxide and a chromia-forming nickel base alloy [J]. Corrosion Science, 2013, 69: 31-42.

[35] XIAO J, PRUD' HOMME N, LI N, et al. Influence of humidity on high temperature oxidation of Inconel 600 alloy: Oxide layers and residual stress study [J]. Applied Surface Science, 2013, 284: 446-452.

[36] MA J, JIANG W, WANG J, et al. Initial oxidation behavior of a single crystal superalloy during stress at 1150℃ [J]. Scientific Reports, 2020, 10 (1): 3089.

[37] SCHÜTZE M. Stress effects in high temperature oxidation [J], Reference Module in Materials Science and Materials Engineering, 2010. 1: 153-179.

[38] RAMSAY J D, EVANS H E, CHILD D J, et al. The influence of stress on the oxidation of a Ni-based superalloy [J]. Corrosion Science, 2019, 154 (JUL.): 277-285.

[39] AKHIANI H, SZPUNAR J A. Effect of surface roughness on the texture and oxidation behavior of Zircaloy-4 cladding tube [J]. Applied Surface Science, 2013, 285: 832-839.

[40] WANG L, JIANG W G, LI X W, et al. Effect of surface roughness on the oxidation behavior of a directionally solidified Ni-based superalloy at 1100℃ [J]. Acta Metallurgica Sinica (English Letters), 2015, 28 (3): 381-385.

[41] GRABKE H, MULLER-LORENZ E, STRAUSS S, et al. Effects of grain size, cold working, and surface finish on the metal-dusting resistance of steels [J]. Oxidation of Metals, 1998, 50 (3-4): 241-254.

[42] YUAN J, WU X, WANG W, et al. The effect of surface finish on the scaling behavior of stainless steel in steam and supercritical water [J]. Oxidation of metals, 2013, 79 (5-6): 541-551.

第2章
镍基单晶合金长时高温氧化行为

2.1 引言

　　航发涡轮叶片镍基单晶合金通常长时暴露于高温的服役环境下，这将使合金基体发生严重的氧化腐蚀行为，显著降低涡轮叶片的服役寿命。近年来，不同先进镍基高温合金在高温条件下的氧化行为已经被广泛研究。镍基高温合金在高于700℃氧化条件下，其氧化层大致可以分为典型三层结构：Cr_2O_3 和（或）NiO-尖晶石相-内 α-Al_2O_3。氧化层下方可形成 γ' 相消失层，这是由于溶质元素在持续的高温过程中发生扩散造成氧化层下方区域元素贫瘠所造成的相变，对合金高温力学性能产生不利影响。该层强度弱于基体，在载荷作用下易萌生微裂纹。当前的研究大多关注的是镍基高温合金的短期氧化行为（<500h），而航发热端部件，例如涡轮叶片镍基单晶合金材料通常在高温环境下长时间服役，当前这类相关研究还比较少，故有必要对此进行研究。本章以国产航发涡轮叶片材料第二代镍基单晶高温合金为例，分阶段研究其在1050℃和1100℃下2000h的氧化动力学、氧化层结构演化和氧化机理等长时高温氧化性能。

2.2 长时高温氧化试验

　　采用尺寸为 10mm×10mm×4.5mm 的薄片状试样，用 1000$^\#$SiC 砂纸进行打磨至稳定的表面粗糙度，采用丙酮和酒精在超声清洗仪中对试样进行清洗。试样放于带盖刚玉坩埚内，试样底部与坩埚仅有点接触。将坩埚置于人工智能可控高温炉中进行试验，高温炉壁上加工一个直径为 10mm 圆孔使炉内空气与外部空气进行流通。试验温度为1050℃和1100℃。时间采集点分别为10h、20h、50h、100h、300h、500h、1000h、1500h和2000h。由于涡轮叶片表面通常为平行于 [001] 取向的平面，因此将此面作为试验的主要观测面。

试验过程参照 HB 5258—2000《钢及高温合金的抗氧化性测定试验方法》进行。采用非连续增重法对试样的氧化增重进行测量，天平精度为0.0001g。X射线衍射检测技术被用来检测试样表面的氧化物化学组成，超景深光学显微镜和高分辨率扫描电镜被用来观测试样表面和横截面形貌。能谱点扫、线扫和面扫技术被用来检测不同层的氧化物元素组成。由图1-2可以看出该合金主要组成元素为 Al、Cr、Co、Ni、Nb、Mo、Hf、Ta、W 和 Re 等10种，因此 XRD 和 EDS 分析氧化物的元素主要为上述元素和 O 元素。

2.3 氧化层物相表征

采用 XRD 技术对1050℃和1100℃条件下不同氧化时间段的氧化产物进行物相检测。根据检测到的衍射峰出现位置对氧化物物相进行分析，检测到的衍射峰如图2-1所示，不同2θ范围的放大图如图2-2所示。分析得到的氧化物种类如

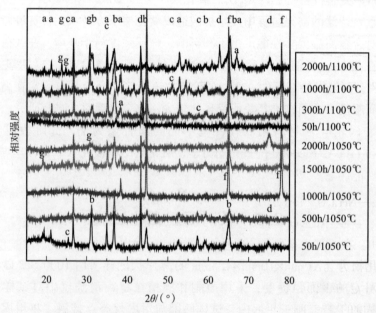

图2-1 不同氧化温度-时间条件下 XRD 检测结果

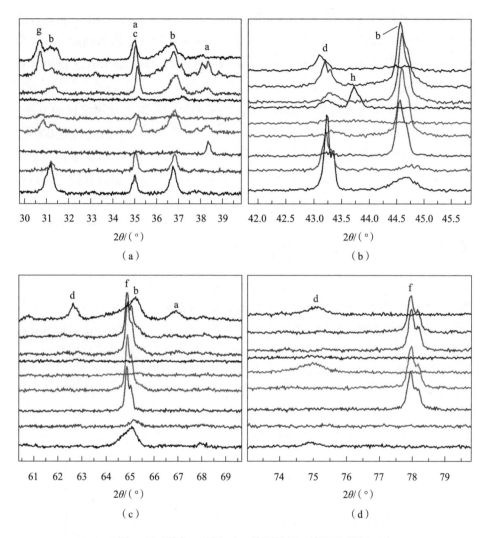

图 2-2　不同 2θ 范围 XRD 检测结果（彩图见书末）

（a）$30° \sim 39°$；（b）$42° \sim 45.5°$；（c）$61° \sim 69°$；（d）$73° \sim 80°$。

下：a——$NiTa_2O_6/TaO_2$，b——$CoCo_2O_4/Co_3O_4$，c——Al_2O_3，d——（$Ni_{0.9}$，$Co_{0.1}$）O，e——$NiCr_2O_4$，f——W，g——$CoWO_4$，h——$Ni_{0.9}Ta_{0.1}$。由检测结果可以看出，在 1050℃条件下，氧化物快速生成，在氧化时间为 50h 时，主要检测出的氧化物为（$Al_{0.9}$，$Cr_{0.1}$）$_2O_3$（α-Al_2O_3）、TaO_2 和 $NiCr_2O_4$。随着氧化的进行，α-Al_2O_3 峰减弱，（$Ni_{0.9}$，$Co_{0.1}$）O 和 $NiCr_2O_4$ 峰值强度增加。这是由于随着氧化层厚度的增加，α-Al_2O_3 的深度逐渐增加。在 500h 时，主要检测出的氧化物为（$Ni_{0.9}$，$Co_{0.1}$）O 和 $NiCr_2O_4$、$NiTa_2O_6$、$CoCo_2O_4$ 和 $CoWO_4$ 等复杂氧化物和

尖晶石相。在随后的氧化时间段均主要检测出如上氧化物，在 1000h 之后可以明显检测出 $\alpha\text{-}Al_2O_3$ 的存在，这是由于试样表面氧化层发生了明显的剥落，部分内 $\alpha\text{-}Al_2O_3$ 裸露出来。在 1100℃ 条件下，氧化时间为 50h 时，检测出的氧化物主要为 $(Ni_{0.9}, Co_{0.1})O$，氧化至 300h 时， $(Ni_{0.9}, Co_{0.1})O$ 峰值强度减弱，$NiTa_2O_6$ 和 $CoWO_4$ 等复杂氧化物和尖晶石相峰值强度增加。在随后的氧化阶段，主要检测出的氧化物峰值强度由强到弱大致为尖晶石相、 $(Ni_{0.9}, Co_{0.1})O$ 和 $\alpha\text{-}Al_2O_3$。本章中 $(Ni_{0.9}, Co_{0.1})O$ 被记作 $(Ni, Co)O$。

2.4　氧化层结构分析

2.4.1　50h/1050℃条件下氧化层结构

1050℃ 下氧化 50h 后，超景深光学显微镜下的氧化膜形貌如图 2-3（a）所示。凝固过程中偏析使化学成分发生变化导致氧化过程中枝晶干和枝晶间区域形成不同的氧化层形貌。超景深光学显微镜下平行和垂直于 [001] 方向的枝晶的微观形态如图 2-3（a）所示。枝晶干区域中的氧化产物大致可以分成两层，但在枝晶间区域呈现出单层形貌。不同氧化物的 EDS 分析结果如图 2-3（b）所示。结合之前的 XRD 分析结果，可以得出，在枝晶干区域中生成的双层氧化物的外层是粒状 $(Ni, Co)O$，富含 Cr 的内层主要为 $NiCr_2O_4$，这是由于 O 元素的快速扩散，氧化物中过量的氧与基体镍反应，并与 Cr_2O_3 颗粒形成尖晶石相，固相反应如下：

$$Cr_2O_3 + NiO \longrightarrow NiCr_2O_4$$

枝晶间区域的氧化物主要是单一、致密且连续的 $\alpha\text{-}Al_2O_3$ 薄膜，这与参考文献 [1] 的描述符合：如果高温合金中含有一定量的 Cr，当 Al 含量高于 5% 时，合金表面即可形成连续的 $\alpha\text{-}Al_2O_3$ 薄膜。由于镍基单晶合金中含有一定量的活性元素 Hf，可以提高氧化层的黏附性和塑性，有利于氧化膜的稳定性，因此该单一的 $\alpha\text{-}Al_2O_3$ 薄膜较为稳定，可以阻碍 O 元素向基体扩散。随着 Al 元素的消耗，首先在枝晶干中达到较低含量。如图 2-3（a）所示，枝晶干区域中 Al 缺失层的厚度明显大于枝晶间区域。因此 $(Ni, Co)O$ 首先主要在枝晶干形成。

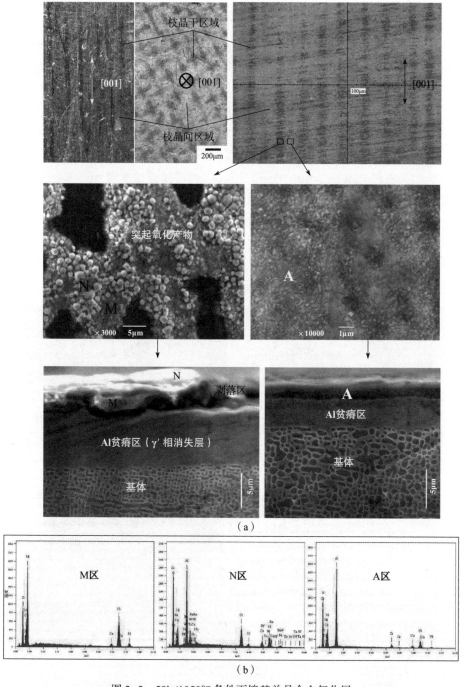

图 2-3　50h/1050℃条件下镍基单晶合金氧化层

（a）整体和不同区域表面及横截面氧化层显微形貌；（b）EDS 分析。

2.4.2 500h/1050℃条件下氧化层结构

如图 2-4 所示，1050℃条件下氧化 500h 后的氧化产物横截面微观结构可以分为三层，厚度大致为 10~15μm。将 SEM 和 EDS 结果与 2.3.1 节的 XRD 分析结果相结合可知，外层（区域 N）主要为密排的柱状（Ni，Co）O，其尺寸明显大于氧化时间为 50h 的最外层颗粒状氧化物（Ni，Co）O。中间层（区域 M）的元素组成为 21.26%O-6.0%Al-12.87%Cr-7.09%Co-12.06%Ni-3.17%Nb-1.2%Mo-18.48%Ta-15.75%W-2.0%Re（质量分数）。该层主要被鉴定为尖晶石相 $CoWO_4$、$NiCr_2O_4$ 和 $NiTa_2O_6$ 与其他难熔金属 Nb、Mo 和 Re 的氧化物。通常情况下，与单一氧化物相比，复合氧化物（如尖晶石）的生长速率较高[2]。较高的氧化速率对应 $CoWO_4$、$NiCr_2O_4$ 和 $NiTa_2O_6$ 等复杂氧化物和尖晶石相的固态反应，主要发生在（Ni，Co）O 外氧化层的下方。反应方程如下：

$$Ta_2O_5 + NiO \longrightarrow NiTa_2O_6$$

$$WO_3 + CoO \longrightarrow CoWO_4$$

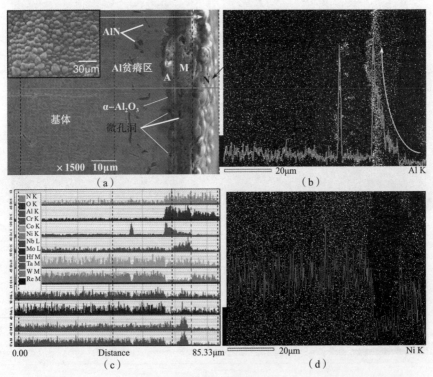

图 2-4　500h/1050℃条件下镍基单晶合金氧化层（彩图见书末）

（a）表面和横截面显微形貌；（b）Al 元素分布；（c）不同元素线分布；（d）Ni 元素分布。

含有 35.28%O、52.43%Al 和 6.08%Ni（质量分数）的内部连续氧化层（区域 A）是致密的 α-Al_2O_3，可以有效地防止 O 元素向合金基体进行扩散。此时 Al 贫瘠区的深度大致为 $20\mu m$。

2.4.3　50h/1100℃条件下氧化层结构

如图 2-5 所示，1100℃条件下试样氧化 50h 后的表面氧化产物大致可以分

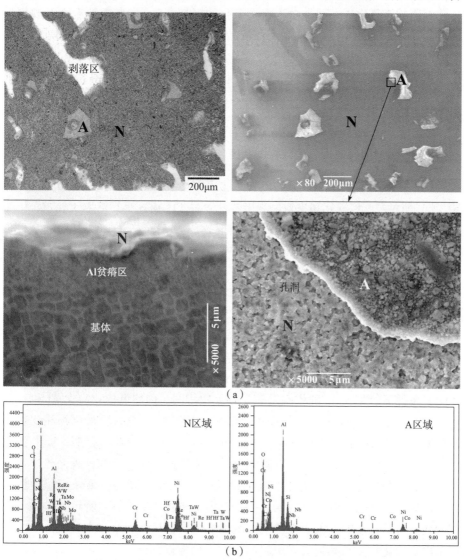

（a）

（b）

图 2-5　50h/1100℃条件下镍基单晶合金氧化层（彩图见书末）

（a）不同区域表面及横截面氧化层显微形貌；（b）EDS 分析。

为两类。根据超景深光学显微形貌，样品表面主要分为外部浅蓝色氧化层和内部深绿色氧化层。EDS 分析氧化物元素成分如图 2-5（a）所示。深绿色氧化层覆盖约 80% 的试样表面并富含 Ni、O、Co 元素，其扫描电镜形貌呈现出疏松多孔的性质，结合 XRD 结果可知，该氧化层为疏松的（Ni，Co）O。浅蓝色氧化层黏附在疏松的（Ni，Co）O 层上并且富含 Al 和 O 元素，其扫描电镜形貌呈现出致密的颗粒状，该氧化层可判断为 α-Al_2O_3 层。此时坩埚中已经明显存在剥落的该氧化层，这是由于疏松多孔的（Ni，Co）O 在样品表面大规模形成。如图 2-5（a）所示，枝晶干和枝晶间区域氧化产物没有差异。少量的 α-Al_2O_3 膜覆盖在（Ni，Co）O 膜上。因此可以认为，1100℃条件下，镍基单晶合金首先形成 α-Al_2O_3 膜。与 1050℃相比，该氧化层较为不稳定，大量的（Ni，Co）O 膜快速形成，使生成的 α-Al_2O_3 发生剥落，并进一步促进了（Ni，Co）O 膜的生成。

2.4.4　300h/1100℃条件下氧化层结构

1100℃条件下氧化 300h 后的氧化产物表面形貌和横截面形貌如图 2-6（a）和（b）所示。外层氧化物主要呈现出两种形貌。区域 N 在扫描电子显微镜下主要呈现出密排的六棱柱状形貌，元素质量组成为 31.53%O-60.1%Ni-6.98%Co，结合 XRD 分析结果，该层氧化物可以判定为（Ni，Co）O。致密连续层 A1 的化学组成为 25.21%O-21.57%Al-11.77%Cr-25.03%Ni，结合 XRD 分析结果，可以得出该层主要是 α-Al_2O_3 和少量的 $NiCr_2O_4$。富含 Ni、Co 和 O 的疏松多孔层 M1 主要为（Ni，Co）O。M2 层的化学成分为 34.41%O-5.3%Al-10.82%Cr-9.40%Co-24.65%Ni-2.10%Mo-8.12%Ta-6.95%W-2.0%Re，结合 XRD 分析结果，可以得出该层的氧化产物主要包括尖晶石相 $CoWO_4$、$NiCr_2O_4$、$CoCo_2O_4$ 和 $NiTa_2O_6$ 与其他难熔金属 Mo 和 Re 的复杂氧化物。这与 1050℃条件下氧化 500h 的中间层氧化物大致相同。内层氧化物富含 Al 和 O 元素，可以判定为 α-Al_2O_3。与 1050℃条件下氧化 500h 的内层氧化物相比较为不致密，黏附性较低。如图 2-6（b）和（c）所示，1100℃条件下氧化 300h 后，氧化产物已经严重剥落，对其剥落的氧化层进行内表面和外表面光学显微对比分析，黑色的密排六棱柱状氧化物主要为（Ni，Co）O，另一面呈现深蓝色，富集着较多的孔洞，为内层 α-Al_2O_3 膜。如图 2-6（c）所示，枝晶干区域的孔洞富集程度明显大于枝晶间区域。氧化层的局部剥落和微裂纹的产生主要是由于氧化物生长和热失配引起的[3]，下面将详细讨论。

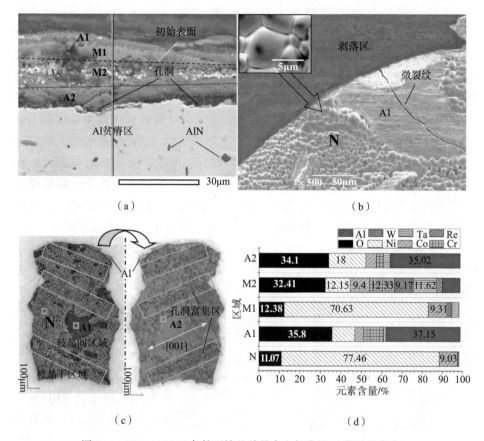

（a）　　　　　　　　　　　　　（b）

（c）　　　　　　　　　　　　　（d）

图 2-6　300h/1100℃条件下镍基单晶合金氧化层（彩图见书末）

（a）横截面显微形貌；（b）表面显微形貌；（c）剥落层形貌；（d）不同区域元素含量。

2.4.5　1050℃和1100℃条件下长时高温氧化层结构

如图 2-7（a）所示，1100℃下氧化 300h 的 γ′相消失层（Al 贫瘠层）厚度大致为 60μm。图 2-7（b）为氧化 500h 后的氧化层形貌，可以看出此时样品表面氧化层严重剥落，氧化程度明显不均匀并且 α-Al₂O₃ 膜不连续，可以看出，在 300~500h 氧化期间，γ′相消失层厚度增加速率较氧化前期明显加快，500h 时的厚度已经达到约 100μm。氧化 300h 后外（Ni，Co）O 层和中间层之间的界面仍然保持着较明显的直线形态，表明该界面对应于初始的试样表面。1050℃条件下氧化 1000h 后，大量的蓝色较薄的 α-Al₂O₃ 膜和较厚的三层氧化物发生剥落，此时样品表面附着的初始氧化层大量减少，大规模剥落的氧化膜将导致氧化速率的显著增加。XRD 分析结果可以看出，1050℃条件下氧化

1000h 后，氧化产物的类型基本保持不变，$NiTa_2O_6$、$CoCo_2O_4$、$CoWO_4$ 和 $NiCr_2O_4$ 等尖晶石相和复杂氧化物含量增加，但 α-Al_2O_3 含量降低。在此氧化期间，三层氧化层以萌生—生长—空位聚集—剥落—萌生的规律进行演化，合金基体逐渐被侵蚀。由图 2-8（a）可以看出，1050℃条件下氧化 2000h 后试样表面已经明显不均匀，此时 Al 贫瘠区的厚度大致为 40μm。1100℃条件下，氧化 300h 之前，氧化产物已经明显发生剥落，氧化层已经以萌生—生长—空位聚集—剥落—萌生的规律进行演化，使合金基体逐渐被侵蚀。氧化层在 1100℃条件下比 1050℃条件下更容易发生剥落。因此，氧化动力学曲线在氧化时间为 300~2000h 内基本遵循线性规律。1100℃条件下氧化 2000h 后样品表面有较多腐蚀坑，Al 贫瘠层深度大致可达 200μm，明显大于 1050℃。因此 1100℃条件下目标镍基单晶合金的抗氧化程度明显小于 1050℃。

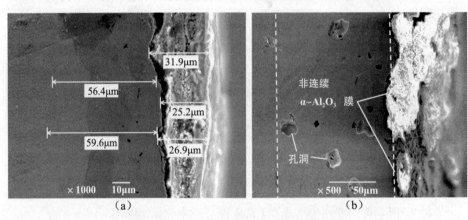

图 2-7　1100℃下镍基单晶合金氧化层形貌

（a）300h；（b）500h。

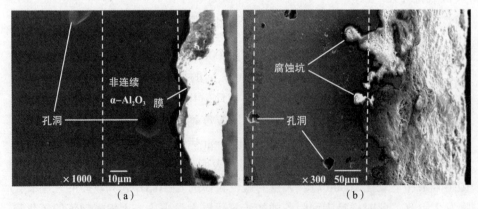

图 2-8　不同温度下镍基单晶合金 2000h 长时氧化层形貌

（a）1050℃；（b）1100℃。

2.5　氧化层厚度变化规律

氧化层的厚度随氧化时间的变化规律如图 2-9 所示。采用扫描电镜进行测量，其中一个结果如图 2-9（a）所示。测试数据呈现出一定的离散度，这是因为随着氧化的进行，氧化层和 Al 贫瘠层的厚度逐渐趋于不均匀。因此每个试样至少测量 4 个位置并取平均值。由图可以看出，在 1050℃氧化温度下，在氧化初始时间，单层的外 α-Al_2O_3 膜立即萌生并迅速增厚。由于生成的 α-Al_2O_3 膜连续且致密，对合金基体具有保护作用，因此氧化层和 Al 贫瘠层厚度的增加速率逐渐降低，如图 2-9（c）所示。随着氧化时间的增加，单一的外 α-Al_2O_3 薄膜逐渐剥落。与此同时，外（Ni，Co）O 层、中间复杂化合物层和内 α-Al_2O_3 逐渐萌生，并迅速生长。在形成连续的内 α-Al_2O_3 层之后，氧化层和 Al 贫瘠层的生长速率再次降低。随着氧化的进一步进行，三层氧化层逐渐剥落，氧化至 2000h 时，初始形成的三层氧化层剥落严重，试样表面存在明显不均匀的氧化侵蚀。氧化层剥落的主要原因如下：①氧化层与合金基体界面 Al 的过量消耗会导致 Al 空位的形成，空位的聚集可导致孔洞和空隙形成，加速了氧化层的剥落；②不同氧化层之间、氧化层和合金基体之间不同程度的热膨胀系数导致升温和降温过程中形成局部热应力；③镍基单晶合金金属元素种类较多，形成的氧化层结构较为复杂，PBR 差异较大。PBR 反映了氧化物膜中的应力状况。镍基单晶合金的一些氧化物的 PBR 为 1.65%NiO-1.86%CoO-1.28%Al_2O_3-2.07%Cr_2O_3-2.5%Ta_2O_5（V_{OX}/V_M）[4]。PBR 在 1~2 之间的金属，其表面氧化物膜中产生一定程度的压应力，氧化膜比较致密，金属抗氧化性强。PBR 小于 1 或大于 2 时，氧化物膜中产生张应力或过大的压应力，容易造成膜破裂，金属抗氧化性低。这些氧化过程导致内部氧化层中产生压应力和外部氧化层中产生拉应力。另一方面，MoO_3 和 WO_3 等难熔元素的氧化物在 1000K 以上可以挥发，这会使氧化层局部出现厚度损失，氧化层厚度的生长和热失配产生的应力可以通过局部剥落，形成孔隙和微裂纹来缓解，如图 2-6（b）和（c）所示。随着氧化层的进一步剥落，Al 贫瘠层的生长速率逐渐增加。在 1100℃条件下，氧化 300h 后，氧化层已大量剥落，Al 贫瘠层的生长速率逐渐增加。氧化 2000h 后，Al 贫瘠层的厚度可达约 210μm，大致是 1050℃条件下的 4 倍。试样表面氧化侵蚀的不均匀程度更加明显并且存在较多的侵蚀坑。

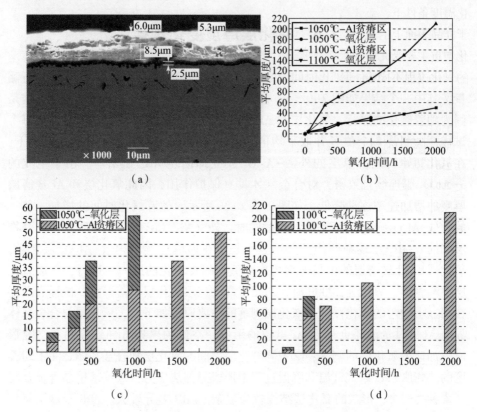

图 2-9　1050℃ 和 1100℃ 条件下镍基单晶合金氧化层-热影响层分层增厚动力学
（a）氧化层和热影响层扫描电镜下厚度测量；（b）氧化增厚动力学行为；
（c）1050℃氧化层-热影响层增厚对比；（d）1100℃氧化层-热影响层增厚对比。

2.6　氧化动力学分析

如图 2-10（a）所示，1050℃ 条件下的氧化增重曲线大致可分为三个阶段。试样的重量在氧化初始时期迅速增加，之后氧化速率逐渐减慢（<300h）。当氧化时间大于 300h 时，试样增重曲线逐渐遵循线性规律，氧化速率明显增加，在进入第三阶段（>1000h）后，氧化速率快速增加。在 1100℃ 条件下，第一阶段（<300h）的氧化增重规律与 1050℃ 条件下相似。之后由于大量氧化物（>300h）的剥落，试样增重较快。不同镍基单晶高温合金在不同温度下的等温氧化动力学曲线（SCA425+[5]、Rene95[6]、DD32[7] 和 DD10[8]）如图 2-10（b）所示。可以看出目标合金具有较好的高温抗氧化性能。Hou[9] 证实氧化增重和氧化层厚度的增加遵循扩散控制氧化行为的平方幂规律。如图 2-10（c）所示，在两种氧化温度条件下，氧化增重曲线在第一阶段可以通过抛物线规律进行拟合，这是由于样品表面上的氧化层在此期间剥落现象不明显，原始氧化层保存比较完整，氧化增重主要受元素的扩散控制。由于氧化层的剥落不均匀，枝晶干与枝晶间区域的氧化过程不同步，氧化动力学曲线与之前得到的氧化层生长规律总体保持一致。

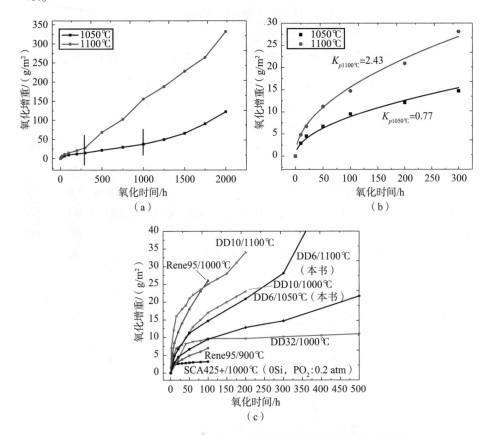

图 2-10　1050℃ 和 1100℃ 条件下镍基单晶合金氧化增重动力学

(a) 2000h 长时增重曲线；(b) 300h 增重抛物线规律拟合；

(c) 本书采用合金与文献氧化增重动力学对比。

在抛物线规律增重阶段，试样的氧化增重遵循如下公式：

$$(\Delta M - A)^2 = K_p t \tag{2-1}$$

在此阶段内，将镍基单晶合金的增重曲线通过上述规律进行拟合，可以得到，$K_{p1050℃} = 0.77$ 和 $K_{p1100℃} = 2.43$，通过如下 Arrhenius 方程：

$$K_p = K_0 \exp\left(-\frac{Q}{RT}\right) \tag{2-2}$$

式中：$R=8.314J/(mol \cdot K)$，为空气常数；K_0 为常数。可以得出镍基单晶合金的氧化激活能为 $Q=351.1kJ/mol$，该激活能为合金基体中金属阳离子和氧离子在氧化层内扩散的综合值，由此可以判断主要控制氧化增重的氧化层和扩散元素。由于镍基单晶合金所含元素种类较多，该值在本书中可作参考。

2.7 氧化机理

多元镍基单晶合金的主要氧化机理包括：在 Cr_2O_3 和 Al_2O_3 内氧化层上生成外层 NiO，在 Al_2O_3 内氧化层上生成外层 Cr_2O_3 或直接生成连续的外层 Al_2O_3[7]。如图 2-11 所示，1050℃条件下的氧化控制机理如下，在氧化的早期阶段，连续稳定的 $\alpha-Al_2O_3$ 薄膜首先迅速形成，这是因为 Al 元素对 O 具有较高的结合力，特别是当合金中含有一定量的 Cr 元素时。当 Al 元素加入到如 Ni 金属基体时，由于较低的形成自由能，Al 元素会优先被氧化，当一定规模的 $\alpha-Al_2O_3$ 形成之后，由于 Al 在 $\alpha-Al_2O_3$ 层中的扩散速率远小于 O，此时氧化层的生长主要为 O 向内部扩散，在氧化层/基体界面与 Al 发生反应生成新的 $\alpha-Al_2O_3$ 使氧化层逐步生长。氧化层/基体界面处 Al 元素的消耗导致了 Al 元素的缺乏，使得 Al 贫瘠层（γ' 相消失层）形成。随着氧化的进行，由于 Al 元素偏析于枝晶间，使得枝晶干 Al 元素含量较低，部分 $\alpha-Al_2O_3$ 层首先在枝晶干区域剥落。随后 $(Ni,Co)O$ 通过 Ni 和 Co 阳离子向外扩散与 O 反应生成。与此同时，O 通过新形成的 $(Ni,Co)O$ 层向内扩散，与 Cr、Ta 和 W 金属阳离子反应，形成 $NiTa_2O_6$、$CoCo_2O_4$、$NiCr_2O_4$ 等 $(Ni,Co)O$ 层下的复杂氧化物和尖晶石相。随着氧化物向合金基体运动，一定时间后，足量的 Al 元素到达内氧化层区域，一层连续致密的内 $\alpha-Al_2O_3$ 逐渐形成于氧化层/基体界面区域。之后反应速率由 O 通过内 $\alpha-Al_2O_3$ 层向内部扩散控制。在此氧化阶段，氧化层形貌可见地向外生长的氧化物 $(Ni,Co)O$，向内生长的复杂氧化物以及尖晶石相和向内生长的 $\alpha-Al_2O_3$。这与金属阳离子和 O 离子的双向扩散相关。由于内 $\alpha-Al_2O_3$ 的保护作用，此时氧化速率仍然相对较慢。但随着氧化的进行，氧化层附近基体中 Al 元素的缺失导致空位的形成，空位聚集到 $\alpha-Al_2O_3$ 膜/基体之间形成孔洞和孔隙，导致三层氧化层逐渐剥落。氧化膜的剥落和 AlN 的形成导致 Al 元素的进一步消耗，使形成的 $\alpha-Al_2O_3$ 不连续，氧化层生长速率加快，进一步促进了氧化层的剥落，从而使氧化速率显著增加。

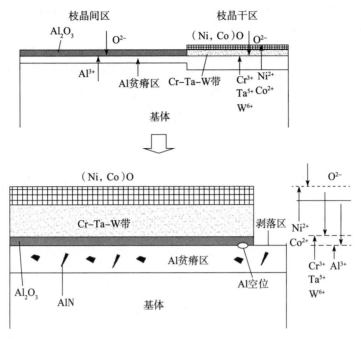

图 2-11　1050℃ 条件下镍基单晶合金的氧化机理图

在 1100℃ 条件下，如图 2-12 所示，α-Al_2O_3 膜在氧化初始阶段迅速形成。但此条件下形成的 α-Al_2O_3 膜不稳定，容易发生剥落，这与 1050℃ 条件下氧化行为不同。O 离子和基体元素 Ni 离子可以相对容易地直接或者通过剩余的 α-Al_2O_3 膜进行扩散进行反应。在氧化 50h 后，可见 α-Al_2O_3 膜及其覆盖的多孔外 $(Ni,Co)O$ 层。疏松多孔的 $(Ni,Co)O$ 使 α-Al_2O_3 进一步发生剥落，试样表面 $(Ni,Co)O$ 层附着的 α-Al_2O_3 膜较少。与此同时，尖晶石相层通过 O 向内扩散形成。随着 O 向内继续扩散，形成内 α-Al_2O_3 膜，与 1050℃ 条件下不同，该氧化层仍较为不稳定，与合金基体的界面处存在较多的微孔洞。因此，该条件下的氧化速率明显大于 1050℃。多孔的内 α-Al_2O_3 膜容易导致氧化层剥落。经过较长时间的热暴露后，随着 Al 元素的持续消耗形成不连续的 α-Al_2O_3 层，使得在 300～500h 氧化阶段内试样氧化增重快速增加。随后，三层氧化膜以萌生—生长—空位聚集—剥落—萌生的规律进行发展，导致合金逐渐被侵蚀。在 1050～1100℃ 范围内，目标镍基单晶合金的长时氧化速率随温度的变化具有较强的敏感性。在 1050℃ 和 1100℃ 条件下，分别在氧化 500h 和 300h 后，在内部 α-Al_2O_3 层下发生内氮化形成 AlN。形成原因如下：一方面，随着氧化层深部 O 元素的消耗，氮的活性相对较高，外部氧化层的破坏和内部 Al 贫瘠层的机械损伤使 N 元素发生了扩散；另一方面，Al 阳离子仍然在氧化层下保持较高的活性。

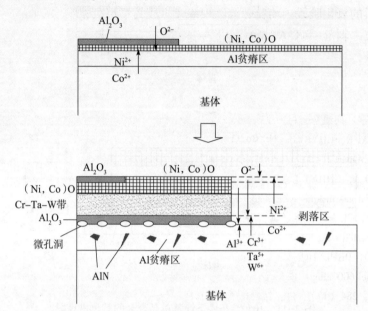

图 2-12　1100℃条件下镍基单晶合金的氧化机理图

2.8　本章小结

本章采用 OM、XRD、SEM 和 EDS 技术对 1050℃和 1100℃高温条件下镍基单晶合金的长时氧化行为进行研究，主要结论如下：

（1）1050℃条件下，镍基单晶合金的氧化过程可大致分为 3 个阶段。在第一阶段内，枝晶间主要为稳定的单层外 α-Al_2O_3 膜。枝晶干可见 α-Al_2O_3 剥落，主要生成（Ni，Co）O。300h 后，氧化层统一为柱状外（Ni，Co）O 层，尖晶石相中间层和连续致密内 α-Al_2O_3 层。第三阶段氧化层剥落严重，样品表面不均匀，氧化侵蚀现象明显，生成不连续的内 α-Al_2O_3 层，氧化速率显著加快。

（2）在 1100℃条件下，氧化过程大致分为两个阶段。初始氧化阶段形成的 α-Al_2O_3 膜不稳定并且容易剥落。（Ni，Co）O 层快速萌生，部分形成的三层氧化层上方仍附着外 α-Al_2O_3 膜，内 α-Al_2O_3 层与合金基体接触界面处有较多的孔洞，使得氧化层更易发生剥落。300h 后氧化进入第二阶段，氧化层已剥落严重，生成不连续的内 α-Al_2O_3，500h 后试样表面存在明显的不均匀氧化侵蚀现象，2000h 后试样表面存在较多的氧化侵蚀坑。

（3）1050℃和1100℃条件下的氧化增重在第一氧化阶段均符合抛物线规律。随后的氧化阶段内均符合线性规律。生成的三层氧化膜均以萌生—生长—空位聚集—剥落—萌生的规律进行发展。

参考文献

［1］郭建亭. 高温合金材料学应用基础理论（上册）［M］. 北京：科学出版社，2008.

［2］PILLAI R, CHYRKIN A, GALIULLIN T, et al. External $\alpha - Al_2O_3$ scale on Ni-base alloy 602 CA-part II: Microstructural evolution ［J］. Corrosion Science, 2017, 127: 27–38.

［3］SATO A, CHIU Y L, REED R C. Oxidation of nickel-based single-crystal superalloys for industrial gas turbine applications ［J］. Acta Materialia, 2010, 59 (1): 225–240.

［4］HANCOCK P, HURST R C. The mechanical properties and breakdown of surface oxide films at elevated temperatures ［M］. Boston: Springer, 1974.

［5］XIAO, PRUD'HOMME, LI, et al. Influence of humidity on high temperature oxidation of Inconel 600 alloy: Oxide layers and residual stress study ［J］. Applied Surface Science, 2013, 284 (11): 446–452.

［6］ZHENG L, ZHANG M, DONG J. Oxidation behavior and mechanism of powder metallurgy Rene95 nickel based superalloy between 800 and 1000℃ ［J］. Applied Surface Science, 2010, 256 (24): 7510–7515.

［7］LIU C T, MA J, SUN X F. Oxidation behavior of a single-crystal Ni-base superalloy between 900 and 1000℃ in air ［J］. Journal of Alloys & Compounds, 2010, 491 (1): 522–526.

［8］LIU C, LI H, LOU L. Isothermal oxidation behavior of single-crystal nickel-base superalloy DD10 ［J］. Rare Metal Materials & Engineering, 2010, 39 (8): 1407–1410.

［9］HOU X M, CHOU K C. Quantitative interpretation of the parabolic and nonparabolic oxidation behavior of nitride ceramic ［J］. Journal of the European Ceramic Society, 2009, 29 (3): 517–523.

第3章
镍基单晶合金保护性 α-Al₂O₃ 层演化行为

3.1 引言

通过元素调整、表面处理和预氧化等方法使合金表面形成一层稳定致密连续的保护性氧化层是当前普遍采用的一种阻碍镍基高温合金氧化的途径。A. Chyrkin[1-2] 预先将 602 CA 镍基高温合金在 800℃条件下氧化 100h 之后形成了外 α-Al₂O₃ 层，随后研究了保护性氧化层在 1100℃下的演化行为。发现形成保护性氧化层的预氧化明显提升了镍基高温合金的抗氧化性能。合金设计的相关研究发现，5%~6%的 Al 含量通常足以维持形成连续的 α-Al₂O₃ 层，从而保持足够的抗氧化性能[3]。镍基单晶合金中含有 5.7%的 Al 元素，通过预试验，发现其在 1000℃下可形成稳定的保护性氧化层 α-Al₂O₃。然而目前关于镍基单晶合金保护性氧化层长时演化行为的相关研究还处于缺乏的状态，本章研究了 1000℃条件下 2000h 长时氧化下的 α-Al₂O₃ 层的演化行为和机理。

3.2 保护性 α-Al₂O₃ 层演化试验

试验温度为 1000℃，时间采集点分别为 10h、20h、50h、100h、300h、500h、1000h、1500h 和 2000h。具体试样形式、试验过程和后处理方法参照 2.2 节。

3.3 氧化层物相表征

采用 XRD 技术对 1000℃条件下不同氧化时间段的氧化产物进行物相分析以确定氧化产物类型，这是一种定性的和半定量的分析方法。在 50h、500h、

1000h、1500h 和 2000h 之后形成的氧化产物 XRD 图谱如图 3-1 所示。相应氧化时间后氧化产物的分析结果如表 3-1 所列，其中氧化物的排列顺序根据衍射峰的高度从高到低排列。氧化过程在 1000℃ 条件下快速发生，50h 后已经发现大量的 α-Al₂O₃ 和一些 Co₃O₄ 和 TaO₂，并且 α-Al₂O₃ 的量在 500h 之前均较高。氧化 500h 后，少量的（Ni₀.₉，Co₀.₁）O 被检测到，（Ni₀.₉，Co₀.₁）O 的量随着氧化时间的增加而增加。在 1500h 氧化后，（Ni₀.₉，Co₀.₁）O 和 CoCo₂O₄、NiTa₂O₆、NiCr₂O₄ 和 CoWO₄ 等多种尖晶石相的含量较高。在 1000~2000h 氧化过程中，检测到 α-Al₂O₃ 的量减少。由于此时 α-Al₂O₃ 被较多的氧化产物覆盖，因此在此期间检测到的 α-Al₂O₃ 的含量较少。为方便研究，（Ni₀.₉，Co₀.₁）O 被记为（Ni，Co）O。氧化产物的详细结构以及其随氧化时间的演变，在下面运用 EDS 技术结合该部分的 XRD 结果进行分析。不同 2θ 范围 XRD 检测结果如图 3-2 所示。

表 3-1　目标镍基单晶合金不同氧化时间后 XRD 分析结果

温度/℃	氧化时间/h	氧化产物
	50	α-Al₂O₃，Co₃O₄，TaO₂
	300	α-Al₂O₃，Co₃O₄，TaO₂
1000	500	α-Al₂O₃，（Ni₀.₉，Co₀.₁）O，NiTa₂O₆
	1000	α-Al₂O₃，（Ni₀.₉，Co₀.₁）O，CoCo₂O₄，NiCr₂O₄
	1500	（Ni₀.₉，Co₀.₁）O，CoWO₄，NiTa₂O₆，α-Al₂O₃，NiCr₂O₄
	2000	（Ni₀.₉，Co₀.₁）O，NiTa₂O₆，NiCr₂O₄，CoWO₄，α-Al₂O₃

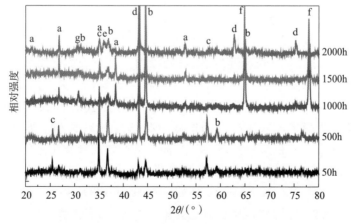

图 3-1　不同时间/氧化温度条件下 XRD 检测结果（a：NiTa₂O₆/TaO₂，b：CoCo₂O₄/Co₃O₄，c：Al₂O₃，d：（Ni₀.₉，Co₀.₁）O，e：NiCr₂O₄，f：W，g：CoWO₄，h：Ni₀.₉Ta₀.₁）

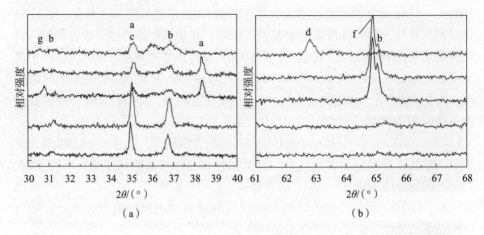

图 3-2　不同 2θ 范围 XRD 检测结果

(a) 30°~40°；(b) 61°~68°。

3.4　氧化层结构分析

3.4.1　50h/1000℃条件下氧化层结构

在 1000℃条件下氧化 50h 后，在样品表面主要观察到连续均匀的氧化膜，光学显微镜下显示为浅蓝色，如图 3-3 (a) 和 (b) 所示。图 3-3 (a) 中的 EDS 结果表明，这层连续均匀的蓝色氧化膜富含 Al 和 O 元素，其元素组成（质量分数）为 26.76% O-38.79% Al-2.43% Cr-21.89% Ni-1.58% Co-0.51% Nb-0.71% Mo-2.84% Ta-2.91% W。结合 XRD 结果，可以得出，该层为 α-Al$_2$O$_3$。以往研究表明[4]，如果高温合金中含有一定量的 Cr，则当 Al 的含量高于 5% 时，在初始高温氧化时间段内，合金表面会形成稳定的连续外 α-Al$_2$O$_3$ 膜。此外，镍基单晶合金中存在一定量的活性元素 Hf，可以增强氧化膜的黏附性，并改善其塑性，有利于氧化膜的自我修复，因此外 α-Al$_2$O$_3$ 膜较为稳定。氧化产物的横截面形态如图 3-3 (c) 所示，可以看出氧化产物主要为一层单一的 α-Al$_2$O$_3$ 膜，并且该层氧化膜连续和致密，厚度约为 1μm。此时 γ′ 相消失层厚度约为 3μm，该层仅含有质量分数为 2.04% 的 Al 元素（2.04% Al-3.5% Cr-68.95% Ni-8.49% Co-2.38% Mo-5.8% Ta-9.0% W），因此该层也被记为记录为 Al 元素贫瘠层。

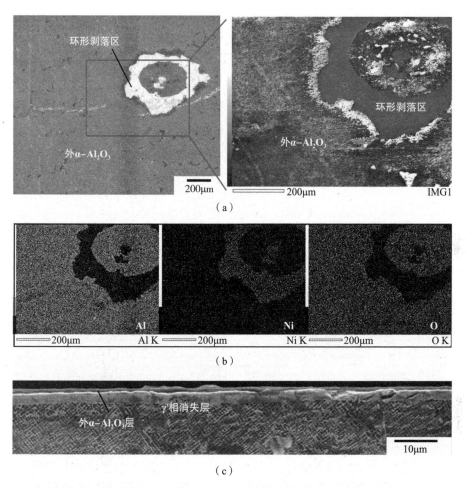

图 3-3 50h/1000℃条件下镍基单晶合金氧化层形貌（彩图见书末）

（a）不同区域表面氧化层形貌；（b）EDS 面元素分析；（c）横截面氧化层形貌。

3.4.2 500h/1000℃条件下氧化层结构

在 1000℃条件下氧化 500h 后，试样表层仍主要为均匀连续的外 α-Al$_2$O$_3$ 膜，如图 3-4（a）所示。结合图 3-5（a）可知，α-Al$_2$O$_3$ 膜具有连续致密的结构，对合金基体具有良好的保护功能。与此同时，局部发现环状氧化产物，光学显微镜下显示为黑色，并且具有较好的反光性，其形状与图 3-3（a）中的 α-Al$_2$O$_3$ 膜剥落区域相似。因此可以推断，α-Al$_2$O$_3$ 膜的剥落导致环状黑色氧化物的形成。如图 3-4（a）所示，黑色氧化物扫描电镜形貌为规律排列的多棱柱结构，部分区域存在孔洞和间隙。该氧化物主要含有 Ni 和 O，该区域

（054）的元素组成为 17.19%O-6.69%Co-72.31%Ni。结合 XRD 结果，可以得出该氧化物为（Ni，Co）O。内层氧化层连续致密，厚度大致为 5μm，富含 Al 和 O 元素。结合 XRD 分析结果，该层为内 α-Al_2O_3 膜，可有效阻碍 O 向内部基体扩散。

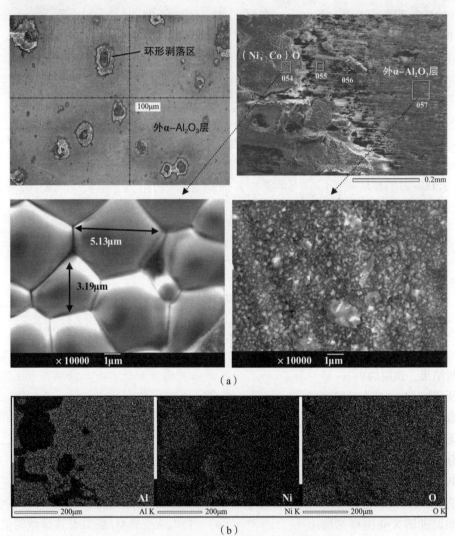

图 3-4　500h/1000℃ 条件下镍基单晶合金表面氧化层形貌

（a）不同区域表面氧化层形貌；（b）EDS 面元素分析。

分别用 EDS 技术对氧化 500h 后的氧化产物横截面进行分析，结果如图 3-5 所示。外 α-Al_2O_3 膜的横截面扫描电镜微观结构和元素分布如图 3-5（a）所示，该氧化层呈现出单一层形貌并靠近合金的 γ′ 相消失层。外 α-Al₂O₃ 膜的厚度约为 3μm。氧化层附近区域中 Al 的含量排列为 γ′ 相消失层（2.51%）<附近合金基体（3.76%）<原始合金基体（5.7%），这进一步证明了 Al 元素从合金基体向氧化产物扩散。由于热膨胀系数不同，在图 3-5（a）的圆框中，α-Al₂O₃ 膜与合金基体发生不协调变形。表面为（Ni，Co）O 氧化产物的扫描电镜微观结构和相应的横截面元素分布如图 3-5（b）所示，可以看出，氧化物依照微观形貌可以分为三层。规律有序排列的外层多棱柱层（001）大致为 30μm 厚，该层氧化物即为之前分析得到的外（Ni，Co）O 层。中间层（002）约为 30μm 厚且富含 Cr、Co、Ta 和 W 元素，该层元素质量组成为 20.68%O-3.8%Al-9.87%Cr-7.09%Co-18.16%Ni-2.17%Nb-2%Mo-16.48%Ta-19.75%W。结合 XRD 分析结果，可得到该层中的主要氧化物主要是一些尖晶石相，如 $CoCo_2O_4$、$CoWO_4$、$NiCr_2O_4$ 和 $NiTa_2O_6$。氧化 500h 后尖晶石相含量比 300h 时明显增加，但 Cr_2O_3 和 TaO_2 含量降低。当外氧化层向金属基体生长时，会包围中间层氧化物并发生固相反应。例如 Cr_2O_3 被 NiO 包围时：

$$NiO + Cr_2O_3 = NiCr_2O_4$$

同理，如下固相反应发生时，生成了 $NiTa_2O_6$、$CoCo_2O_4$ 和 $CoWO_4$：

$$4TaO_2 + O_2 = 2Ta_2O_5$$
$$NiO + Ta_2O_5 = NiTa_2O_6$$
$$CoO + Co_2O_3 = CoCo_2O_4$$
$$CoO + WO_3 = CoWO_4$$

内层氧化层连续致密，厚度大致为 5μm，富含 Al 和 O 元素。结合 XRD 分析结果，该层为内 α-Al₂O₃ 膜，可有效阻碍 O 向内部基体扩散。如图 3-5（c）所示，（Ni，Co）O 层主要向外生长，中间层尖晶石相和内 α-Al₂O₃ 膜均向合金基体方向生长。图 3-5（d）为氧化层剥落后附近的横截面形貌，该区域中无连续致密的 α-Al₂O₃ 层，剩余的氧化层呈现疏松多孔的形貌。γ′ 相消失层中分布着颜色较深的块状物（黑色椭圆中）为 AlN，其元素组成为 20.38%N-49.65%Al-18.61%Ni。AlN 的形成原因如下：一方面，随着氧化层深部 O 的消耗，N 的活性相对较高，外部氧化产物的剥落和破坏以及内部 γ′ 相的机械损伤促进了 N 向内部扩散；另一方面，Al 的活性在氧化物层下仍然保持较高水平，因此，N 与 Al 反应形成块状 AlN。在剥落区域氧化层/基体界面可见较多孔隙，这是由 Al 元素的贫瘠引发的空位聚集而产生。分散在中间层中的 Re 和 W 相可以降低 Al 向外的扩散速率，这有助于在内层中形成连续且致密的 α-Al₂O₃ 膜。由于 α-Al₂O₃ 膜的保护作用，不同氧化层下 γ′ 相消失层的厚度从薄到厚依次为外 α-Al₂O₃ 膜（约7μm）<内 α-Al₂O₃ 膜（约10μm）小于不连续

的 α-Al₂O₃ 膜（约 20μm）。

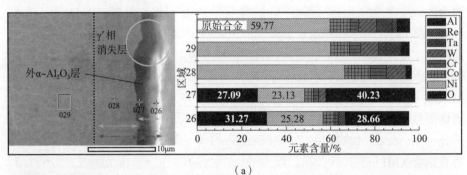

（a）

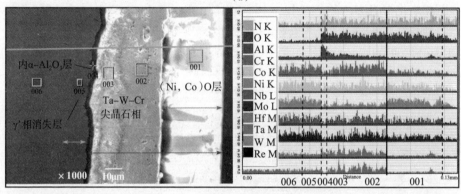

（b）

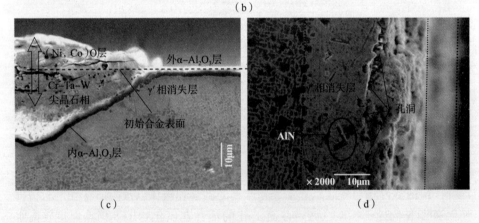

（c）　　　　　　　　　　　　（d）

图 3-5　500h/1000℃条件下镍基单晶合金不同区域横截面氧化层形貌及 EDS 分析（彩图见书末）

（a）未剥落区域；（b）剥落-再生长区域；（c）过渡区域；（d）剥落区域。

3.4.3　1000h/1000℃条件下氧化层结构

在 1000℃条件下氧化 1000h 后的主表面氧化产物相貌仍然与图 3-4（a）中

的单一外 α-Al₂O₃ 膜相似，但此时光学显微镜下颜色较深。如图 3-6（b）所示，大量的颗粒状（Ni，Co）O 萌生，其尺寸远小于图 3-4（b）、图 3-5（b）。（Ni，Co）O 整体上沿着一定的方向呈带状分布，分布带的宽度大致为 100μm，分布带之间的宽度大致为 150μm，这是因为镍基单晶合金具有枝晶状结构，而枝晶具有特定的方向。当枝晶向目标镍基单晶合金的凝固方向生长时会发生元素的偏析，Al 元素主要富集于枝晶间区域，枝晶干和枝晶间区域的 Al 偏析随着 Re 含量的增加而显著增加（0%～2%）。随着 Al 的消耗，Al 的贫乏首先出现在枝晶干中，因此（Ni，Co）O 在萌生阶段主要在枝晶干中形成。002 区域富含 Cr 和 Ta 元素，并且结合 XRD 氧化产物分析结果，该区域主要为 NiCr₂O₄，这表明此时 Cr-Ta 尖晶石相氧化物萌生。氧化 1000h 后枝晶间单层外 α-Al₂O₃ 膜连续度和致密度降低。此外，在 α-Al₂O₃ 膜与合金基体的界面处萌生了较多孔隙，这是由于氧化物/基体层界面中 Al 元素的大量消耗导致空位的形成，空位聚集形成孔隙。外 α-Al₂O₃ 膜的连续性和致密性的降低可使 O 和金属基体元素较容易通过氧化层，这有助于（Ni，Co）O 和尖晶石相的形成。

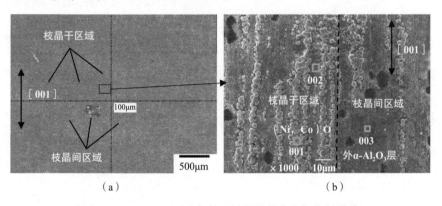

图 3-6　1000h/1000℃条件下镍基单晶合金氧化层形貌

（a）超景深光学显微形貌；（b）扫描电镜形貌。

3.4.4　2000h/1000℃条件下氧化层结构

如图 3-7 所示，在 1000℃条件下氧化 2000h 后，样品表面主要有 4 种氧化物。如图 3-7（a）所示，超景深光学显微镜下黑色密集颗粒状氧化层是（Ni，Co）O。其周围为蓝绿色氧化物，富含 O、Al、Cr 和 Ta 元素。这是因为连续的内 α-Al₂O₃ 层的附着力与中间层尖晶石相相比较强，使部分最外层氧化物为（Ni，Co）O 的氧化层从尖晶石相层剥落。白色区域中元素的质量组成为 1.97%Al-6.86%Cr-11.05%Co-60.54%Ni-1.36%Nb-3.66%Mo-5.31%Ta-9.05%W，与合金基体元素含量相似，但 Al 含量较低，因此在内 α-Al$_2$O$_3$ 膜不连续的区域，氧化物更容易发生剥落。图 3-7（b）中不同区域的横截面扫描电镜形貌如图 3-7（c）和（d）中所示。图 3-7（c）中的氧化物可分为三层，外层是（Ni，Co）O。富含 Cr、Co、Ta 和 W 的中间层主要为复杂氧化物及尖晶石相，例如 NiTa$_2$O$_4$、CoWO$_4$、NiCr$_2$O$_4$ 和 CoCo$_2$O$_4$，内层是连续的 α-Al$_2$O$_3$ 膜。由于氧化产物逐渐向合金基体移动，在中间层下发生 Al 的优先氧化，形成连续致密的内 α-Al$_2$O$_3$ 膜，γ′相消失层的厚度约为 20μm。但在图 3-7（d）中，内 α-Al$_2$O$_3$ 膜不连续，氧化产物明显剥落，γ′相消失层厚度大致为 40μm，其中存在较多的深色块状 AlN。

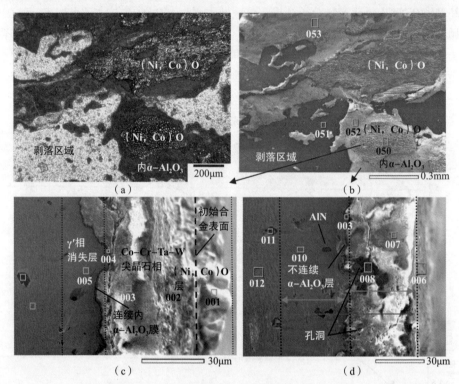

图 3-7　2000h/1000℃ 条件下镍基单晶合金不同区域氧化层形貌（彩图见书末）

（a）光学形貌；（b）SEM 形貌；（c）完整区氧化层横截面形貌；（d）剥落区氧化层横截面形貌。

3.5　保护性 α-Al$_2$O$_3$ 层演化动力学分析

目标镍基单晶合金在 1000℃ 条件下氧化增重曲线主要可分为三个阶段，在氧化初始时间段（0～0.5h），试样快速增重。在第一氧化阶段（<750h），

试样增重速率逐渐减小;第二氧化阶段(750~1500h)氧化增重速率较小且保持稳定,增重曲线近似遵循线性规律;氧化速率在第三阶段(1500~2000h)快速上升,如图 3-8(a)所示。目标合金在 1000℃ 下氧化动力学行为与其他合金(SCA425+[3]、Rene95[5] 和 DD32[6])对比如图 3-8(b)所示。目标合金具有较好的抗氧化性能,随着氧化时间的增加,重量逐渐增加并且增重速率逐渐降低。由于在氧化第一阶段(<750h)几乎没有氧化层从样品表面剥落,因此可以用抛物线规律拟合等温氧化动力学曲线。如图 3-8(c)和(d)所示,在 10~100h 和 200~750h 期间得到的抛物线速率常数不同,分别为 $2.24 \times 10^{-13} \mathrm{g}^3/(\mathrm{cm}^4 \cdot \mathrm{s})$ 和 $8.52 \times 10^{-14} \mathrm{g}^2/(\mathrm{cm}^4 \cdot \mathrm{s})$,均对应于 α-Al₂O₃ 生长的抛物线系数,如图 3-9 所示。

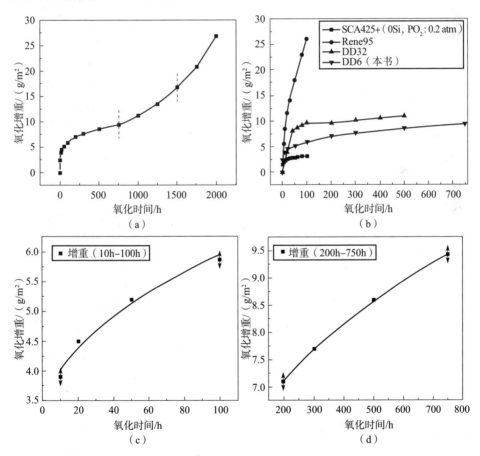

图 3-8 1000℃ 条件下镍基单晶合金氧化增重动力学

(a) 2000h 氧化增重;(b) 相同温度下不同牌号合金氧化增重对比;

(c) 0~100h 氧化增重;(d) 200~800h 氧化增重。

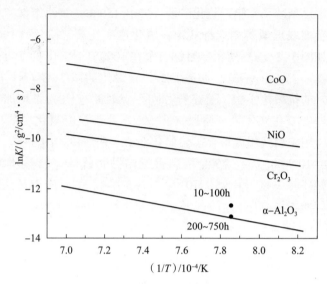

图3-9　1000℃条件下10~100h和200~750h氧化时间段内镍基单晶合金
氧化增重抛物线系数与不同氧化物生长抛物线系数对比

3.6　保护性 α-Al₂O₃ 层厚度生长规律

不同氧化层和 γ′ 相消失层厚度随氧化时间增加的变化曲线如图 3-10 所示。每个样品至少用 4 个位置进行测量，如图 3-10（a）所示，测试数据相对离散，这是因为氧化层厚度和 γ′ 相消失层厚度随着氧化时间的增加逐渐变得不均匀。不同氧化阶段氧化层和 γ′ 相消失层厚度变化具体分析如下：

（1）第一阶段（0~750h）单一外 α-Al₂O₃ 厚度增长规律。

1000℃条件下初始氧化时期，单一连续致密外 α-Al₂O₃ 膜迅速生成，可有效防止金属阳离子向外扩散和 O 元素向内扩散。此外，由于合金含有 Hf 活性元素，Al₂O₃ 膜在氧化第一阶段保持稳定且剥落量较少。因此，氧化层的厚度以及试样重量增加缓慢，如图 3-10（b）和（c）所示。结合前文氧化动力学的相关分析，单层外 α-Al₂O₃ 膜的生长大致遵循抛物线生长规律。

（2）第二阶段（750~1500h）外氧化层（Ni, Co）O，中间层尖晶石相氧化层和内 α-Al₂O₃ 膜厚度增长规律。

1000℃条件下氧化 750h 后，单层外 α-Al₂O₃ 膜显著剥落或者变薄。图 3-11（a）显示了超景深光学显微镜下剥落的单层外 α-Al₂O₃ 膜的形态。（Ni, Co）O 层和复杂尖晶石相层在此阶段内快速萌生和生长，不连续的块状

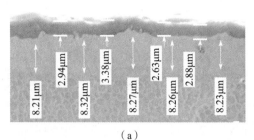

（a）

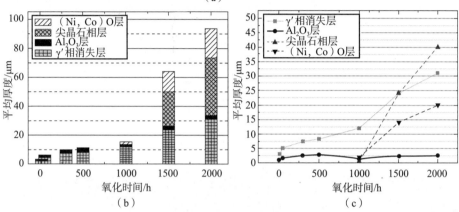

（b）　　　　　　　　　　　　　　（c）

图 3-10　1000℃ 条件下镍基单晶合金氧化增厚动力学
（a）氧化层-热影响层的厚度 SEM 微观测量；（b）氧化层-热影响层增厚对比；
（c）氧化增厚变化规律。

内 α-Al₂O₃ 萌生并且随后相互连接形成连续的内 α-Al₂O₃ 膜。（Ni，Co）O 层和复杂尖晶石相层厚度的增加遵循对数定律，内 α-Al₂O₃ 膜厚度的增加符合抛物线规律。由于氧化层的不均匀剥落，枝晶干与枝晶间区域的氧化过程不同，此阶段氧化增重曲线的变化规律与 750h 后不同。

（3）第三阶段（1500~2000h）氧化层的剥落和再生。

1000℃ 条件下氧化 1500h 后，大量较厚的三层氧化层已经明显剥落。图 3-11（b）显示了超景深光学显微镜下剥落的三层氧化层形貌。剥落的氧化层主要呈现两种颜色，分别为三层氧化层的内外面，表面覆盖黑色颗粒状氧化物为（Ni，Co）O 层，蓝绿色面为内 α-Al₂O₃ 层或者尖晶石相层。随着氧化时间的进一步增加，三层氧化物再次在剥离区域上形成，但是由于 Al 的消耗，此时内 α-Al₂O₃ 不连续并且氧化层易从此处发生剥落。氧化层的发展呈现出"萌生—生长—界面空位聚集—剥落—萌生"的规律。因此，该区域中 Al 贫瘠层的厚度与具有连续 α-Al₂O₃ 膜区域相比厚度较大，如图 3-7（c）和（d）所示。1000℃ 条件下氧化 2000h 后，表面的三维 SECM 图像和等高线如图 3-12（a）和（b）

所示。图像中显示出的 Δh 为实际 Δh 的 200%。可以看出试样表面氧化物分布和氧化侵蚀深度不均匀，(Ni, Co)O 层外表面最高点与剥离区域最低点之间 Δh 的最大值约为 80μm。

(a)　　　　　　　　　　　　　(b)

图 3-11　1000℃条件下不同氧化时间剥落氧化层超景深光学形貌（彩图见书末）

(a) 750h；(b) 1500h。

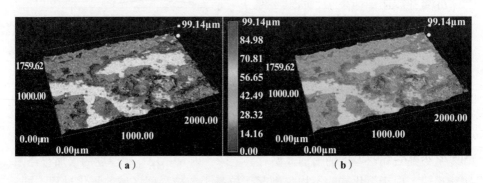

(a)　　　　　　　　　　　　　(b)

图 3-12　1000℃条件下氧化 2000h 后合金表面超景深形貌

(a) 显微形貌；(b) 等高线图。

（4）氧化层剥落因素。

①氧化层和基体热膨胀失配：当温度降低时，氧化层会产生压应力，压应力作用下，当氧化层强度较低时氧化层会发生剪切剥落，当氧化层强度较高时氧化层则会与基体分离产生翘曲。由于 $\alpha\text{-}Al_2O_3$ 较为致密，强度较高，根据弹性力学理论，在双轴应力作用下形成半径为 a 的圆形翘曲所需的临界应力如下：

$$\sigma_c = 1.22\frac{E}{1-\nu^2}\left(\frac{h}{a}\right)^2 \tag{3-1}$$

式中：E 和 ν 为氧化层的弹性模量和泊松比；h 为氧化膜的厚度。可以看出，当形成的 $\alpha\text{-}Al_2O_3$ 层较薄时，氧化层更易形成翘曲和褶皱，或者通过形成楔状开裂发生剥落。当 α-Al$_2$O$_3$ 膜的厚度增加时，氧化膜中单位面积存储的弹性应变能增加，当此值大于某一临界值，氧化膜将从合金基体上剥落。氧化膜剥落和失效的判断公式如下：

$$\frac{(1-\nu)\sigma^2 h}{E} > G_c \qquad (3-2)$$

式中：σ 为中等双轴残余应力；G_c 为氧化物-界面的断裂抗力。因此，在本书中，图 3-3（a）（氧化 50h 后）和图 3-4（a）（氧化 500h 后）中的剥落区域的形状呈现出圆形或环形特征，这与 Neil Birks 的研究结果[7] 吻合。

②空位聚集：氧化物/合金基体界面中 Al 的过量消耗可导致 Al 空位的形成，空位的聚集导致界面中形成孔隙，促进氧化层剥落。

③氧化物等温体积生长：某些金属体系的氧化可能导致体积增加。一些相关氧化物的氧化物体积比（PBR）为 1.65% NiO-1.86% CoO-1.28% Al$_2$O$_3$-2.07% Cr$_2$O$_3$-2.5% Ta$_2$O$_5$（PBR $= V_{O_x}/V_M$）。因此在该合金的氧化过程中，氧化物的生长导致中间尖晶石相氧化层中产生较高的压应力。

④氧化层中的热应力：热膨胀的局部不匹配主要发生在金属和氧化层之间，但是目标镍基单晶合金氧化产物复杂多样，温度发生变化的过程中，多相的氧化层之间也会产生局部的热应力。例如 NiO、NiCr$_2$O$_4$ 和 Al$_2$O$_3$ 的热膨胀系数分别为 17.1×10^{-6}K^{-1}、10.0×10^{-6}K^{-1} 和 8.7×10^{-6}K^{-1}[8]。

（5）γ' 相消失层。

氧化层的热稳定性高于 γ' 沉淀相，γ' 相中 Al 元素的含量高于合金 γ 基体，γ' 沉淀相可溶解于内 Al$_2$O$_3$ 层中。γ' 相消失层的生长规律基本上与 Al$_2$O$_3$ 和 AlN 形成量之和的生长规律一致。

3.7　氧化机理

为了使氧化反应继续进行，一种或两种反应物必须通过氧化膜。通过氧化物的实际传输物质是电子和金属或氧的离子。致密的 α-Al$_2$O$_3$ 膜为氧化过程控制膜，在氧化过程中具有保护作用。在相同的氧化时间下，枝晶干和枝晶间区域的 α-Al$_2$O$_3$ 膜的状态不同步，如图 3-13 所示。不同氧化时间的氧化机理如图 3-14 所示，详细描述如下，1000℃ 条件下目标镍基单晶合金在氧化的第一阶段（<750h），氧分子被吸附到样品表面。同时，Cr、Al 都是对氧具有高亲和力的强氧化物形成物，由于形成的自由能较低，它们在加入到诸如 Ni 的金属基体时会被优先氧化[9]。因此氧原子扩散到基体表层并首先与 Al 元素发生反应，使 Al$_2$O$_3$ 在合金表面形核。在这个阶段，氧化增重主要受到 O$_2$ 和 Al 在

气体/合金界面处的化学反应的控制，从而导致试样质量的快速增加。随着氧化时间的延长，Al_2O_3 的晶核将生长成单一连续且致密的外 $\alpha-Al_2O_3$ 膜，其原理图如图 3-14 （a）所示。此后，氧化物/基体界面形成，$\alpha-Al_2O_3$ 膜的生长需要氧原子穿透 $\alpha-Al_2O_3$ 膜并在界面处与 Al 反应，同时，$\alpha-Al_2O_3$ 膜的形成导致氧化层下方 Al 元素的消耗。由于 O^{2-} 在氧化层中的扩散速率远大于 Al^{3+}，此时氧化层的生长主要受 O^{2-} 在 $\alpha-Al_2O_3$ 层中扩散至氧化物/基体表面与 Al^{3+} 发生反应控制，从而生成新的 $\alpha-Al_2O_3$。因此氧化层以氧化物/基体界面向内移

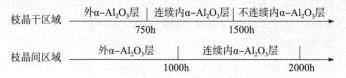

图 3-13　枝晶干和枝晶间区域在不同氧化阶段的 $\alpha-Al_2O_3$ 形态

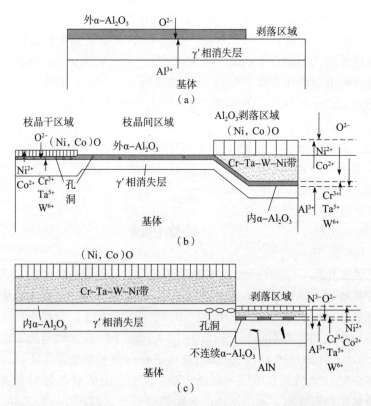

图 3-14　1000℃条件下不同氧化阶段镍基单晶合金的氧化机理图

（a）第一氧化阶段（0~750h）；（b）第二氧化阶段（750~1500h）；

（c）第三氧化阶段（1500~2000h）。

动的方式进行生长。由于单一外 α-Al₂O₃ 膜良好的保护功能和 Al 的供应不足，氧化速率随着膜的增厚而逐渐降低。随着 α-Al₂O₃ 膜的增厚，局部氧化层发生环形区域剥落并形成三层状氧化层。

在氧化第二阶段（750～1500h），随着氧化层的生长，氧化层内部产生压应力。由于克肯达尔效应，氧化层/基体界面逐渐产生孔隙，其原理如图 3-14（b）所示。单层外 α-Al₂O₃ 膜逐渐剥落和变薄，由于 Al 元素主要偏析于枝晶间区域，α-Al₂O₃ 膜的显著剥落首先发生在枝晶干区域。由于 Al 元素的消耗，单层外 α-Al₂O₃ 膜不再产生，Ni^{2+} 和 Co^{2+} 可直接或者通过残留的 α-Al₂O₃ 膜在氧化层外表面与 O^{2-} 发生反应生成颗粒状（Ni，Co）O，随着氧化的进行逐渐生长成多棱柱状外氧化层，该氧化物相对较为疏松多孔且可使氧气进行渗透。故此，O^{2-} 可相对较容易继续扩散到合金基体表面，与 Cr、Co、Ta 和 W 等微量元素反应形成 TaO_2、Co_3O_4 和 Cr_2O_3 等氧化物，并随着氧化的进行发生固相反应生成尖晶石相如 $CoCo_2O_4$、$NiTa_2O_6$、$NiCr_2O_4$ 和 $CoWO_4$ 等。该层疏松多孔，氧气可以相对容易向内渗透。由于（Ni，Co）O 层和复杂尖晶石相层的快速生成导致氧化产物向内移动，随着氧化层的内移和 Al 元素的向外扩散，氧化层/基体界面 Al 元素的浓度逐渐增加，此时 Al^{3+} 与 O^{2-} 发生反应生成连续致密的内 α-Al₂O₃ 膜。然而，W、Ta 和 Re 元素可在一定程度上抑制内 α-Al₂O₃ 的快速形成，这是因为它们比 Al 元素更高的价态和更大的尺寸减少了 O 元素向内扩散。由于残留的单一外 α-Al₂O₃ 层和形成的内 α-Al₂O₃ 层的保护作用，此阶段总氧化速率仍然相对较慢。随着氧化的进行，由于 Al 元素的贫瘠，Al 的空位在氧化层/基体界面产生，空位聚集成孔隙可导致三层氧化层的剥落。

在氧化第三阶段（1500～2000h），三层氧化层的大规模剥落导致合金表面形成较多的疏松多孔区域。同时，随着 Al 元素的持续消耗，形成的 Al 贫瘠层较厚，α-Al₂O₃ 不连续，从而使此阶段内氧化增重速率较快，原理如图 3-14（c）所示。外部氧化层的剥落及不连续的内 α-Al₂O₃ 导致 N 元素较易通过氧化层到达 γ′相消失层，由于 Al^{3+} 与 N^{3-} 具有较高的结合力，故可在此处发生内氮化反应形成 AlN。

3.8　本章小结

本章采用 OM、XRD、SEM 和 EDS 技术对 1000℃高温条件下镍基单晶合金的长时氧化行为进行了研究，得到了保护性氧化层 α-Al₂O₃ 膜的长时演化行为，主要结论如下：

（1）1000℃条件下长时氧化 2000h 内镍基单晶合金氧化增重可分为三个阶

段：第一氧化阶段遵循抛物线规律，这对应于连续和致密的单层外 $\alpha-Al_2O_3$ 膜的生长；由于枝晶干和枝晶间氧化行为的不同及氧化层的显著剥落，第二氧化阶段内合金氧化速率较第一阶段高并且氧化增重遵循线性规律；第三阶段由于氧化层的大量剥落和 $\alpha-Al_2O_3$ 的不连续导致合金增重速率持续增加。

（2）在第一氧化阶段，主氧化产物是连续致密的单层外 $\alpha-Al_2O_3$ 膜。O^{2-} 通过 $\alpha-Al_2O_3$ 膜向内扩散与氧化物/基体界面处的 Al^{3+} 发生反应为此阶段内氧化的主要控制方式。

（3）在第二氧化阶段，外 $\alpha-Al_2O_3$ 膜剥落后三层氧化层首先在枝晶干区域形成。外层主要为多棱柱状（Ni，Co）O 层，中间层主要由 $NiTa_2O_6$、$CoCo_2O_4$、$CoWO_4$、$NiCr_2O_4$ 等复合化合物和尖晶石相组成，内层为连续致密内 $\alpha-Al_2O_3$ 膜。O^{2-} 与 Ni^{2+} 和 Co^{2+} 离子的双重扩散为此阶段内氧化的主要控制方式。双重扩散分别使氧化层向内和向外发展，使形成的氧化层向外凸起。

（4）第三氧化阶段内三层氧化层严重剥落。随着 Al 元素的持续消耗，使氧化层下方 Al 贫瘠程度较高，形成不连续的 $\alpha-Al_2O_3$。γ' 相消失层较厚且内部分布较多的块状 AlN。

参考文献

[1] CHYRKIN A, PILLAI R, GALIULLIN T, et al. External $\alpha-Al_2O_3$ scale on Ni-base alloy 602 CA. -Part I: Formation and long-term stability [J]. Corrosion Science, 2017, 124: 138-149.

[2] PILLAI R, CHYRKIN A, GALIULLIN T, et al. External $\alpha-Al_2O_3$ scale on Ni-base alloy 602 CA-part II: microstructural evolution [J]. Corrosion Science, 2017, 127: 27-38.

[3] SATO A, CHIU Y L, REED R C. Oxidation of nickel-based single-crystal superalloys for industrial gas turbine applications [J]. Acta Materialia, 2010, 59 (1): 225-240.

[4] 郭建亭. 高温合金材料学应用基础理论（上）[M]. 北京：科学出版社，2008.

[5] ZHENG L, ZHANG M, DONG J. Oxidation behavior and mechanism of powder metallurgy Rene95 nickel based superalloy between 800 and 1000℃ [J]. Applied Surface Science, 2010, 256 (24): 7510-7515.

[6] LIU C, MA J, SUN X. Oxidation behavior of a single-crystal Ni-base superalloy between 900 and 1000℃ in air [J]. Journal of Alloys and Compounds, 2010, 491 (1-2): 522-526.

[7] BIRKS N, MEIER G H, PETTIT F S. Introduction to the high temperature oxidation of metals [M]. Cambridge: Cambridge University Press, 2006.

[8] PARK S J, SEO S M, YOO Y S, et al. Effects of Al and Ta on the high temperature oxidation of Ni-based superalloys [J]. Corrosion Science, 2015, 90 (5): 305-312.

[9] JONES D A. Principles and prevention of corrosion (2nd) [M]. Upper Saddle River: Prentice Hall, 1996.

第4章
表面粗糙度对镍基单晶合金氧化行为的影响

4.1 引言

镍基单晶合金高温氧化产物的形态和结构都较为复杂。当前影响氧化行为的主要决定因素包括合金溶质元素含量如 Al、Ta、Si 和 Re[1-2]，氧化温度[3-4]，氧化气氛[5-6] 和表面处理技术[7] 等。关于表面处理，Cao[7] 发现LSP（激光冲击处理）引起的晶体缺陷促进了元素（Cr、Al 和 Ti）的扩散路径的产生，从而使合金表面在很短的时间内可以形成较薄的均匀氧化膜。Rapp[8] 研究了表面划痕对形成特定氧化物所需合金溶质浓度的影响，发现试样表面无变形区域上形成 In_2O_3 时所需合金溶质浓度为 15%（质量分数），划痕区域只需 6.8%（质量分数）。周[71] 发现具有较小表面粗糙度的 Ni-20Cr 二元镍基高温合金表面有利于生成保护性的 Cr_2O_3 而不发生脱落，具有优良的抗氧化性能。Wang[9] 等研究了粗糙度对定向凝固镍基高温合金氧化行为的影响，发现不同表面粗糙度试样的抗氧化性能由强到弱依次为 0.05μm 试样 > 0.83μm 试样 > 0.14μm 试样。然而，对于当前常用涡轮叶片材料多元镍基单晶合金的相关研究还比较缺乏。本章针对国产第二代多元镍基单晶合金展开研究，其含有 5.7% 的 Al 元素，可在 1000℃（长时服役温度）下形成连续稳定的 $\alpha-Al_2O_3$ 膜。

4.2 不同表面粗糙度高温氧化试验

本试验的试样尺寸为 10mm×10mm×4.5mm，试验条件为 1000℃下在空气中的等温氧化。根据不同的表面粗糙度将试样分成 4 组，3 组分别用 240#、800# 和 2000# 的 SiC 砂纸进行研磨，最后一组用 W1 的金刚石磨料膏进行抛光；研磨后试样在超声波浴中分别用丙酮和无水乙醇清洗 10min；清洗后采用 SEM 观察清洗后的样品，以确保表面划痕中没有嵌入 SiC 颗粒。不同表面粗糙度试样的表面 SEM 微观形貌如图 4-1 所示。表面处理后，通过原子力显微镜检测表面变形，主要包括划痕宽度和深度，分析结果如图 4-2 所示。最后采用 Surface Profiler NT1100 测试仪对 4 组样品表面粗糙度进行测量，测量的数据如图 4-3（a）所示。测量得到的 4 组试样的 Ra、Rq、Rz 和 Rt 的平均值如图 4-3（b）所示。为方便表述，本章采用 Ra（509nm、182nm、90nm 和 19nm）的测量值来表示下文中试样的表面粗糙度。

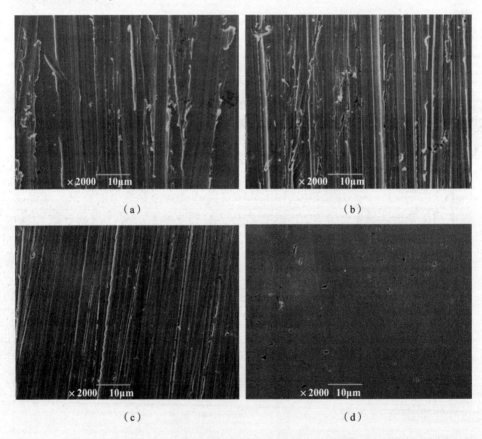

（a）   （b）

（c）   （d）

图 4-1　不同打磨条件试样表面 SEM 微观形貌

（a）240#SiC 砂纸；（b）800#SiC 砂纸；（c）2000#SiC 砂纸；（d）抛光。

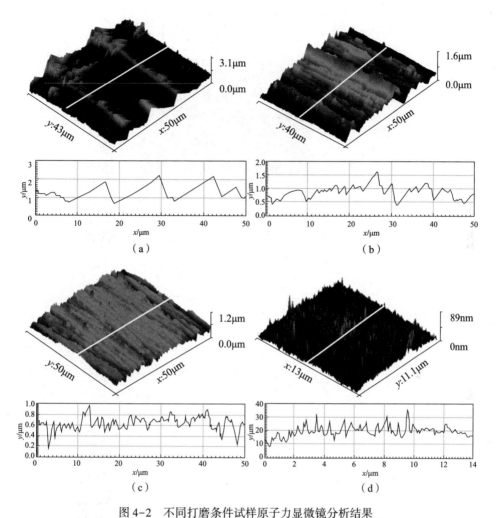

图 4-2　不同打磨条件试样原子力显微镜分析结果

(a) 240#SiC 砂纸；(b) 800#SiC 砂纸；(c) 2000#SiC 砂纸；(d) 抛光。

将刚玉坩埚在高于试验温度 50℃ 条件下（1050℃）预处理至恒重。将试样放入热处理后的刚玉坩埚中，试样仅与坩埚存在点接触。然后将带有试样的坩埚放入高温炉中进行氧化试验，高温炉壁上开一个 Φ10mm 的小孔使炉内空气与外部空气保持流通。氧化时间分别为设定为 5min、10min、40min、180min、1230min、2580min 和 5730min。对每个氧化时间点的试样和坩埚的总重进行测量，得到的试样的氧化增重结果包括了剥落的氧化层重量，测量精度为 10^{-4}g。采用 XRD 分析氧化后试样表面存在的氧化物类型；采用 OM 和 SEM 测量氧化层厚度并分析氧化层的结构特点；使用 EDS 扫描电子显微镜来分析

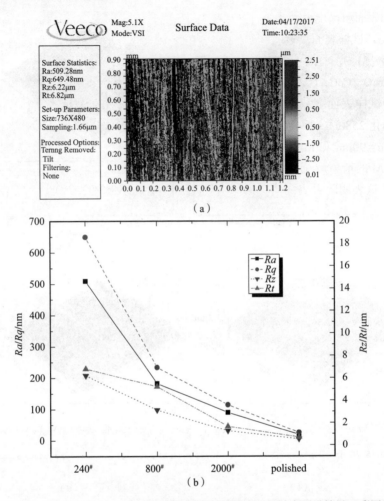

图 4-3　Surface Profiler NT1100 测试仪不同打磨条件试样表面粗糙度测量结果（彩图见书末）

(a) 表面形貌；(b) 测量结果。

试样氧化层的形态和元素分布，得到镍基单晶高温合金的名义化学成分，其中主要有 10 种元素（Al、Cr、Co、Ni、Nb、Mo、Hf、Ta、W 和 Re），本书将主要进行分析。

4.3　氧化层物相表征

采用 XRD 对 1000℃条件下氧化 2580min 后的镍基单晶合金试样表面氧化产物进行分析，这是一种半定量的分析方法。图 4-4 分别表示未氧化的试样表面

（a）和表面粗糙度分别为 $Ra = 509nm$（b）、$Ra = 182nm$（c）、$Ra = 90nm$（d）、$Ra =$ 19nm（e）试样表面氧化产物的 XRD 分析结果。分析得到的氧化物种类分别为，a——$\alpha\text{-}Al_2O_3$，b——$TaO_2/NiTa_2O_6$，c——$NiCr_2O_4$，d——Cr_2O_3，e——NiO，f——$Co_3O_4/CoCo_2O_4/CoWO_4$，g——$\gamma'\text{-}Ni_3Al$，h——$\gamma'\text{-}Ni$。$Ra = 509nm$ 和 $Ra =$ 182nm 试样表面 $\alpha\text{-}Al_2O_3$ 衍射峰强度明显高于 $Ra = 90nm$ 和 $Ra = 19nm$，这表明在氧化 2580min 后 $Ra = 509nm$ 和 $Ra = 182nm$ 试样表面 $\alpha\text{-}Al_2O_3$ 含量较高。而在 $Ra = 90nm$ 和 $Ra = 19nm$ 试样表面则存在较多的 NiO。不同表面粗糙度的 $\gamma'\text{-}Ni_3Al$ 的衍射峰强度从大到小为 $Ra = 509nm > Ra = 182nm > Ra = 90nm > Ra =$ 19nm。这表明随着表面粗糙度的降低，试样表面氧化产物变厚。

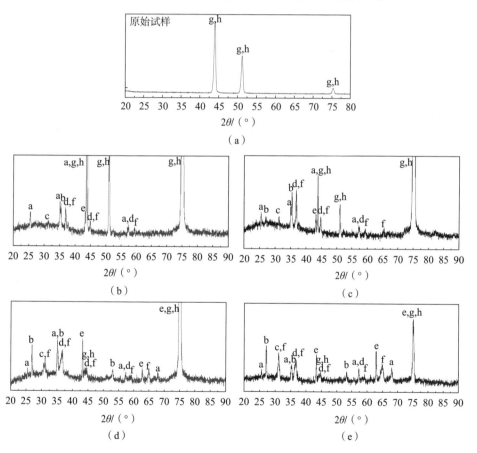

图 4-4　试样表面氧化产物的 XRD 分析结果

（a）原始样品；（b）$Ra = 509nm$；（c）$Ra = 182nm$；（d）$Ra = 90nm$；（e）$Ra = 19nm$。

4.4　氧化层结构分析

　　图4-5（a）和图4-5（b）显示了垂直和平行于［001］方向未氧化试样表面的枝晶干区域和枝晶间区域的 SEM 形貌。图4-5（c）~（f）分别表示$Ra=$ 509nm、$Ra=182$nm、$Ra=90$nm 和 $Ra=19$nm 镍基单晶合金试样在 1000℃条件下氧化 2580min 后平行于［001］方向的表面氧化产物 SEM 形貌。可以看出，$Ra=509$nm 试样表面氧化层形貌与 $Ra=182$nm 试样相似，均呈现出较为致密的密集微颗粒状形貌，但 $Ra=182$nm 试样表面相对较为平整。对表面氧化产物进行 EDS 分析，如图4-6所示。区域1~区域6的化学元素组成如表4-1所列。$Ra=509$nm（区域1）的氧化产物元素组成为 28.06%O-41.69%Al-3.04%Cr-3.63%Co-16.30%Ni-0.85%Nb-0.12%Mo-3.75%Ta-2.28%W（质量分数），而 $Ra=182$nm（区域2）试样表面氧化产物化学组成为 24.22%O-40.18%Al-3.41%Cr-4.79%Co-25.20%Ni-0.54%Nb-0.25%Mo-1.41%W（质量分数）。由此可以得出两种氧化产物元素组成相似，都主要含有 Al 和 O 元素以及少量的 Cr 和 Co 元素。另外，$Ra=182$nm 的样品上的 Ni 元素含量多于 $Ra=509$nm 的样品。结合 XRD 分析结果，试样表面的氧化产物主要为 $\alpha\text{-}Al_2O_3$。$Ra=90$nm 试样枝晶干和枝晶间区域显示出不同的 SEM 氧化物形貌。枝晶干区域分布着大量球形颗粒状氧化物，其尺寸大约为 1~2μm。该氧化物（区域5）的元素组成为 15.46%O-5.63%Co-75.09%Ni。而枝晶间区域（区域4）中的氧化物相对致密，其化学元素组成为 23.73%O-30.16%Al-4.95%Cr-5.35%Co-30.57%Ni-1.68%Ta-2.28%W。结合 XRD 分析结果，枝晶干中的球状氧化物主要为（$Ni_{0.9}$，$Co_{0.1}$）O（简称为（Ni，Co）O），枝晶间区域的表面氧化产物主要为 $\alpha\text{-}Al_2O_3$。枝晶干和枝晶间区域的氧化产物不同，这是因为镍基单晶合金的凝固过程导致了元素的偏析。Al 元素主要偏析于枝晶间，较高的 Al 元素浓度使该区域生成了外 $\alpha\text{-}Al_2O_3$。$Ra=$ 19nm 试样表面几乎全部被球状（Ni，Co）O 覆盖，枝晶干（区域6）的尺寸大于枝晶间区域。在 $Ra=90$nm 试样的枝晶干区域（或 $Ra=19$nm 试样的枝晶间区域）中，（Ni，Co）O 颗粒的间隙区域（区域4）中的 Cr 元素含量相对较高。结合 XRD 分析结果，此处的氧化产物主要是 $Cr_2O_3/NiCr_2O_4$。

　　图4-7表示氧化 2580min 后不同表面粗糙度试样氧化产物的横截面 SEM 形貌、横截面元素分布和从合金基体到氧化物表面的线元素变化。从图4-7（a_1）~（d_1）可以看出，$Ra=90$nm 和 $Ra=19$nm 试样氧化产物明显比 $Ra=509$nm 和 $Ra=182$nm 厚，并且前者大致显示出三层氧化层形貌，而后者主要表现出单一的氧化层形貌。根据相关元素的横截面分布和元素变化谱线，

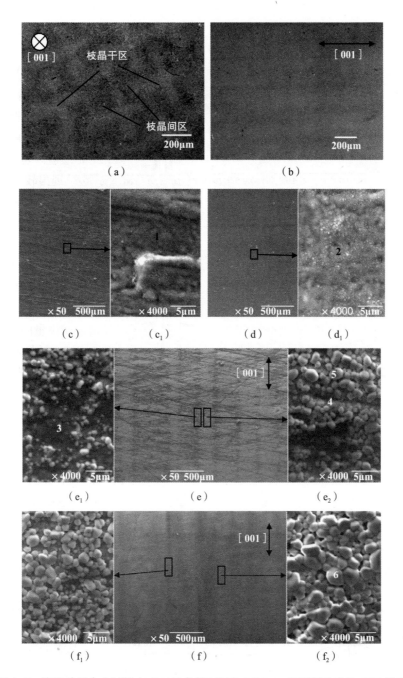

图 4-5　镍基单晶合金试样在 1000℃条件下氧化 2580min 表面氧化产物 SEM 形貌

（a）垂直于［001］方向未氧化试样表面枝晶形貌；（b）平行于［001］方向未氧化试样表面枝晶形貌；

（c）$Ra = 509$nm；（d）$Ra = 182$nm；（e）$Ra = 90$nm；（f）$Ra = 19$nm。

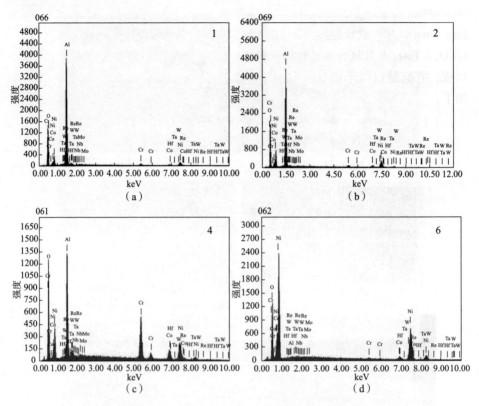

图4-6　图4-5中相应区域EDS分析图谱

（a）区域1；（b）区域2；（c）区域4；（d）区域6。

表4-1　图4-5中区域1~区域6的化学元素组成

区域	元素										
	O	Al	Cr	Co	Ni	Nb	Mo	Hf	Ta	W	Re
1	28.06	41.69	3.04	3.63	16.3	0.85	0.12	0.28	3.75	2.28	—
2	26.65	36.59	2.59	5.32	28.13	0.04	0.04		0.63	—	—
3	23.73	30.16	4.95	5.35	30.57	0.25	0.1	0.91	1.68	2.28	
4	17.24	14.72	24	11.91	25.83	0.46	0.23		3.39	2.24	
5	15.46	1.09	2.02	5.63	75.09	—	0.55		0.31	0.18	
6	16.8	0.05	0.94	5.54	75.44	—	0.14		0.52	0.49	0.07

$Ra=509\text{nm}$ 和 $Ra=182\text{nm}$ 试样表面主要形成了富含Al和少量Cr的单一氧化层。而 $Ra=90\text{nm}$ 和 $Ra=19\text{nm}$ 试样最内层中含有大量的Al元素，中间层含有大量的Cr、Co、Ta和W元素，最外层主要为Ni元素。可以得出如下结论，在

$Ra = 509$nm 和 $Ra = 182$nm 试样表面主要形成了 α-Al_2O_3 膜，而对于 $Ra = 90$nm 和 $Ra = 19$nm 试样，最外层是（Ni，Co）O，最内层为 α-Al_2O_3，中间层由 Cr_2O_3、Co_3O_4、TaO_2 及其复合尖晶石化合物（$NiCr_2O_4$、$NiTa_2O_6$、$CoCo_2O_4$ 和 $CoWO_4$）构成，它们是由简单的化合物和 NiO 发生固态反应产生的。化学反应方程如下：

$$NiO + Cr_2O_3 \Longrightarrow NiCr_2O_4$$

$$4TaO_2 + O_2 \Longrightarrow 2Ta_2O_5, \quad NiO + Ta_2O_5 \Longrightarrow NiTa_2O_6$$

$$CoO + Co_2O_3 \Longrightarrow CoCo_2O_4, \quad CoO + WO_3 \Longrightarrow CoWO_4$$

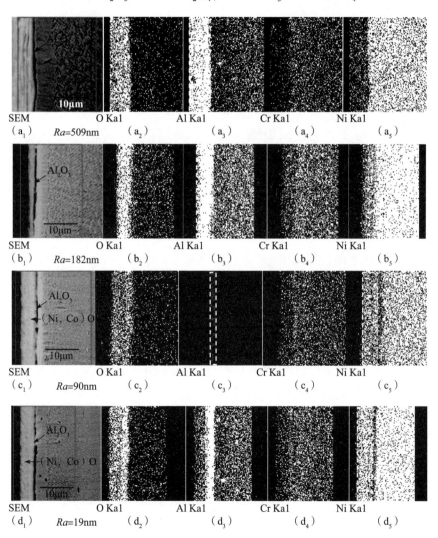

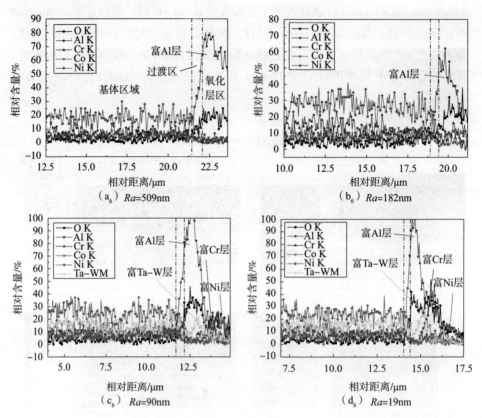

图 4-7　1000℃ 条件下氧化 2580min 后不同表面粗糙度试样氧化产物的横截面 SEM 形貌、
横截面元素分布和从合金基体到氧化物表面的线元素变化（彩图见书末）

(a) $Ra=509nm$；(b) $Ra=182nm$；(c) $Ra=90nm$；(d) $Ra=19nm$。

$Ra=509nm$ 和 $Ra=182nm$ 试样的 Al 贫瘠区较厚，大约为 5μm，但 $Ra=$ 90nm 和 $Ra=19nm$ 试样 Al 贫瘠区较薄，约为 3μm。这表明 α-Al$_2$O$_3$ 膜在 $Ra=$ 509nm 和 $Ra=182nm$ 试样上的形成时间比 $Ra=90nm$ 和 $Ra=19nm$ 试样早。图 4-8 显示了 $Ra=90nm$ 试样局部内氧化的横截面氧化层形貌，可以看出该处发生了较为严重的内氧化，大量块状内 α-Al$_2$O$_3$ 和 AlN 在此生成，氧化层结构较为复杂。表层为疏松的 Al$_2$O$_3$ 层，亚表层为 Cr$_2$O$_3$，中间层为少量的块状 α-Al$_2$O$_3$，亚内层为富 Ta-W 氧化层，内层为大量块状 α-Al$_2$O$_3$。块状的 AlN 深入到合金基体深层。在后文中试样氧化增重部分，$Ra=90nm$ 试样的平均氧化增重量在初始氧化阶段之后逐渐从小于 $Ra=19nm$ 试样变为大于 $Ra=19nm$ 试样。块状 α-Al$_2$O$_3$ 和 AlN 较脆，在加载条件下微裂纹易形核，加速合金的失效。故高温条件下对合金的内氧化进行抑制是阻碍合金失效的一种重要方式。

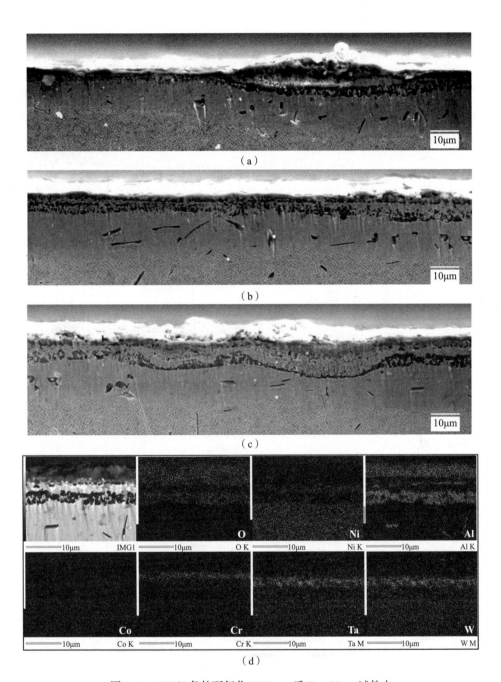

图 4-8　1000℃ 条件下氧化 2580min 后 Ra = 90nm 试件内

氧化层 SEM 形貌及元素分析（彩图见书末）

(a)~(c) 氧化层微观形貌；(d) 元素分析。

4.5 氧化动力学分析

图4-9显示了在1000℃空气条件下不同表面粗糙度试样在氧化过程中增重的变化。不同表面粗糙度试样氧化增重的抛物线规律具有阶段性。该研究结果表明,合金在1000℃下的氧化增重规律随着氧化时间的变化而发生变化。

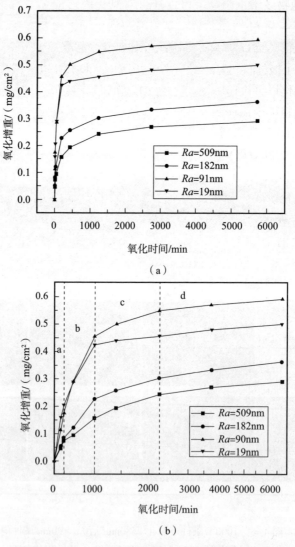

（a）

（b）

图4-9　1000℃空气条件下不同表面粗糙度试样在氧化过程中增重变化
（a）氧化动力学曲线；（b）氧化增重平方与氧化时间线性拟合结果。

以往的研究[10] 表明 SCA425、SCA425+0.25Si 和 SCA425+0.5Si 的瞬时抛物线增重系数 K_p 在 900℃、950℃和 1000℃下不同氧化阶段是不同的。表明在不同的氧化阶段可以形成不同的氧化层。本书中，为了表征不同氧化阶段的主要氧化产物，将具有不同表面粗糙度试样的氧化增重曲线分为四个阶段。在每个氧化阶段，不同表面粗糙度试样的氧化增重曲线符合抛物线规律，即

$$(\Delta M - A)^2 = K_p t \tag{4-1}$$

式中：K_p 为抛物线增重系数，可以通过对氧化增重求平方与氧化时间线性拟合获得。如图 4-9（b）所示，每个粗糙度氧化增重曲线在特定的氧化阶段更接近抛物线规律。可以从不同氧化阶段的氧化增重数据确定不同的 K_p 值。不同氧化阶段不同表面粗糙度试样的 K_p 值如表 4-2 所列。试样在氧化初期时（0~5min）氧化增重快速增加，之后增重速率逐渐减慢。计算表明，初始氧化阶段四种表面粗糙度试样的氧化增重系数 K_p 值均大于 $\alpha\text{-}Al_2O_3$ 生长的抛物线系数（图 4-10），并且 $Ra = 90nm$ 和 $Ra = 19nm$ 试样的 K_p 值显著大于 $Ra = 509nm$ 和 $Ra = 182nm$ 试样。实际上，$Ra = 509nm$ 和 $Ra = 182nm$ 试样氧化增重的 K_p 值与形成 Cr_2O_3 的 K_p 值相近，而 $Ra = 90nm$ 和 $Ra = 19nm$ 试样与 NiO 一致。在第二氧化阶段，所有 K_p 值均处于 $\alpha\text{-}Al_2O_3$ 和 Cr_2O_3 生长的 K_p 值之间且明显小于初始氧化阶段。不同表面粗糙度试样氧化增重的差异主要发生在 180min 氧化之前。在以后的氧化阶段，四种表面粗糙度试样的瞬时抛物线增重系数 K_p 值与 $\alpha\text{-}Al_2O_3$ 生长的抛物线系数逐渐趋于一致。因此下面将对 1000℃条件下不同表面粗糙度镍基单晶合金试样的初始氧化行为进行详细分析。

表 4-2　不同氧化阶段不同表面粗糙度试样的 K_p 值

编号	氧化时间/min	表面粗糙度/nm			
		509	182	90	19
		$K_p/(g^2 \cdot cm^{-4} \cdot s^{-1})$			
a	0~10	9.05×10^{-12}	1.23×10^{-11}	5.15×10^{-11}	6.96×10^{-11}
b	10~180	9.58×10^{-13}	3.08×10^{-12}	1.16×10^{-11}	7.85×10^{-12}
c	180~1230	2.67×10^{-13}	1.93×10^{-13}	2.78×10^{-13}	3.27×10^{-13}
d	1230~5730	2.42×10^{-14}	3.35×10^{-14}	2.55×10^{-14}	2.37×10^{-14}

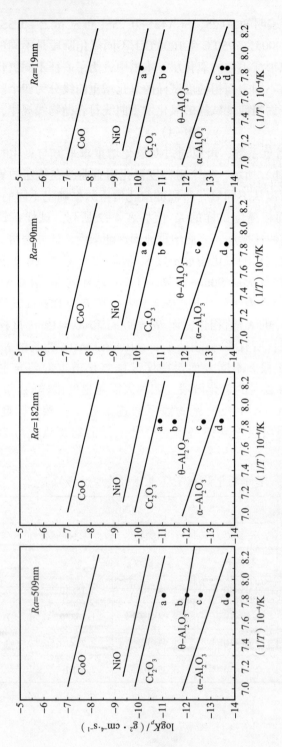

图 4-10　不同表面粗糙度试样不同氧化阶段 K_p 值数量级与特定氧化产物生长系数对比

4.6　初始氧化行为分析

4.6.1　初始氧化产物宏观形貌

为了比较初始氧化阶段中不同表面粗糙度试样之间氧化产物的差异，进行 1000℃ 条件下 2min 的短时初始氧化试验。该阶段内氧化时间/温度变化曲线如图 4-11 所示。对不同表面粗糙度试样的初始氧化产物进行宏观 OM 和 SEM 观察如图 4-12 和图 4-13 所示，并采用 EDS 技术对氧化产物的元素组成进行分

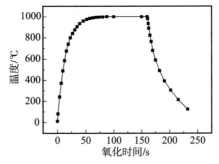

图 4-11　短时氧化试验氧化时间/温度变化曲线

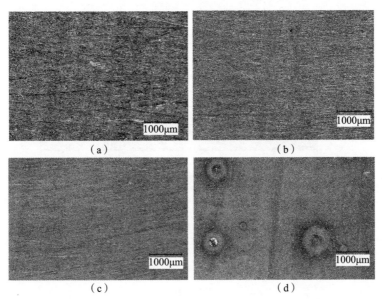

（a）　　　　　　　　　　　　（b）

（c）　　　　　　　　　　　　（d）

图 4-12　不同表面粗糙度试样的初始氧化产物进行宏观 OM 温色图谱（彩图见书末）

（a）$Ra = 509nm$；（b）$Ra = 182nm$；（c）$Ra = 90nm$；（d）$Ra = 19nm$。

析,如图4-14所示。不同表面粗糙度试样初始氧化产物的颜色,宏观SEM形貌和氧化产物元素含量无明显差别。粗糙度较小试样枝晶干和枝晶间区域初始氧化产物宏观SEM形貌差别度较高。在 $Ra=182nm$,$Ra=90nm$ 和 $Ra=19nm$ 试样枝晶干区域可见少量白色颗粒状氧化产物,对氧化产物进行EDS分析,表明其主要为Ta、Ni、Nb和Co的氧化产物。

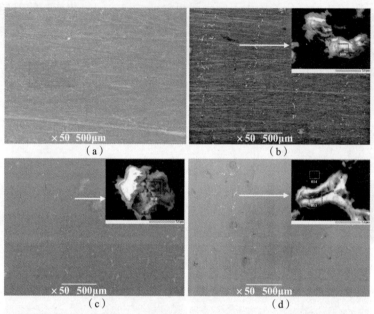

(a)   (b)

(c)   (d)

图 4-13 短时氧化后不同表面粗糙度试件表面氧化层宏观形貌和Ta氧化物微观形貌 (彩图见书末)

(a) $Ra=509nm$;(b) $Ra=182nm$;(c) $Ra=90nm$;(d) $Ra=19nm$。

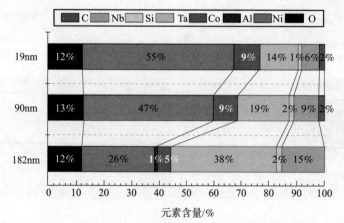

图 4-14 短时氧化后不同表面粗糙度试件表面Ta氧化物微观形貌及其元素含量分析 (彩图见书末)

4.6.2　初始氧化产物微观形貌

　　分别对不同表面粗糙度试样主要氧化产物表面和横截面进行微观 SEM 和 EDS 分析，如图 4-15 和图 4-16 所示。由表面微观 SEM 形貌可以看出，$Ra =$ 509nm 和 $Ra = 182$nm 试样表面主要为鳞片状氧化物。而在 $Ra = 90$nm 和 $Ra =$

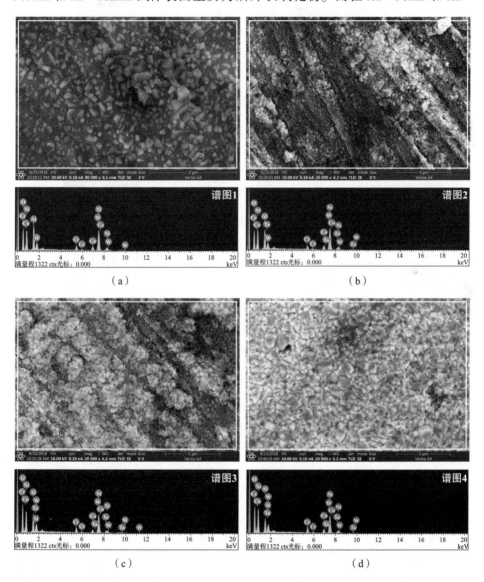

图 4-15　短时氧化后不同表面粗糙度试样主要氧化产物表面 SEM 形貌（彩图见书末）

（a）$Ra = 509$nm；（b）$Ra = 182$nm；（c）$Ra = 90$nm；（d）$Ra = 19$nm。

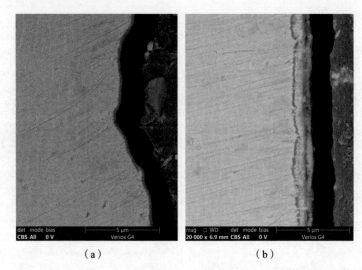

（a）	（b）

图 4-16　短时氧化后不同表面粗糙度试样主要氧化产物横截面 SEM 形貌

（a）$Ra=509$nm；（b）$Ra=182$nm。

19nm 试样表面主要附着了一层密集微颗粒状氧化产物，并且 $Ra=19$nm 试样表面微颗粒状氧化物较多且密集。由横截面微观 SEM 形貌可以看出，$Ra=509$nm 试样氧化产物形貌呈现出单一层特征，而 $Ra=19$nm 试样氧化产物则呈现出多层状。四种表面粗糙度试样表面氧化物 EDS 分析结果如图 4-15 和图 4-17 所示。此时表面氧化产物 O 含量明显低于 2850min 并且均含较多的 Ni 元素。结合横截面氧化层形貌可以得出，$Ra=509$nm 试样表面主要生成鳞片状富 Al 氧化物，Al 元素均匀连续聚集于试样表面。而 $Ra=19$nm 试样表面主要生成密集颗粒状富 Ni 氧化物，Al 元素聚集于氧化层下方但不均匀，聚集量低于 $Ra=509$nm 试样。不同表面粗糙度试样的氧化产物都含有一定量的 Cr 和 Co 元素。此外，$Ra=182$nm 和 $Ra=90$nm 试样表面含有一定量的 Ta 和 W 元素。$Ra=19$nm 试样表面密集微颗粒状氧化物的元素组成为 18.7%O-11.5%Co-69.8%Ni，与 2580min 氧化后 $Ra=90$nm 和 $Ra=19$nm 试样表面上形成的球状（Ni，Co）O 颗粒相同，但尺寸明显较小。由此可以推测，2min 氧化后 $Ra=90$nm 和 $Ra=19$nm 试样表面主要生成密集微颗粒状（Ni，Co）O。氧化 100min 后 $Ra=509$nm 和 $Ra=182$nm 试样表面观测到大量的鳞片状氧化产物，如图 4-18 所示。结合 XRD 分析结果，该氧化产物为 θ-Al_2O_3，但在高温条件下，θ-Al_2O_3 为暂态氧化物并且会快速转化为稳定的 α-Al_2O_3，Cr 元素的添加会促进转化的速率。故此可以得出，$Ra=509$nm 和 $Ra=182$nm 试样表面在氧化初始阶段主要生成暂态 θ-Al_2O_3，在连续稳定的 α-Al_2O_3 膜生成之前，暂态的 θ-Al_2O_3 将持续生成并转化为 α-Al_2O_3。

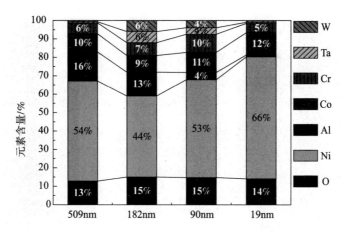

图 4-17　不同表面粗糙度试样表面氧化产物 EDS 分析结果

（a）　　　　　　　　　　　　　　　　（b）

图 4-18　氧化 100min 后 $Ra = 182nm$ 试样表面鳞片状氧化产物 SEM 形貌和 EDS 分析结果

（a）鳞片状氧化产物 SEM 形貌；（b）EDS 分析结果。

$Ra = 90nm$ 试样表面划痕区域无密集微颗粒状氧化物生成。实际上，划痕区域氧化物的元素含量与 Al_2O_3 的元素组成更为一致，如图 4-19 所示。因此，可以得出在 $Ra = 509nm$ 和 $Ra = 182nm$ 试样表面，氧化产物主要为 $\theta\text{-}Al_2O_3$ 和一定量的 Cr_2O_3，但在 $Ra = 90nm$ 和 $Ra = 19nm$ 试样表面上主要生成密集为颗粒状（Ni，Co）O。类似的，Rapp[8] 研究了表面划痕会对形成特定氧化物所需合金溶质浓度的影响，并发现试样表面无变形区域上形成 In_2O_3 时所需合金溶质浓度为 15%（质量分数），划痕区域只需 6.8%。因此，本书中同方向研磨过程中使试样表面划痕同方向均匀分布，形成一定数值的表面粗糙度。均布划痕改变了 1000℃ 条件下镍基单晶合金的初始氧化行为，具体原因将在下文进行分析。此部分分析结果与合金氧化增重动力学曲线保持一致。

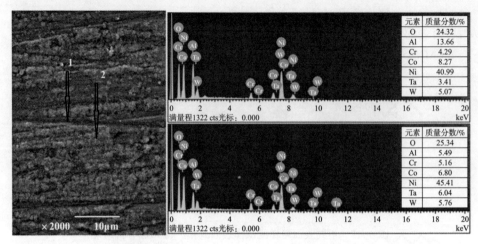

图 4-19 $Ra = 90nm$ 试样表面划痕区域和平整区域短时氧化物 EDS 分析结果

4.7 表面粗糙度对氧化行为的影响机理

结合不同表面粗糙度试样氧化增重曲线和氧化层形貌，可得 1000℃ 条件下不同表面粗糙度试样的详细氧化过程如下，原理如图 4-20 所示。

在初始氧化阶段，$Ra = 509nm$ 和 $Ra = 182nm$ 试样表面主要生成外部 Cr_2O_3 和瞬态 $\theta-Al_2O_3$，该氧化层主要通过 Cr 和 Al 阳离子向外扩散在金属/气体界面处与氧发生反应生成。由于较高的温度条件和 Cr 元素的添加，瞬态 $\theta-Al_2O_3$ 可以快速转化为稳定的连续致密的 $\alpha-Al_2O_3$ 膜。而 $Ra = 90nm$ 和 $Ra = 19nm$ 试样表面主要生成外部 （Ni，Co）O 和 Cr_2O_3，该氧化产物通过金属阳离子向外扩散在金属/气体界面处与氧发生反应生成。Al 元素聚集于氧化层下方，由于（Ni，Co）O 层存在孔隙，因此 O 可在氧化层/基体处与 Al 元素发生反应生成少量块状 $\alpha-Al_2O_3$。

初始氧化阶段后，$Ra = 509nm$ 和 $Ra = 182nm$ 试样表面生成连续致密的外 $\alpha-Al_2O_3$ 膜，主要通过 O^{2-} 向内扩散与 Al^{3+} 发生反应生成 $\alpha-Al_2O_3$ 控制。因此初始阶段后合金的氧化增重抛物线系数与 $\alpha-Al_2O_3$ 生成的抛物线系数逐渐趋于一致。而 $Ra = 90nm$ 和 $Ra = 19nm$ 试样表面（Ni，Co）O 生长速率在初始氧化阶段之后逐渐减慢。这是因为随着块状 $\alpha-Al_2O_3$ 的生成和生长，连续致密的内 $\alpha-Al_2O_3$ 膜逐渐生成，阻碍了合金元素的向外扩散。内 $\alpha-Al_2O_3$ 膜的生长同样主要受 O^{2-} 向内扩散与 Al^{3+} 在氧化层/基体界面处发生反应控制。Cr 元素的添加起到了"吸氧剂"的作用[11]，它的添加降低了形成连续稳定 $\alpha-Al_2O_3$ 膜所需的氧分压，促进了 $\alpha\text{-Al}_2O_3$ 膜的形成。随着氧化的进行，$\alpha\text{-Al}_2O_3$ 膜逐渐成为所有表面粗糙度试样的氧化控制膜。因此，合金氧化增重瞬时抛物系数 K_p 与 $\alpha\text{-Al}_2O_3$ 的生长抛物线系数逐渐趋于一致。

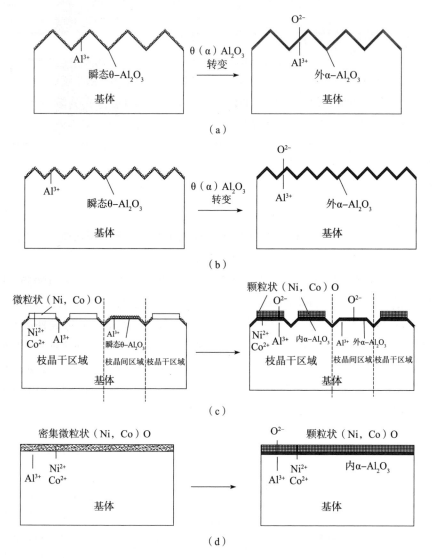

图 4-20　1000℃条件下不同表面粗糙度试样的详细氧化机理

（a）$Ra=509\text{nm}$；（b）$Ra=182\text{nm}$；（c）$Ra=90\text{nm}$；（d）$Ra=19\text{nm}$。

高温氧化条件下，Al、Cr、Si 等元素对 O 具有较高亲和力，可形成强氧化物。当这些元素被加入到诸如 Ni 的基体中，由于形成氧化物的自由能较低，当它们的浓度超过一定值（$N_B^{(O)}$）时，会被优先氧化成稳定的保护性外氧化膜。这些氧化膜主要包括 Al_2O_3、Cr_2O_3 和 SiO_2。氧化层体积分数的函数可写为

$$g = f\frac{V_{O_x}}{V_M} \tag{4-2}$$

Wagner[12] 提出了内氧化向外氧化转变的判据：

$$N_B^{(O)} > \left(\frac{\pi g^*}{2\nu}N_O^{(S)}\frac{D_O V_M}{D_B V_{O_x}}\right)^{1/2} \tag{4-3}$$

式中：g^* 为 g 的临界值（氧化层的体积分数）；D_B 和 D_O 分别为溶质的外扩散通量和氧的内扩散通量；$N_O^{(S)}$ 为氧分压。本试验中，保护性氧化膜主要是 $\alpha\text{-}Al_2O_3$，因此系数 ν 等于 $3/2$，前面的方程式可写为

$$N_B^{(O)} > \left(\frac{\pi g^*}{3\nu}N_O^{(S)}\frac{D_O V_M}{D_{Al} V_{O_x}}\right)^{1/2} \tag{4-4}$$

从式（4-4）可知，当 D_{Al} 增加（合金的冷变形处理）时，可以使形成 $\alpha\text{-}Al_2O_3$ 所需的溶质浓度降低。不同表面粗糙度试样的不同氧化行为主要发生在 180min 之前。$Ra = 509nm$ 和 $Ra = 182nm$ 试样表面氧化产物主要是连续的外 $\alpha\text{-}Al_2O_3$ 膜，即形成连续的外 $\alpha\text{-}Al_2O_3$ 膜所需的 Al 浓度低于 5.7%（合金基体中 Al 元素的含量）。但是对于 $Ra = 90nm$ 和 $Ra = 19nm$ 的样品，形成连续的外 $\alpha\text{-}Al_2O_3$ 膜所需的 Al 浓度高于 5.7%，因此外（Ni，Co）O 主要在样品的表面上产生。含有足量 Ni、4.0%Cr 和 5.7%Al 元素的镍基单晶合金的半定量 Ni-Al-表面粗糙度氧化三角极图如图 4-21[13] 所示。因此可以得出如下结论，随着表面粗糙度的增加，合金表面外扩散通量（D_{Al}）增加，Al 发生选择性氧化形成保护性外 $\alpha\text{-}Al_2O_3$ 膜所需的 Al 浓度降低。

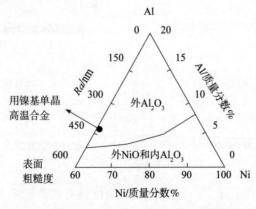

图 4-21　镍基单晶合金半定量 Ni-Al-表面粗糙度氧化三角极图[13]

4.8　表面粗糙度对力学性能的影响

主要氧化物的差异会对合金的机械性能产生显著影响。相关研究[14] 表明，当主氧化物为 Al_2O_3 膜时，Ni_3Al 合金的塑性性能比主要氧化产物为 NiO 时优越。其他参考文献[15] 也表明，具有外 $\alpha-Al_2O_3$ 膜合金在高温下比外氧化产物+内 $\alpha-Al_2O_3$ 膜合金表现出更好的氧化黏附性和更少的氧化物剥落。首先，与其他外氧化产物相比，外 $\alpha-Al_2O_3$ 膜生长速率较慢。这意味着在更长的氧化时间之后达到临界氧化物厚度，使氧化产物之间的应力达到剥落临界应力时的时间发生延迟。其次，在没有内部氧化的情况下，外 $\alpha-Al_2O_3$ 膜可以阻碍合金的金属元素发生扩散。但是氧化层的剥落与初始抛光划痕质量直接相关，这些划痕起到了促进拉应力的产生和界面裂纹成核的作用[16]。

4.9　本章小结

本书采用 OM、XRD、SEM 和 EDS 技术对 1000℃高温条件下不同表面粗糙度镍基单晶合金的氧化行为进行了研究。主要结论如下：

（1）1000℃条件下不同表面粗糙度镍基单晶合金初始氧化行为具有明显的差异性。$Ra = 509nm$ 和 $Ra = 182nm$ 试样表面主要生成外 Cr_2O_3 和瞬态外 $\theta-Al_2O_3$，主要通过 Cr^{3+} 和 Al^{3+} 向外扩散与 O^{2-} 发生反应控制。瞬态 $\theta-Al_2O_3$ 可以快速转化为连续致密的 $\alpha-Al_2O_3$。而 $Ra = 90nm$ 和 $Ra = 19nm$ 试样表面主要生成外（Ni，Co）O 和 Cr_2O_3。氧化层下方聚集了大量的 Al 元素并且生成了少量块状 $\alpha-Al_2O_3$。此阶段合金氧化增重瞬时抛物系数 K_p 差别较大。

（2）初始氧化阶段后，$Ra = 509nm$ 和 $Ra = 182nm$ 试样表面生成连续致密的外 $\alpha-Al_2O_3$ 膜，主要通过 O^{2-} 向内扩散与 Al^{3+} 发生反应生成 $\alpha-Al_2O_3$ 控制。而 $Ra = 90nm$ 和 $Ra = 19nm$ 试样表面（Ni，Co）O 生长速率逐渐减慢，块状内 $\alpha-Al_2O_3$ 生长成连续致密的内 $\alpha-Al_2O_3$ 膜，同样主要受 O^{2-} 向内扩散与 Al^{3+} 发生反应控制。随着氧化的进行，$\alpha-Al_2O_3$ 膜逐渐成为所有表面粗糙度试样的氧化控制膜。合金氧化增重瞬时抛物系数 K_p 与 $\alpha-Al_2O_3$ 的生长抛物线系数逐渐趋于一致。

（3）本章提出了一种 1000℃条件下具有不同表面粗糙度镍基单晶合金的短时氧化机理模型。随着表面粗糙度的增加，Al 的外扩散通量增加。镍基单晶合金发生选择性氧化形成保护性外 $\alpha-Al_2O_3$ 膜所需 Al 元素浓度随着合金表面粗糙度的增加而降低。

参考文献

［1］ PARK S J, SEO S M, YOO Y S, et al. Effects of Al and Ta on the high temperature oxidation of Ni-based superalloys ［J］. Corrosion Science, 2015, 90（5）: 305-312.

［2］ YUN D W, SEO S M, JEONG H W, et al. Effect of refractory elements and Al on the high temperature oxidation of Ni-base superalloys and modelling of their oxidation resistance ［J］. Journal of Alloys and Compounds, 2017, 710: 8-19.

［3］ CHYRKIN A, PILLAI R, GALIULLIN T, et al. External $\alpha-Al_2O_3$ scale on Ni-base alloy 602 CA. -Part I: Formation and long-term stability ［J］. Corrosion Science, 2017, 124: 138-149.

［4］ PEI H, WEN Z, YUE Z. Long-term oxidation behavior and mechanism of DD6 Ni-based single crystal superalloy at 1050℃ and 1100℃ in air ［J］. Journal of Alloys and Compounds, 2017, 704: 218-226.

［5］ CHAPOVALOFF J, ROUILLARD F, WOLSKI K, et al. Kinetics and mechanism of reaction between water vapor, carbon monoxide and a chromia-forming nickel base alloy ［J］. Corrosion Science, 2013, 69: 31-42.

［6］ XIAO J, PRUD'H N, LI N, et al. Influence of humidity on high temperature oxidation of Inconel 600 alloy: Oxide layers and residual stress study ［J］. Applied Surface Science, 2013, 284: 446-452.

［7］ CAO J, ZHANG J, HUA Y, et al. Microstructure and hot corrosion behavior of the Ni-based superalloy GH202 treated by laser shock processing ［J］. Materials Characterization, 2017, 125: 67-75.

［8］ RAPP R. The transition from internal to external oxidation and the formation of interruption bands in silver-indium alloys ［J］. Acta Metallurgica, 1961, 9（8）: 730-741.

［9］ WANG L, JIANG W G, LI X W, et al. Effect of surface roughness on the oxidation behavior of a directionally solidified Ni-based superalloy at 1100℃ ［J］. Acta Metallurgica Sinica (English Letters), 2015, 28（3）: 381-385.

［10］ SATO A, CHIU Y L, REED R C. Oxidation of nickel-based single-crystal superalloys for industrial gas turbine applications ［J］. Acta Materialia, 2010, 59（1）: 225-240.

［11］ WAGNER C. Passivity and inhibition during the oxidation of metals at elevated temperatures ［J］. Corrosion Science, 1965, 5（11）: 751-764.

［12］ WAGNER C. Measurenent of oxidation rate of metal ［J］. J. Electrochem. Soc., 1959, 63: 772-778.

［13］ BIRKS N, MEIER G H, PETTIT F S. Introduction to the high temperatwre oxidation of metals ［M］. Cambridge: Cambridge Vniversity Press, 2006.

［14］ TAKEYAMA M, LIU C. Effect of preoxidation and grain size on ductility of a boron-doped

Ni3Al at elevated temperatures [J]. Acta Metallurgica, 1989, 37 (10): 2681-2688.

[15] CHYRKIN A, PILLAI R, GALIULLIN T, et al. External $\alpha-Al_2O_3$ scale on Ni-base alloy 602 CA. -Part I: Formation and long-term stability [J]. Corrosion Science, 2017, 124: 138-149.

[16] MOUGIN J, LUCAZEAU G, GALERIE A, et al. Influence of cooling rate and initial surface roughness on the residual stresses in chromia scales thermally grown on pure chromium [J]. Materials Science and Engineering: A, 2001, 308 (1-2): 118-123.

第 5 章
氧浓度对镍基单晶合金氧化行为的影响

5.1 引言

航空发动机实际服役中会经历空气稀薄环境，并且由于其特殊的涡轮增压方式以及燃料燃烧效率等，必然会导致涡轮叶片实际服役环境的氧浓度不同于真实的大气环境氧浓度。目前，还未发现环境氧浓度对于镍基单晶合金氧化行为影响的研究，因此研究不同氧浓度对于镍基单晶高温合金的高温氧化行为具有重要意义。本章通过试验设计，模拟三种不同的氧浓度气氛（10%、20%、30%）的试验环境，借助 OM、SEM、XRD、EDS 等分析测试技术对镍基单晶高温合金在一定温度条件下不同氧浓度环境的高温氧化行为进行了研究。

5.2 不同氧浓度下的氧化试验

试验件采用 8mm×6mm×3mm 立方体试样，长度 8mm 方向平行于材料的 [001] 取向，如图 5-1 所示。所有试样表面使用 1200#SiC 砂纸进行研磨至相同的表面粗糙度。采用丙酮（CH_3COCH_3）和酒精（C_2H_6O）作为清洗剂在超声波清洗机中对研磨后的试样进行清洗，以备试验使用。

试验使用的坩埚为容积 5mL 的带盖刚玉坩埚，所有坩埚在使用前都在高于试验温度 50℃的温度下烘干至恒重。试验时将试样倾斜盛放于刚玉坩埚中进行反应，并且坩埚盖与坩埚留有一定缝隙，保证试样充分暴露于试验气氛中。试验设备采用加装 2 路混气装置的定制高温真空管式炉，真空高温管式炉控温精度为±1℃。试验过程中，将一根 K 型热电偶插入到真空高温管式炉试

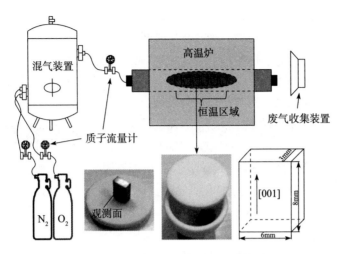

图 5-1　试验过程示意图及试验件图

棒附近的均温带，实时测量温度变化。混气装置采用质量流量计控制气体流量，其流量误差小于 1%，试验通过调控氮气和氧气的流量配比来实现不同的试验氧浓度气氛，试验前将管式炉抽真空，然后将预先混合好的混合气体以 0.1L/min 的流量通入炉膛，试验过程中随通随排，以维持恒定的气氛环境。试验设置 10%（贫氧）、21%（模拟大气）、30%（富氧）三种不同的氧浓度气氛。试验温度根据材料在实际工程应用中的工况温度设置为 1100℃。氧化时间段设置为 10h、50h、100h、200h、350h 和 500h。由于实际应用中，涡轮叶片表面大都平行于材料的 [001] 取向，因此将该表面作为主要观测面，也就是立方体试样的 6mm×8mm 面。试验过程的示意图如图 5-1 所示。

使用精度为 0.00001g 的精密电子天平采用非连续增重法（包含剥落氧化层质量）对试样氧化增重进行测量。使用 OM 和 SEM 观测试样表面的氧化物形貌和横截面的氧化物分层结构。使用 EDS 和 XRD 检测技术检测氧化物的化学成分和相组成。

5.3　氧化物相表征

选择 3 种氧浓度下氧化 10h、100h 和 350h 的试样进行 XRD 测试，以确定试验合金的氧化产物物相。根据检测到的衍射峰的位置及强度和标准物相的对比对氧化产物物相进行分析，检测结果如图 5-2 所示。分析得到的氧化物种类为 a——Al_2O_3，b——（Ni，Co）O，c——$TaO_2/NiTa_2O_6$，d——$Co_3O_4/CoWO_4/CoCo_2O_4$，e——$Cr_2O_3/NiCr_2O_4$，f——$NiAl_2O_4/CoAl_2O_4$，g——基体。在 10%

氧浓度条件下，氧化初期检测到的氧化物主要为（Ni，Co）O、Al_2O_3、TaO_2、Co_3O_4 和 Cr_2O_3 等简单氧化物。随着氧化时间从 100h 进一步增加到 350h，（Ni，Co）O 对应的衍射峰强度不断下降，Al_2O_3 对应的衍射峰强度显著增加，出现了少量的 $NiTa_2O_6$、$CoWO_4$、$CoCo_2O_4$ 和 $NiCr_2O_4$ 等复杂氧化物。在氧气浓度为 21% 的条件下，氧化物的种类明显更为复杂，10h/100h/350h 氧化后的衍射图谱基本相同。该氧浓度条件下，根据衍射强度递减的顺序，检测到的氧化物类型依次为 Al_2O_3、Co_3O_4/$CoWO_4$/$CoCo_2O_4$、TaO_2/$NiTa_2O_6$、Cr_2O_3/$NiCr_2O_4$、$CoAl_2O_4$、（Ni，Co）O。在氧浓度为 30% 的条件下，衍射图谱明显比 10% 和 21% 的条件下简单，且衍射峰随氧化时间的增加有明显的变化。氧化 10h 后检测到的氧化物类型为（Ni，Co）O，TaO_2/$NiTa_2O_6$，Al_2O_3。氧化 100h 后，衍射峰变得相对简单，检测到的氧化物主要为（Ni，Co）O。氧化 350h 后，基体对应的衍射峰非常明显，还可以检测到微量的（Ni，Co）O 和 Al_2O_3。

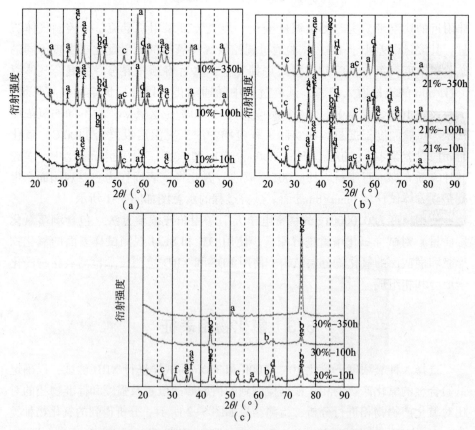

图 5-2　不同氧浓度-氧化时间条件下的 XRD 检测结果
（a）10%氧浓度试样；（b）21%氧浓度试样；（c）30%氧浓度试样。

5.4 氧化层结构分析

5.4.1 10%（贫氧）氧浓度下氧化层结构

试样在 10% 氧浓度下不同氧化时间后表面氧化物的光学形貌如图 5-3（a）~（f）所示。由图 5-3 可以看出，随着氧化时间的增加，试样表面氧化物的颜色从灰色逐渐变为蓝色，整体上氧化层较为完整，没有发生大面积的剥落。特别的是氧化 350h 后，在试样表面的部分区域出现了一些小面积的具有环形特点的剥落区域。

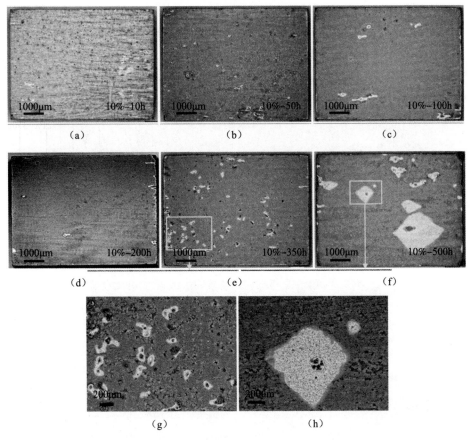

图 5-3 10% 氧浓度下氧化不同时间后试样表面氧化物光学形貌（彩图见书末）

（a）氧化 10h 试样；（b）氧化 50h 试样；（c）氧化 100h 试样；（d）氧化 200h 试样；
（e）氧化 350h 试样；（f）氧化 500h 试样；（g）氧化 350h 试样局部放大图；（h）氧化 500h 试样局部放大图。

10%氧浓度条件下，氧化最先开始阶段试样表面会首先生成一层富含 Ni 和 Co 元素的灰黑色氧化膜，其成分为 19.05%O-8.29%Co-72.66%Ni（质量分数），鉴定主要为 NiO 和 CoO，因为二者的稳定性相近，因此两种氧化物可以形成固溶的单相氧化膜（N_i，Co）O。该层氧化膜呈现为"鹅卵石"状，疏松多孔，且致密性较差。氧化 50h 后，试样表面生成了大量的蓝色 Al_2O_3，此时，早期生成的（Ni，Co）O 已经大部分剥落。并在未剥落的疏松（Ni，Co）O 氧化物颗粒缝隙之中，以及（Ni，Co）O 和内部致密的 Al_2O_3 之间会生成一些富含 Cr、Co、Ta、W 的白色点状的尖晶石相复杂氧化物，主要是 $NiTa_2O_4$、$CoWO_4$、$NiCr_2O_4$ 和 $CoCoO_4$ 等，选取多处测定其成分为 20.78%O-3.8%Al-9.87%Cr-7.11%Co-18.16%Ni-2.16%Nb-2%Mo-16.48%Ta-19.73%W（质量分数）。此外，部分区域出现了面积较小具有环形特点的剥落区域（图 5-4）。氧化 50h 后的氧化层结构剖面图及 EDS 分析结果如图 5-6 所示。氧化 100h 后，外部生成的蓝色 Al_2O_3 进一步增加，外层的（Ni，Co）O 剥落更多使得部分区域内部连续的 Al_2O_3 的氧化膜也裸露出来，氧化 200h 后，早先生成的（Ni，Co）O 已经剥落殆尽，试样表面已经完全被致密的 Al_2O_3 所覆盖。氧化 350h 后的

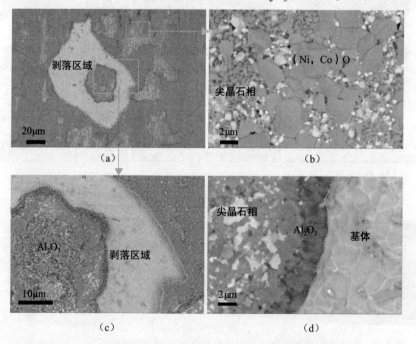

图 5-4　10%氧浓度下氧化 50h 后试样表面氧化物形貌（彩图见书末）

(a) 剥落区域宏观形貌；(b) 早期生成（Ni，Co）O 和尖晶石相；

(c) 剥落区域微观形貌；(d) Al_2O_3 和基体界面。

氧化层结构剖面图和 EDS 分析结果如图 5-7 所示。随着氧化时间的进一步增加，当到达 500h 后可以观察到较大面积的剥落区域，剥落区域的边缘可以观察到氧化层的明显开裂，以及一些亮白色的尖晶石相复杂氧化物。与此同时未剥落的外层 Al_2O_3 氧化膜在内应力的作用下出现褶皱，并产生一些微裂纹，如图 5-5 所示。

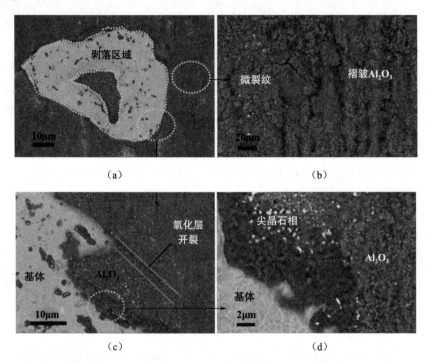

（a）　　　　　　　　　　　　　　（b）

（c）　　　　　　　　　　　　　　（d）

图 5-5　10%氧浓度下氧化 350h 后试样表面氧化物形貌

（a）剥落区域形貌；（b）褶皱 Al_2O_3；（c）剥落区域边缘；（d）Al_2O_3 和基体界面。

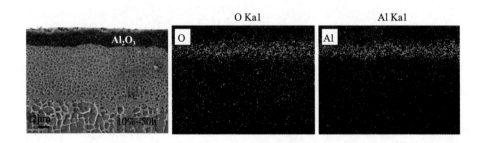

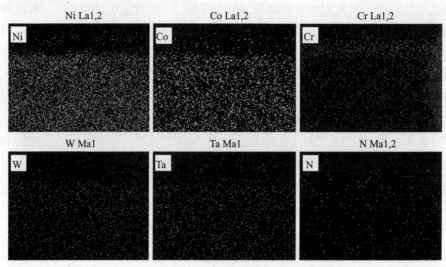

图 5-6　10%氧浓度下氧化 50h 后试样氧化层剖面结构和 EDS 面扫描分析结果（彩图见书末）

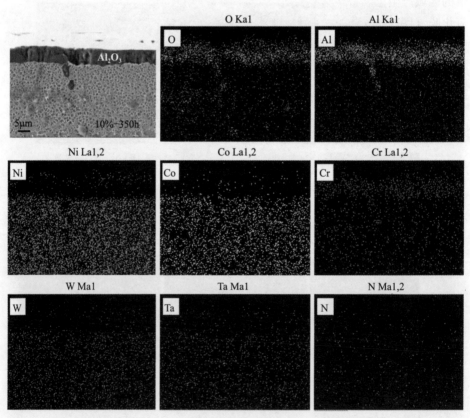

图 5-7　10%氧浓度下氧化 350h 后试样氧化层剖面结构和 EDS 面扫描分析结果（彩图见书末）

5.4.2　21%（模拟大气）氧浓度下氧化层结构

21%氧浓度下，不同氧化时间试样表面的氧化膜光学形貌如图 5-8（a）~（f）所示，通过 XRD 和 EDS 分析可知，其主要成分为 Al_2O_3。随着氧化时间的增加，表面的氧化膜剥落面积逐渐增大。由于氧化膜和剥落区域具有较大的颜色衬度，因此通过图像处理技术对剥落区域的面积进行统计分析，可以得到如图 5-9 所示的氧化膜剥落区域比例随氧化时间的变化趋势图。从图上可以看出氧化膜剥落区域比例基本上随着氧化时间呈线性增长。在 21%的氧浓度下氧化 50h 后，氧化层结构剖面图和 EDS 分析结果如图 5-11 所示。当氧化至 350h 时，剥落区域开始出现明显的灰黑色氧化物，鉴定为（Ni，Co）O。其形成的原因一方面是氧化层剥落后基体表面粗糙度增加，表面粗糙度对氧化产物类型有重要影响[1-2]；另一方面是 Al 的选择性氧化消耗了合金基体表面附近大量的 Al 元素，导致 Ni 和 Co 元素含量较高，容易氧化反应生成（Ni，Co）O。氧化 500h 后，氧化层剥落的区域产生了大量灰黑色（Ni，Co）O，并且在坩埚底部出现了大量剥落的氧化膜（图 5-8（g）），其主要为蓝色 Al_2O_3 和灰黑色的（Ni，Co）O。

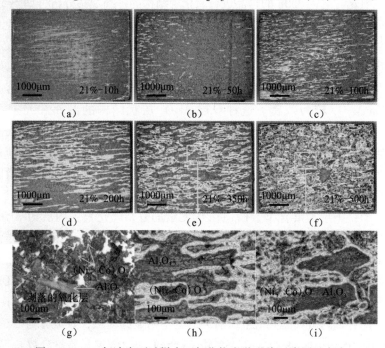

图 5-8　21%氧浓度下试样表面氧化物光学形貌（彩图见书末）

（a）氧化 10h 试样；（b）氧化 50h 试样；（c）氧化 100h 试样；（d）氧化 200h 试样；
（e）~（h）氧化 350h 试样；（g）氧化 500h 试样剥落氧化层，（f）、（i）氧化 500h 试样。

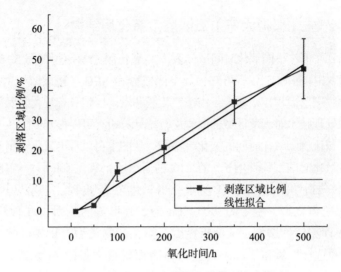

图 5-9　剥落区域比例随氧化时间变化统计图

　　由于 21%氧浓度下样品表面氧化膜类型并没有随着氧化时间发生明显变化，因此选取氧化时间为 350h 的样品进行氧化层结构的仔细观察分析，如图 5-10 所示。根据氧化膜的类型，样品表面可以被划分为两类区域，一类是早期生成蓝色 Al_2O_3 的区域（图 5-10（b）Ⅰ），另一类是氧化层剥落后生成黑色（Ni，Co）O 的区域（图 5-10（b）Ⅱ）。区域 Ⅰ 的微观形貌如图 5-10（a）所示，可以看出该处的氧化膜由两层 Al_2O_3 组成，外部 Al_2O_3 较为疏松，已经发生了剥落的不连续，内部 Al_2O_3 较为致密。这种双层 Al_2O_3 层状结构的剖面和元素组成如图 5-12 所示。氧化层完全剥离的区域变得不均匀（图 5-10（c）），表面粗糙度显著增加。区域 Ⅱ 的微观形貌如图 5-10（d）~（i）所示，其主要分布在早期生成的 Al_2O_3 剥落的区域，形成原因已经在前文进行了阐释。根据微区元素分析可知，区域 Ⅱ 的氧化层可以分为三层：外层为"鹅卵石"状的（Ni，Co）O；中层为富含 W、Cr、Ta 等元素的复杂氧化物；内层为 Al_2O_3。但是最外层的（Ni，Co）O 黏附性并不好，在许多区域发生了剥落。同样，这样的三层氧化层结构在样品的剖面图中也可以观察到，可以看出其在剖面方向呈现为突起的瘤状，并且氧化层和合金基体的界面不平整。对它进行 EDS 的面扫描，分析结果如图 5-12 所示。除此之外，在氧化层下方观察到了一层 γ′ 相贫化层，即合金的微观的共格组织消失或者不明显的区域，其成分为 2.04%Al-3.5%Cr-68.95%Ni-8.49%Co-2.38%Mo-5.8%Ta-9.0%W（质量分数），与原始合金中 Al 元素的含量（5.7%）相比明显较小。这主要是因为 Al 元素的选择性氧化，而 Al 元素是构成合金强化相 γ′（Ni_3Al）的主要成分。

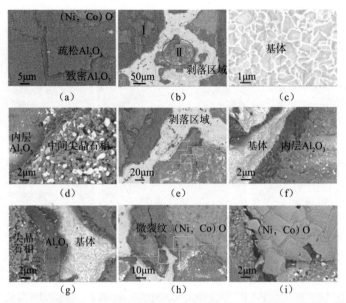

图 5-10　21%氧浓度下氧化 350h 试样表面氧化物微观形貌和剖面氧化层结构（彩图见书末）

(a) 双层 Al_2O_3 结构；(b) 剥落区域宏观形貌；(c) 氧化层剥落后基体形貌；

(d) 尖晶石相和内层 Al_2O_3 边缘形貌；(e) 剥落区域微观形貌；

(f)、(g) 内层氧化层剥落区域边缘形貌；(h) 生成瘤状氧化物区域微观形貌；(i) 突起的 (Ni, Co)O。

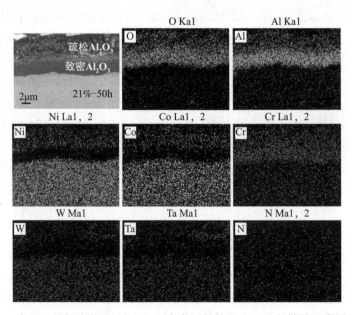

图 5-11　在 21%的氧浓度下氧化 50h 后氧化层结构和 EDS 分析结果（彩图见书末）

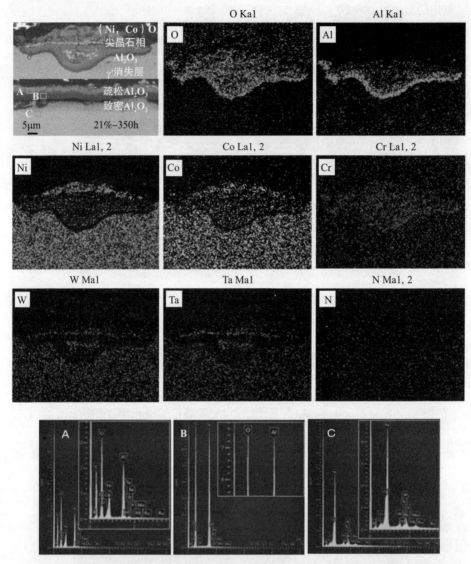

图5-12 21%的氧浓度下氧化350h后氧化层结构和EDS分析结果（彩图见书末）

5.4.3 30%（富氧）氧浓度下氧化层结构

30%氧浓度下试样发生了严重氧化，生成的短暂存在的氧化层结构同10%和21%的氧化层显著不同，并且呈现出枝晶干和枝晶间的差异性。氧化10h后，表面快速生成一层灰黑色的（Ni，Co）O。氧化到50h后，试样表面已经完全被该层氧化层覆盖。氧化到 100h 后这层氧化膜已经发生大面积的剥落，并且在剥落区域呈现出平行于合金 [001] 取向的黑色条纹（图 5-13 (a)、(d)）。随着氧化的进行，氧化到 350h 后，最先生成的氧化层已经剥落殆尽，试样表面呈现出明显的黑色条纹（图 5-13 (b)、(e)），可以确定其生长在合金的枝晶间处，这将在下文进行解释。氧化到 500h 后试样表面重新生成一层灰绿色和蓝色混合的氧化膜（图 5-13 (c)、(f)），通过 EDS 元素分析判定其主要为（Ni，Co）O 和少量的 Al_2O_3。与此同时，坩埚底部收集的剥落氧化膜，与 10% 和 21% 氧浓度下同等氧化时间剥落的氧化膜相比较，其尺寸更大，并且主要为灰绿色的（Ni，Co）O（图 5-13 (g)、(h)）。

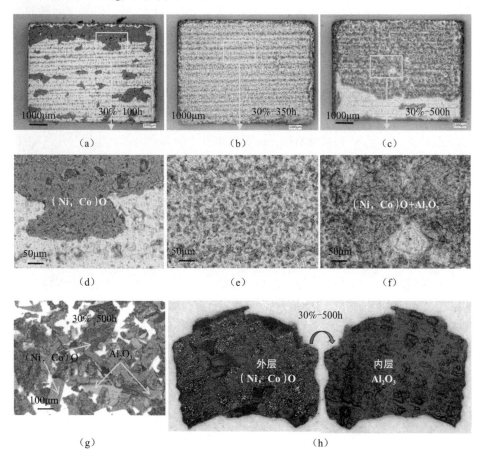

图 5-13　30% 氧浓度条件下试样表面氧化物光学形貌和剥落氧化层（彩图见书末）

(a)、(d) 氧化 200h 试样；(b)、(e) 氧化 350h 试样；

(c)、(f) 氧化 500h 试样；(g)、(h) 氧化 500h 试样剥落氧化层。

在30%的氧浓度下，氧化100h后，试样表面除Al_2O_3的零星区域外，均为相同的氧化层结构（图5-14（a））。从氧化膜剥落和未剥落区域的边缘处可以清晰地看出其氧化膜分层结构，主要分为三层：外层为鹅卵石状的（Ni，Co）O；中层为富含W、Cr、Ta等元素的具有尖晶石相结构的复杂氧化物；内层为Al_2O_3（图5-14（b）、（c））。这和21%氧浓度下剥落区域生成的突起的结节状的氧化膜的分层结构相同，这样的三层结构氧化膜在剖面图中同样可以清晰地辨认，由图5-15可以看出，氧化100h后，选定分析区域的氧化层在基体与内部氧化铝层的界面处分离。在光学显微镜的观察中可以看出30%氧浓度下氧化350h后在试样剥落区域产生了具有平行于合金［001］取向的黑色条纹（图5-13），这在电子显微镜下更加突出（图5-14（e））。该现象主要是因为合金在铸造过程中生成的枝晶结构，试验合金在铸造凝固过程中，Al元素会优先偏析于枝晶间，而元素扩散作为氧化过程的控制步骤，导致试验合金在一定的试验条件下呈现出枝晶干和枝晶间的氧化差异性。30%氧浓度条件下，内氧化层主要是Al_2O_3，枝晶间的Al含量较多，可以提供更多的反应元素生成更多的内层Al_2O_3，从而形成嵌入合金基体的Al_2O_3（图5-14（d））。除此之外，在该氧浓度条件下，由于Al元素的消耗，在氧化膜下方的合金内部也生成一层γ'相贫化层。

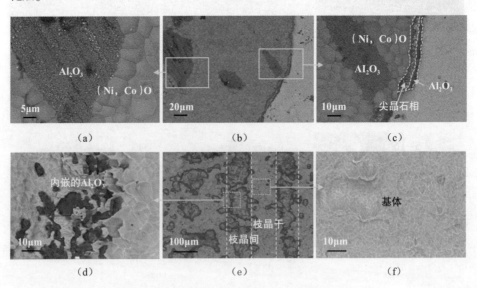

图5-14　30%氧浓下试样表面氧化物微观形貌
（a）~（c）氧化100h试样；（d）~（f）氧化350h试样。

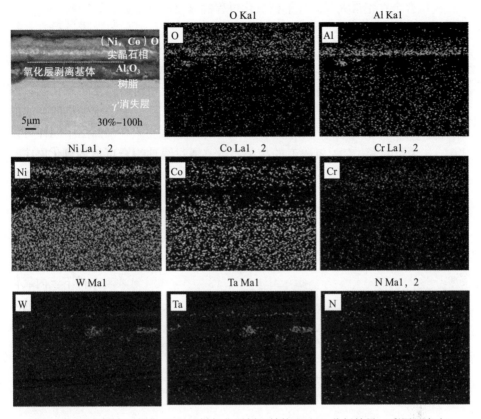

图 5-15　30%氧浓下氧化 100h 试样氧化层剖面结构和 EDS 分析结果（彩图见书末）

5.5　氧化动力学分析

图 5-16（a）为 1100℃不同氧浓度下试验合金的氧化动力学曲线。从图中可以明显看出，所有氧浓度条件下单位面积的氧化增重随着氧化时间的增加明显更大，并且对于同一氧化时间，随着氧浓度的增加，单位面积的氧化增重明显更大。试验合金的氧化增重基本符合抛物线规律，因此抛物线氧化速率常数可由下式拟合：

$$\left(\frac{\Delta W}{A}\right)^2 = K_p t + a \tag{5-1}$$

式中：$\Delta W/A$ 为氧化过程中试样的单位面积增重；K_p 为氧化速率常数；t 为氧化时间；a 为常数。

试验合金在三种氧浓度下的抛物线氧化速率常数如图 5-16（a）所示。

测试合金在正常大气条件下，氧化过程的氧化速率常数 K_p 可表示为

$$K_p = K_0 \exp\left(-\frac{Q}{RT}\right) \tag{5-2}$$

图 5-16（b）表明氧浓度与 $\ln K_p$ 之间存在线性关系。随着氧浓度的增加，试验合金的氧化速率常数显著增加。因此，考虑氧浓度影响的 K_p 为

$$K_p = K_0 \exp\left(-\frac{Q}{RT}\right)\exp(C\alpha) \tag{5-3}$$

式中：α 为氧浓度；C 为氧浓度的相关系数，通过线性拟合可以得到 C 的值，如图 5-16（b）所示。

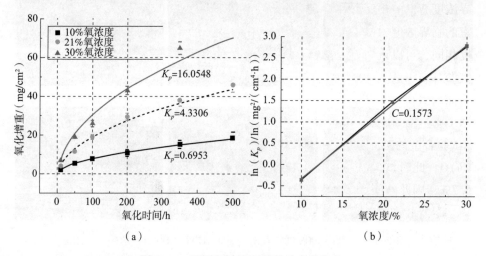

图 5-16　不同氧浓度下氧化动力学信息

（a）单位面积氧化增重随氧化时间变化的动力学曲线；（b）氧浓度与氧化速率常数线性拟合。

5.6　氧浓度对镍基单晶合金氧化行为的影响

试验结果表明，氧浓度对试验合金的氧化行为有显著影响，主要表现在两个方面：氧化反应速率和氧化物层结构。

对于氧化物层结构，从之前的测试结果可以看出，在不同的氧浓度下，测试合金的氧化物层结构有明显的不同。当氧浓度为 10% 和 21% 时，合金表面的氧化层主要为 Al_2O_3；当氧浓度为 30% 时，合金表面的氧化层主要为 $(Ni，Co)O$。由此可见，氧化物层状结构的变化与 Al 的内外氧化转化密切相关。

Wagner[3] 描述了内氧化和外氧化转变的条件。为了能够在 Ni 基合金上形成外部的 Al_2O_3 层，合金的 Al 浓度需要超过一个临界值（$N_{Al}^{(1)}$），低于这个值

则会形成内部的 Al_2O_3 层。$N_{Al}^{(1)}$ 的值可以通过式（5-4）计算获得：

$$N_{Al}^{(1)} > \left(\frac{\pi g^*}{2\lambda} N_O^{(S)} \frac{D_O V_M}{D_{Al} V_{O_x}} \right)^{\frac{1}{2}} \tag{5-4}$$

式中：$N_O^{(S)}$ 为测试环境中氧气的分压；D_O 和 D_{Al} 分别为氧气向内扩散和溶质向外扩散的扩散通量；V_M 和 V_{O_x} 为金属和氧化物的摩尔体积；λ 为氧化物中金属的价；g^* 为内部氧化铝沉淀过渡到外部尺度的临界体积分数。

由式（5-4）可知，降低氧的内扩散通量，即降低 $N_O^{(S)}$（氧分压降低），或增加 Al 的外扩散通量 D_{Al}，可以降低形成 Al_2O_3 外氧化层所需的 Al 元素临界浓度 $N_{Al}^{(1)}$。相反，氧的内扩散通量的增加会增加形成外氧化铝所需的 Al 元素的临界浓度 $N_{Al}^{(1)}$。在试验过程中，由于试样的化学成分、晶体结构和试验温度相同，可以认为 D_{Al} 是恒定的，因此影响试验合金内外氧化的主要因素将是试验环境中的氧分压 $N_O^{(S)}$。从测试结果可以看出，在 10% 和 21% 的氧浓度下，表面的氧化物主要是连续的 Al_2O_3。此时试验环境的氧分压较低，形成外层 Al_2O_3 所需的临界浓度较低，不大于试验合金所能提供的最大扩散浓度 5.7%（试验合金的铝元素含量）。在氧浓度为 30% 时，表面的氧化物主要为（Ni，Co）O，此时试验环境的氧分压较大，形成外部 Al_2O_3 所需的临界浓度大于 5.7%，因此外部 Al_2O_3 不能形成。

尽管较高的 $N_{Al}^{(1)}$ 可以使合金在氧化初期形成外部的 Al_2O_3，但试样想在下一个氧化阶段继续生成外部的 Al_2O_3，合金需要提供足够的 Al 来弥补之前氧化过程中的 Al 消耗。后续氧化阶段 Al 的临界浓度 $N_{Al}^{(2)}$ 可由式（5-5）[4] 计算：

$$N_{Al}^{(2)} = \frac{V_M}{32\lambda} \left(\frac{\pi K_p}{D_{Al}} \right)^{\frac{1}{2}} \tag{5-5}$$

式中：K_p 为一个抛物线氧化速率常数。氧化动力学结果表明，K_p 随着氧浓度的增加而增大，导致临界浓度 $N_{Al}^{(2)}$ 增大。当超过合金所能提供的最大浓度时，外层不能形成 Al_2O_3。这也可以解释为什么 30% 氧浓度的表面氧化物与其他两个较低浓度的表面氧化物有显著差异。

对氧化速率，氧化动力学的分析表明，随着氧浓度的增加，测试合金的氧化速率显著增加。这与化学反应所需的氧化剂含量直接相关。当氧浓度较高时，环境气氛中 O^{2-} 含量充足，可为氧化反应提供连续的氧化剂源，从而提高氧化速率。此外，氧化速率也与形成的氧化物类型密切相关。当氧浓度为 10% 和 21% 时，在合金表面形成的保护性 Al_2O_3 不仅生长速度慢，而且附着力好，能抑制其他活性元素的扩散，降低合金的氧化速率[5-6]。

5.7 氧化机理

为使试验合金氧化反应持续进行，整个氧化过程必然伴随着金属阳离子和氧负离子在合金基体和氧化膜中的扩散和传输。氧化物中的相对电荷差是氧化的驱动力，并控制着氧化过程的动力[7]。根据金属氧化的半导体类型，可以将其划分两类：一类为金属不足或非金属过剩型氧化物（P 型），如 Ni、Co、Cr 等的氧化物通常情况下通过金属阳离子向外扩散在氧化层/氧化气氛界面处发生反应生成，并从氧化层向外生长[8]；另一类为金属过剩或非金属不足型（N 型）氧化物，如 Al、W、Ta 等的氧化物通常通过氧负离子向内扩散在氧化层/基体界面处与金属阳离子发生反应而生成，并向合金内部方向生长[9]。

本章中在 10%氧浓度的条件下，氧化初期（0~10h）由 Ni^{2+}、Co^{2+}向外扩散在氧化气氛/金属界面发生选择性氧化快速生成一层疏松多孔的（Ni，Co）O，随后氧化过程中（10~200h），O^{2-}穿过（Ni，Co）O 在氧化层/基体界面生成一层连续致密的 Al_2O_3，Cr^{3+}、W^{6+}、Ta^{5+}等元素穿过内层的 Al_2O_3 在（Ni，Co）O/Al_2O_3 界面处生成 Ta_2O_5、Cr_2O_3、WO_3 等氧化物，并与外层的（Ni，Co）O 发生固相反应：$NiO+Cr_2O_3 \Longrightarrow NiCr_2O_4$，$NiO+Ta_2O_5 \Longrightarrow NiTa_2O_6$，$CoO+Co_2O_3 \Longrightarrow CoCo_2O_4$，$4TaO_2+O_2 \Longrightarrow 2Ta_2O_5$，$CoO+WO_3 \Longrightarrow CoWO_4$，生成一些尖晶石相。随着氧化时间的增加，氧化到 350h 时，表层剩余的（Ni，Co）O 逐渐完全剥落，内层的 Al_2O_3 在之后的氧化过程中，由于膜内双轴压应力的作用下也发生明显的环形剥落（图 5-17（a））；在 21%的氧浓度条件下，Ni^{2+}、Co^{2+}和 Al^{3+}等阳离子由合金内部向外扩散在基体/氧化气氛界面快速生成一层主要由 Ni、Co 和 Al 组成的混合氧化膜，该层氧化膜黏附性较差，在随后的过程中逐渐剥落。O^{2-}穿过表层的混合氧化膜，与 Al^{3+}发生反应生成一层均匀致密的 Al_2O_3，但是在之后的氧化过程中由于试验合金组织的元素偏析和 Al 元素的消耗，Al_2O_3 氧化膜会发生条状并伴有环形特点的剥落，在剥落区域的中心，由于试样粗糙度的变化，会生成瘤状的具有三层结构的氧化物（图 5-17（b））；在 30%氧浓度条件下，氧化初期在试样表面快速生成一层含有 Al、Cr、Co、Ni 等元素的混合氧化膜，该层氧化膜只是短暂的存在就被随后生成的（Ni，Co）O 所取代，随后的氧化过程中，O^{2-}穿过氧化层在氧化层/基体界面与 Al^{3+}反应生成内层的 Al_2O_3，Cr^{3+}、W^{6+}、Ta^{5+}等向外扩散，在（Ni，Co）O/Al_2O_3 界面发生反应生成其氧化物，并与（Ni，Co）O 发生固相反应生成中间层的尖晶石相。但是这样的三层氧化膜在氧化到 350h 时已经完全剥落，并且可以观察到由于合金元素偏析和氧化过程消耗而造成的枝晶干处向基体内部侵入的

Al₂O₃（图5-17（c））。三种氧浓度条件下，由于形成外部氧化层时消耗了构成合金 γ′（Ni₃Al）相的主要成分 Al 元素，在氧化层的下方的基体中形成了一层 γ′相消失层。

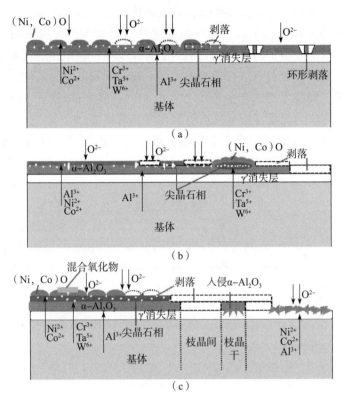

图 5-17　氧浓度下氧化机理示意图

（a）10%氧浓度示意图；（b）21%氧浓度示意图；（c）30%氧浓度示意图。

5.8　本章小结

　　本章通过 OM、SEM、XRD、EDS、气氛高温管式炉等设备和方法，研究了10%（贫氧）、21%（模拟大气）和30%（富氧）三种不同氧浓度下1100℃温度条件下一种镍基单晶合金的氧化行为，主要结论如下。

　　（1）氧浓度显著影响着试验合金的氧化层结构。10%低氧浓度下，生成的氧化层结构主要是一层均匀致密的 Al₂O₃，并且由于膜内压应力的作用而发生环形剥落现象；21%氧浓度下生成的氧化物分为两层，外层主要为多种氧化物混合的氧化膜，疏松多孔，容易剥落，内层为均匀致密的 Al₂O₃。该条件下发生了条状的氧化层剥落现象，并在剥落区域中心生成了瘤状氧化物；30%氧浓度下生成的氧化物主要分为三层，即外层的（Ni，Co）O、中层富含 W、Ta、Cr 等元素的具有尖晶石相的复杂氧化层，内层的 Al_2O_3。更高的氧浓度增加了生成稳定外氧化铝所需的临界浓度，导致氧化层状结构的改变。

（2）随着氧浓度的增加，不仅氧化速率显著增加，而且氧化层也更容易脱落。不同氧浓度下试验合金氧化动力学曲线基本符合抛物线规律。不同氧浓度下，氧化速率常数与氧浓度呈线性关系。较高的氧浓度为氧化反应提供了连续的氧化剂，提高了测试合金的氧化速率。在较高的氧浓度下，更复杂的层结构和更高的内应力失配导致氧化层剥落程度显著增加。

（3）基于合金金属阳离子和反应气氛负离子的扩散，提出了镍基单晶合金在1100℃不同氧浓度下的氧化行为机理模型。

参考文献

［1］ WANG L，JIANG W G，LI X W，et al. Effect of surface roughness on the oxidation behavior of a directionally solidified Ni-Based superalloy at 1100℃［J］. Acta Metallurgica Sinica（English Letters），2015，28（3）：381-385.

［2］ PEI H Q，WEN Z X，LI Z W，et al. Influence of surface roughness on the oxidation behavior of a Ni-4. 0Cr-5. 7Al single crystal superalloy［J］. Applied Surface Science，2018，440（MAY15）：790-803.

［3］ WAGNER C. Reaktionstypen bei der oxydation von legierungen［J］. Zeitschrift Für Elektrochemie Berichte Der Bunsengesellschaft Für Physikalische Chemie，2010，63（7）：772-782.

［4］ WAGNER C. Theoretical analysis of the diffusion processes determining the oxidation rate of alloys［J］. Journal of The Electrochemical Society，1952，99：369-380.

［5］ LI J，PENG Y，ZHANG J，et al. Cyclic oxidation behavior of Ni_3Al-based superalloy［J］. Vacuum，2019，169（4）：108938.

［6］ SU Y F，ALLARD L F，COFFEY D W，et al. Effects of an $\alpha-Al_2O_3$ thin film on the oxidation behavior of a single-crystal Ni-based superalloy［J］. Metallurgical & Materials Transactions A，2004，35（13）：1055-1065.

［7］ BIRKS N，MEIER G H，PETTIT F S. Introduction to the high temperature oxidation of metals［M］. London：Cambridge university press，2006.

［8］ CHAPOVALOFF J，ROUILLARD F，WOLSKI K，et al. Kinetics and mechanism of reaction between water vapor，carbon monoxide and a chromia-forming nickel base alloy［J］. Corrosion Science，2013，69：31-42.

［9］ JONES D A. Principles and prevention of corrosion［J］. Materials & Design，1992，14（3）．

第6章
应力对镍基单晶合金氧化行为的影响

6.1 引言

大多数金属材料的氧化过程都是扩散控制的[1-2]。在镍基单晶合金实际服役过程中，往往承受着高温和高应力的共同作用。因此，在研究金属材料在变形过程中的氧化行为时，有必要考虑应力的影响。现有的研究表明，金属和合金的氧化时应力主要来源于氧化膜自身生长、热力学条件和外部施加[3]。

氧化膜生长会引起如弹性模量、热膨胀系数（CTE）、氧扩散速率（COD）等材料参数的变化[4]，从而在氧化层/基体和氧化层/气氛界面产生应力和应力梯度，并通过化学势和扩散量影响反应离子和粒子的扩散过程，进而对氧化反应速率和氧化物类型以及微观形貌产生影响[5-7]。由于反应生成的氧化膜和基体金属具有不同的热膨胀系数，加之氧化膜黏附性的差异，当环境温度发生变化时，界面处会产生一定的应力，从而对材料的氧化行为产生影响。

外部应力对于氧化过程的影响主要集中在加速或降低氧化速率，对于多元镍基单晶合金，外部应力影响氧化产物类型、分层结构、微观形貌和机理的研究报道当前还比较缺乏。本书介绍通过对自主设计的镍基单晶合金氧化试样进行试验，研究不同水平的外部应力对高温氧化行为和机理的影响。

6.2 不同应力下的氧化试验

试验采用如图6-1所示工字形试样，标距段设计为三段不同几何尺寸以实现不同的应力水平，由于涡轮叶片表面通常和合金［001］取向平行，且为涡轮叶片的主要承力方向，因此设计试样长度方向为合金材料的［001］取向。

试样表面使用 1200#SiC 砂纸小心研磨，避免表面粗糙度差异对试验结果的影响，随后使用丙酮（CH_3COCH_3）和酒精（C_2H_5OH）超声波清洗试样。试验在定制高温炉中进行，其控温精度为±5℃，试验时通过三根绑在试验件上、中、下段的 S 型热电偶实时监测试验温度。试验温度根据叶片实际工况温度选取为 1000℃和 1050℃。对试验件采用砝码加载，加载方向沿着试样的长度方向，在恒定的拉伸载荷下 3 个标距段所受应力从小到大分别控制为 40MPa、60MPa 和 120MPa，并设置无应力氧化的试样作为对照样品。试验件随着高温炉升温至设置温度，试验结束后自然冷却至室温后取出。为保证炉内空气的畅通，在高温炉的上下端分别开两个通气口，试验过程的示意图如图 6-2 所示。两个温度条件下的氧化时间段均设置为 10h、50h、100h、150h、200h、250h、300h、350h、400h、500h 和 600h。

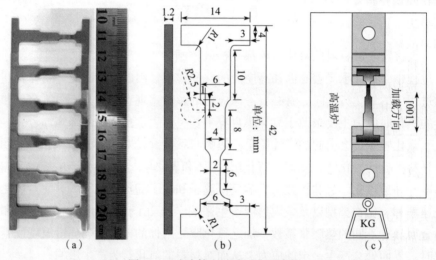

(a)　　　　　　　(b)　　　　　　　(c)

图 6-1　试验件和试验过程示意图

（a）试样实物图；（b）试样几何尺寸；（c）试验过程示意图。

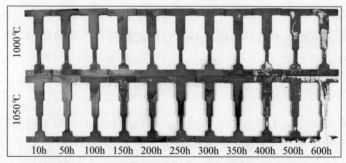

图 6-2　经过不同氧化温度和不同氧化时间拉应力氧化后试样实拍图（彩图见书末）

使用 OM 和 SEM 观测试样表面的氧化物形貌和横截面的氧化物分层结构。使用 XRD 鉴定试样表面生成氧化物的物相组成。使用 EDS 半定量分析样品表面氧化物和不同氧化层的元素组成。

6.3　氧化物相表征

如图 6-2 所示，1000℃试样标距段表面生成的主要是灰绿色的氧化物，而 1050℃下标距段表面的氧化物随着氧化时间呈现为灰绿色—淡蓝色—灰绿色的转变。同一温度条件下试样标距段表面氧化物的演化规律是相同的，并没有随着应力的改变而变化。当氧化时间达到 400h 后，两种温度条件下试样表面的氧化膜均开始发生剥落，但是相较于 1000℃下的剥落，1050℃下的剥落程度明显更严重。除此之外，随着试验时间的增加，试验件标距段横截面积发生了明显的减小，导致真应力不断增加，从而影响氧化过程，该因素将在 6.7 节进行分析。

选取两种温度下氧化 10h、100h、300h 和 400h 的试样，采用 XRD 检测技术分别对其表面氧化产物进行物相鉴定。20°～100°范围内衍射峰图像如图 6-3 所示。通过 MDI jade6 软件以及与标准物相的衍射峰比较对生成氧化产物进行分析鉴定，检测到的氧化物类型主要有 1-(Ni，Co)O、2-$\alpha(\theta)$Al$_2$O$_3$、3-CoCo$_2$O$_4$/Co$_3$O$_4$、4-(Ni，Cr)Ta$_2$O$_6$/TaO$_2$、5-CoWO$_4$、6-NiCr$_2$O$_4$。从 XRD 测试结果可知，与 1000℃相比，1050℃下的氧化产物类型明显更为复杂，并且各类氧化产物的衍射峰更高，即强度更高。为了保护氧化层的完整性，未对测试样品进行切割，测试面为三段式工字试验件的整个表面，包含标距段和标距

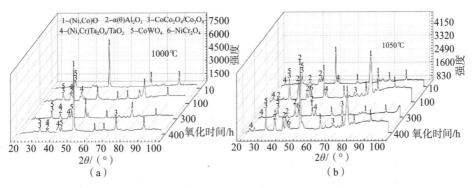

图 6-3　试验件不同氧化时间的 XRD 测试结果

（a）试验温度 1000℃试样；（b）试验温度 1050℃试样。

段外的夹持端。由图 6-3 中 1050℃ 条件下氧化产物形貌可知，试验件标距段和标距段外的氧化物在一定的氧化时间后有所不同，因此 XRD 结果不作为氧化产物出现时间次序的判断依据，仅作为本书中氧化产物类型的甄别依据。下文中将结合 EDS 的测试结果对氧化产物的演化过程进行分析。

6.4 表面氧化物及其演化过程

图 6-4 展示了 1000℃ 下不同氧化时间和不同应力水平的试样表面的氧化物形貌，可以看出主要是"石子状"的氧化物，EDS 元素点扫描分析的结果为 19.07%O-8.33%Co-72.6%Ni（质量分数），结合 XRD 的分析结果，鉴定其主要是 NiO 和 CoO 的混合物。因为 NiO 和 CoO 的稳定性相近，两种氧化物可以形成固溶的单相氧化膜，本书将其标记为（Ni，Co）O，在超景深光学显微镜下其宏观形貌呈现为灰色和绿色（如图 6-5（a）~（f）所示）。氧化 10h 后试样表面快速生成（Ni，Co）O，40MPa 和 60MPa 应力水平下，（Ni，Co）O 均致密地覆盖试样表面，且尺寸相当，大约为 2.7~2.9μm；120MPa 应力水平下试样表面的（Ni，Co）O 颗粒的尺寸较 40MPa 和 60MPa 应力水平较小，平均尺寸为 1.8μm，且较为疏松，根据试验现象可知，这应该是先生成的（Ni，Co）O 颗粒在较高的拉应力的作用下发生了剥落，剥落的区域重新有新的（Ni，Co）O 形成，从而降低了该条件下的平均尺寸。随着氧化时间的增加，所有应力水平下的（Ni，Co）O 颗粒平均尺寸均逐渐缩小，到达 300h 后，其平均尺寸均小于 1μm，这同样是表面生成（Ni，Co）O 颗粒在拉应力的作用下不断剥落造成的。由图 6-5 中 1000℃/120MPa 表面氧化物的光学形貌可以看出，随着氧化时间的增加，表面氧化物的均匀性下降，逐渐出现区域性的斑块，但是试样在宏观光学形貌上均呈现灰绿色，结合扫描电镜的颗粒状形貌，判定其氧化物类型还是（Ni，Co）O。其尺寸的缩小除了剥落的因素外，内部较为致密氧化层的形成也是重要原因，内部致密的氧化层作为扩散屏障，对 Ni，Co 元素的向外扩散起到阻碍作用，一定程度上抑制了（Ni，Co）O 的形成，这和之后氧化层结构分析的结果是一致的。值得注意的是，氧化 400h 后，所有应力水平下试样表面（Ni，Co）O 颗粒的尺寸均急剧增大，这主要是在不断提高的拉应力的作用下，氧化层发生剥落，氧化层间出现微孔洞，氧化层和界面出现间隙，这些都会成为 Ni，Co 元素向外扩散的快速通道，使表面的（Ni，Co）O 颗粒迅速长大。图 6-6 为 1000℃ 试样表面（Ni，Co）O 颗粒尺寸随氧化时间变化规律。

090

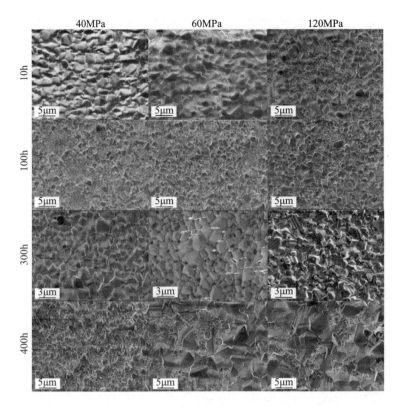

图 6-4　1000℃下不同氧化时间和不同应力水平的试样表面氧化物形貌

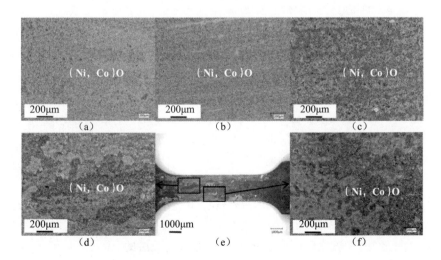

图 6-5　1000℃/120MPa 试验条件下氧化超景深光学形貌（彩图见书末）

（a）氧化 10h 试样；（b）氧化 100h 试样；（c）氧化 300h 试样；（d）~（f）氧化 400h 试样。

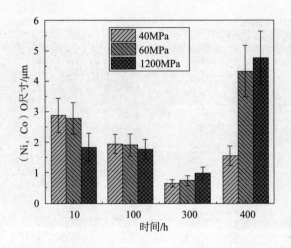

图 6-6 1000℃下试样表面（Ni, Co)O 尺寸随氧化时间的变化规律

图 6-7 为 1050℃下不同氧化时间和不同应力水平表面氧化物的形貌。氧化 10h 后，3 种应力水平下表面生成的氧化物是"石子状"的（Ni, Co)O，在光学显微镜下呈现为灰绿色（图 6-8）。与 1000℃下氧化 10h 生成的（Ni, Co)O 相比，其颗粒更锐利，并且尺寸明显更小。氧化 100h 后，40MPa 应力水平下试样表面为细密的颗粒状氧化物，60MPa 和 120MPa 应力水平下试样表面出现了大量"片状"的氧化物，二者均富含 Al、O 元素（27.03%O-42.58%Al-16.40%Ni-3.74%Co-3.37%Cr-3.75%Ta-2.48%W-0.64%Nb-0.11%Mo；24.41%O-40.23%Al-23.68%Ni-5.79%Co-3.42%Cr-1.79%W-0.54%Nb-0.24%Mo（质量分数）），前者为 $\alpha\text{-}Al_2O_3$，后者为非稳态的 $\theta\text{-}Al_2O_3$。在光学形貌下，试样表面总体呈现淡蓝色，并且在 120MPa 水平下的试样表面出现了部分圆形的剥落区域，这是由于氧化薄膜在双轴压应力的作用下形成了对称的翘曲，当其弹性应变能超过氧化膜/金属界面的断裂抗力时，会发生环形的剥落[7]。氧化 300h 后，试样表面的非稳态 $\theta\text{-}Al_2O_3$ 全部转化为 $\alpha\text{-}Al_2O_3$。氧化 400h 后，试样表面主要为（Ni, Co)O，之前生成的 $\alpha\text{-}Al_2O_3$ 已经完全消失，但是在氧化层部分剥落区域的边缘能观察到内层的蓝色 $\alpha\text{-}Al_2O_3$。该条件下，通过光学显微镜观测，其表面氧化物出现了较多氧化层完全剥落的银白色区域，EDS 元素分析结果为 2.24%Al-8.04%Cr-10.79%Co-63.69%Ni-13.99%W-0.74%Ta-0.51%Nb（质量分数），与原始合金元素比较，鉴定为合金基体，但是此时 Al 元素含量已经由于氧化作用明显减少，变为合金表层的 Al 元素贫瘠区域，即与下面氧化层结构分析时的 γ' 消失层相对应。

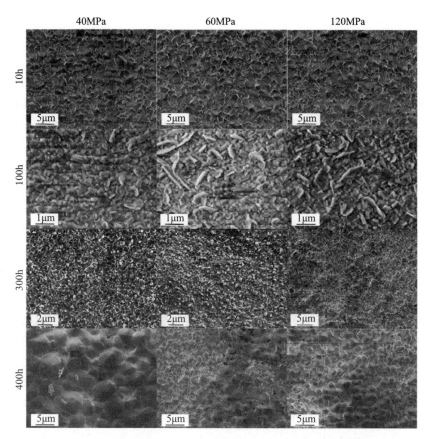

图 6-7　1050℃下不同氧化时间和不同应力水平的试样表面氧化物形貌

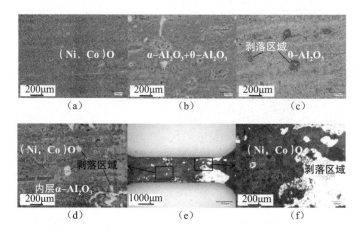

图 6-8　1050℃/120MPa. 试验条件下氧化物超景深光学形貌（彩图见书末）

（a）氧化 10h 试样；（b）氧化 100h 试样；（c）氧化 300h 试样；（d）~（f）氧化 400h 试样。

6.5　氧化层结构分析

　　1000℃温度条件下所有试样表面生成的氧化层结构相同，选取氧化 300h 的试样作为观测对象，该试验条件下试样表面的氧化层较为完整，未发生明显的剥落，同时也进行了一定时间的氧化，氧化层较厚且分层结构明显，1000℃不同应力水平下试样氧化 300h 的氧化层剖面图如图 6-9 所示。通过 EDS 元素线扫描和微区成分分析（图 6-9（e）），结合 XRD 物相分析结果，可以发现 1000℃下氧化层明显分为三层：（O 层）最外层是（Ni，Co）O；（M 层）中间层富含 Cr、Co、Ta、W 等元素，其微区的元素成分为 20.78%O-3.8%Al-9.87Cr-7.11%Co-18.16%Ni-2.16%Nb-2%Mo-16.48%Ta-19.73%W（质量分数），主要是 Ni-Ta$_2$O$_4$、CoWO$_4$、NiCr$_2$O$_4$ 和 CoCoO$_4$ 等尖晶石相复杂氧化物；（I 层）内层是致密

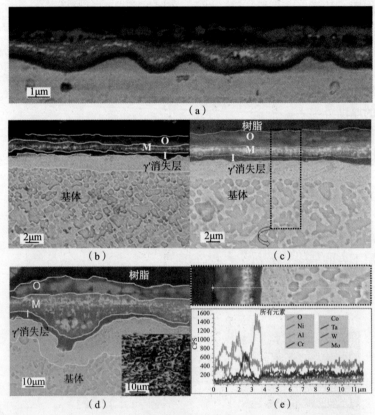

图 6-9　1000℃氧化 300h 的氧化层结构和 EDS 分析结果（彩图见书末）

　　（a）无应力试样；（b）40MPa 应力水平试样；（c）60MPa 应力水平试样；

　　（d）120MPa 应力水平试样；（e）120MPa 应力水平氧化层 EDS 线扫描分析结果。

连续的 $\alpha-Al_2O_3$。除此之外，在氧化层的下方会明显观察到一层 γ' 相消失层。这是由于随着氧化时间的增加，氧化产物逐渐向合金基体移动，氧穿过外部和中间的氧化层，与合金内部向外扩散的 Al 离子在界面处发生 Al 的优先氧化，消耗了基体的 Al 元素，其中，Al 元素是组成镍基单晶强化相 $\gamma'(Ni_3Al)$ 的主要成分。

　　1000℃无应力状态下试样氧化 300h 后（图 6-9（a））可以发现，此时较多区域的氧化层结构的尖晶石相中间层和内层 $\alpha-Al_2O_3$ 出现了明显的弯曲，呈现"波浪状"，这是由于氧化膜在自生长的过程中会产生压应力，应力会以氧化层褶皱开裂等方式释放。在施加不同应力水平的外部拉应力下，试样氧化 300h 后氧化层如图 6-9（b）~（d）所示，和无应力相比，氧化层分层结构没有变化，但是氧化层界面均较为平直，与原始合金基体表面保持平行。120MPa 条件下，部分氧化层的界面处出现了氧化层向内凹陷的情况。据以上结果判断，外部施加的拉应力在一定程度上可以起到释放氧化膜自生长产生压应力的作用，从而"保护"氧化膜。但是应力值超过一定程度后，可能会造成氧化层界面处微裂纹和微孔洞的形成，从而造成氧化层向合金基体内部"侵入型"氧化。除此之外，合金生成的氧化层厚度不仅随着氧化时间的增加而增加，同一氧化时间下，随着应力水平的提高，氧化层的厚度也明显增加，1050℃氧化 300h 后，0MPa、40MPa、60MPa 和 120MPa 拉应力水平下对应的氧化层的厚度分别为 1.7μm、2.8μm、3.7μm 和 18.5μm。

　　氧化 400h 后，不仅试样表面的氧化层开始不同程度的剥落，并且出现"内氮化"现象，在氧化层下方的 γ' 相消失层形成了大量的条块状 AlN，高应力水平下尤甚，如图 6-10 所示为 1000℃/120MPa 氧化 400h 后合金的剖面形貌及 EDS 面扫描结果。AlN 的形成一是由于 O 元素扩散至氧化层深部已经消耗殆尽，此时 N 的活性相对较高，并且随着氧化程度的增加，外部氧化层破坏和内部的 γ' 相消失层发生损伤，更利于 N 元素的扩散；二是由于 Al 阳离子在氧化层下方的基体中仍保持着较高的活性。

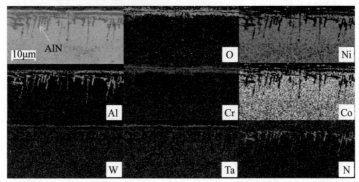

图 6-10　1000℃/120MPa 氧化 400h 的氧化层剖面图和 EDS 面扫描结果

　　1050℃温度条件下的氧化层结构随着氧化时间会发生变化，选取不同应力水平和氧化时间的氧化层进行分析，其剖面图如图6-11所示。1050℃氧化100h后，无应力状态下的氧化层剖面如图6-11（a）所示，显然其氧化层是与1000℃下相同的典型的三层结构，并且许多区域的中间层尖晶石相和内层$\alpha-Al_2O_3$也由于氧化膜自生长压应力的作用发生了波浪形褶皱，但是内层的$\alpha-Al_2O_3$的连续性较1000℃较差，当然这或许与氧化时间较短有关系。1050℃氧化100h后，60MPa和120MPa应力水平下的氧化层剖面如图6-11（b）和（c）所示，外层的$\alpha(\theta)-Al_2O_3$由于非常薄，并没有直接观测到，但是可以明显看出，其下层仍然是典型的三层氧化层结构。并且在外部拉应力的作用下，表面的氧化层均较为平直，这也证明了拉应力起到了释放氧化膜中压应力的作用。随着应力水平的提高，在1050℃氧化100h后的氧化层的厚度也明显增加。除此之外，1050℃温度条件下，在试样氧化层的下方同样出现了γ′相消失

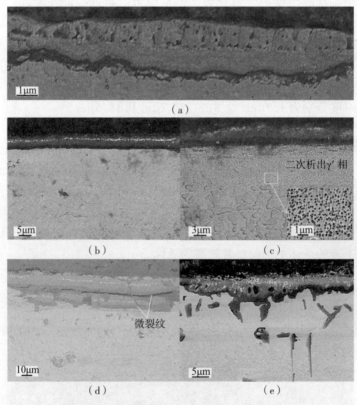

图6-11　1050℃下试验件表面氧化层剖面结构

(a) 无应力试样；(b) 60MPa应力水平试样；

(c) 120MPa应力水平试样；(d)、(e) 120MPa应力水平试样。

层，但是值得注意的是，在氧化时间超过 100h 后，γ' 相消失层中析出了细密的、点状的二次析出 γ' 相，如图 6-11（c）右下角所示。二次 γ' 相析出的原因是氧化过程中合金基体的 Al 元素源源不断向外扩散，在氧化试验结束后降温的过程中，向外扩散至 γ' 相消失层的 Al 元素达到一定的过冷度后会重新析出。从图中可以看出，二次析出 γ' 相的尺寸远小于原始合金的 γ' 相尺寸。

1050℃/120MPa 氧化 400h 后，试样表面的氧化层出现了明显的剥落，未剥落区域由于氧化层自身疏松多孔，再加上其和合金基体之间出现了间隙，会在预先生成的氧化层结构下形成一层同样的氧化层结构，如图 6-11（d）所示。最外层氧化层剥落的区域，则会发生内部 $\alpha\text{-}Al_2O_3$ 层向基体侵入和内氮化的现象，如图 6-11（e）所示。另外还有较多内氮化现象非常严重的区域，对其做 EDS 面扫描，结果如图 6-12 所示，与图 6-10 中 1000℃/120MPa 氧化 400h 相比较可以看出该条件下中间层的尖晶石相也大量剥落，内层的 $\alpha\text{-}Al_2O_3$ 已经大量参差不齐地侵入合金基体。

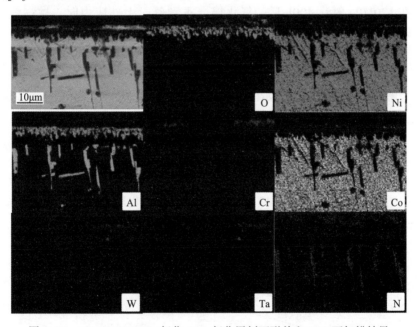

图 6-12　1050℃/120MPa 氧化 400h 氧化层剖面形貌和 EDS 面扫描结果

6.6　氧化动力学分析

本章采用氧化层下 γ' 相消失层厚度随氧化时间的变化来表征试验合金的

氧化动力学信息，原因如下：一方面两个温度条件下的氧化层结构有一定的区别，但是在氧化层下的合金基体却均由于 Al 的选择性氧化而生成一层 γ′相消失层；另一方面在氧化后期合金会发生侵入型氧化现象，并且氧化层会发生一定程度的剥落，这些都会造成氧化层厚度具有不均匀性，离散性较大，难以准确统计。图 6-13 为两种温度不同拉应力水平下 γ′相消失层厚度随氧化时间变化曲线，可以发现氧化 400h 前，同一温度和拉应力条件下 γ′相消失层厚度都随氧化时间的增加而明显增加，遵循抛物线规律：

$$\Delta h^2 = K_p t + A \tag{6-1}$$

根据式（6-1）拟合不同条件下 γ′相消失层增厚曲线，可得到抛物线状的速率常数，如图 6-13（a）中的标记 k 所示。在相同的拉应力水平下，与 1000℃温度条件相比，1050℃条件下 γ′相消失层的厚度显著增大。在相同的温度条件下，随着拉应力水平的增加，γ′相消失层的厚度显著增加。当各温度下拉应力从 60MPa 增加到 120MPa 时，其值增加了一个数量级。这主要是因为在 120MPa 氧化 400h 后，氧化层严重剥落。无外应力时，抛物线系数可表示为

$$K_p = K_0 \exp\left(-\frac{Q}{RT}\right) \tag{6-2}$$

考虑应力因素的影响，如图 6-13（b）所示，应力与 $\ln K_p$ 呈线性关系。因此，考虑应力影响的 K_p 表达式如下：

$$K_p = K_0 \exp\left(-\frac{Q}{RT}\right)\exp(C\sigma) \tag{6-3}$$

进一步得到了不同应力下氧化反应的活化能。可以看出，氧化活化能随着应力的增大而减小，如图 6-13（c）所示。氧化活化能与应力呈线性关系，如图 6-13（d）所示，可以得到定量关系。

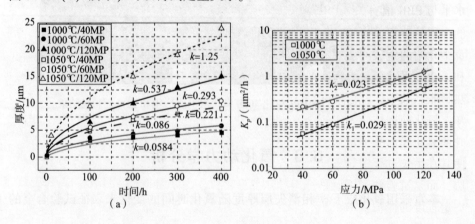

（a）　　　　　　　　　　　　　　（b）

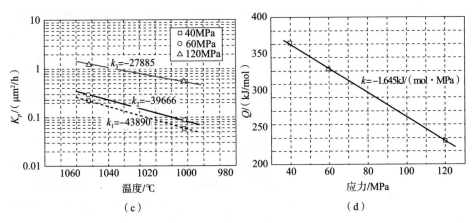

图 6-13　γ′相消失层在不同温度和拉伸应力水平下随氧化时间变化的动力学
(a) 氧化层厚度与时间拟合曲线；(b) 氧化速率常数与应力拟合曲线；
(c) 氧化速率常数与温度线性拟合曲线；(d) 氧化激活能与应力线性拟合曲线。

图 6-13 中，k_1、k_2、k_3 分别为 40MPa、60MPa、120MPa 条件下氧化速率常数与温度线性拟合后的线性系数。

6.7　应力对镍基单晶合金氧化的影响

根据试验结果，外加拉应力对试验合金的氧化行为具有显著影响，主要表现在影响氧化膜内部应力及形貌和氧化速率两部分。

本章中介绍氧化构件除了承受外部载荷带来的应力外，主要承受氧化膜自身生长形成的应力和合金基体与氧化膜热膨胀或收缩的差异导致的热应力。生长应力的产生来源于生成氧化物的体积和消耗的相应金属的体积不同，该应力水平与 PBR 值有关。$PBR = V_{O_x}/V_M$，其中 V_{O_x} 为生成氧化物的体积，V_M 为消耗的金属的体积。当 PBR>1，则氧化膜中产生压应力；反之则产生拉应力。本章中介绍的生成的主要氧化物 NiO、CoO、Al_2O_3 的 PBR 值分别为 1.65、1.86 和 1.28，均大于 1，因此在氧化膜中产生压应力。热应力是由于金属与氧化物热膨胀系数不匹配，冷却过程中在氧化膜中产生的一定压应力。由前述结果可知，氧化前期拉应力对氧化层形貌主要是起到了抵消氧化膜中压应力的作用，并使氧化膜承受一定数值的拉应力，从而抑制了内部氧化层发生褶皱和翘曲，使其在生长过程中始终与合金基体保持平行。由于拉应力并没有施加于氧化层，而是试验件，因此其作用机理应当是合金基体在高温蠕变的作用下发生了一定程度的伸长变形，然后作用于黏附在合金表面的氧化层，使其受到拉应力作用，释放产生压应力。但是当氧化膜中的弹性应变能超过合金与基体之间的断裂抗力 G_e 后，氧化膜会发生剥落。氧化膜剥落失效的判据如下：

$$\frac{(1-\nu)\sigma^2 h}{E} > G_e \tag{6-4}$$

式中：E 和 ν 分别为氧化膜的弹性模量和泊松比；h 和 σ 为氧化膜厚度和膜中应力。从该判据可知，当应力大、氧化膜厚和界面自由能高（黏附力差）时，氧化膜更倾向于剥落。氧化超过 400h 后，一方面试验件的截面积由于蠕变作用和氧化消耗有效截面积缩小，导致材料所受到的实际应力值即真应力，不断增大，从而使氧化膜受到更大的拉应力作用而产生微裂纹并开裂剥落；另一方面氧化膜厚度也不断增大，界面的黏附力下降，将导致氧化膜更容易从合金基体剥离。图 6-14 为氧化膜中应力和氧化层在应力作用下开裂的示意图。

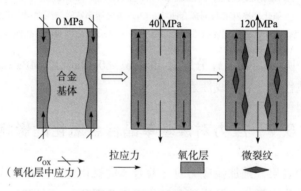

图 6-14　氧化膜中应力变化及氧化层开裂示意图

由于试验合金氧化过程主要由在预先存在氧化层的中离子扩散所控制，因此，外加应力对氧化速率的影响主要是通过改变离子扩散的过程来实现的。本章中介绍的氧化过程主要由 Al^{3+}、Ni^{2+}、Co^{2+}、Ta^{5+} 等阳离子和 O^{2-}、N^{3-} 等阴离子在预先生成的氧化膜中扩散所控制。氧化过程中，受氧化层中应力影响的扩散速率常数为[8-9]

$$D^{\sigma_{O_x}} = D_0 \exp\left(\frac{\sigma_{ox}\Delta\Omega}{RT}\right) \tag{6-5}$$

式中：D_0 为和应力无关的扩散速率常数；σ_{O_x}、R、T 分别为氧化层中应力、玻耳兹曼常数和绝对温度；$\Delta\Omega$ 为自由能分数，其值和 PBR 有关，这里为正值。

本书中介绍的施加拉应力的状态，氧化层都平行于合金基体，由此可知氧化层应当承受一定程度的拉应力，因此该氧化过程中扩散速率应当大于无应力状态下的扩散速率。由式（6-5）还可以得到，随着应力水平的提高，氧化过程中的离子扩散速率会更大，这就会导致拉应力水平更高的试验合金氧化速率更高，即氧化层更厚，这与试验中观察统计到的结果与规律是一致的。

除此之外，埃文斯还发现氧化过程中的空位浓度和氧化膜中应力具有密切关系，即拉应力可以促进氧化膜中的空位浓度，而压应力起到相反的作用。考虑氧化膜中应力的氧空位浓度为[10]

$$C^{\sigma_{O_x}} = D_0 \exp\left(\frac{\sigma_{O_x}\Delta\Omega}{KT}\right) \tag{6-6}$$

式中：C_0 为氧化层/基体界面的氧空位浓度；K 为玻耳兹曼常数。由式（6-6）可知，随着氧化膜中拉应力水平的提高，氧化膜中的氧空位浓度会增加，这就说明外部拉应力促进了氧离子向氧化层和基体界面的扩散，从而促进了合金的氧化反应。另外，在拉应力的作用下，氧化膜由于蠕变作用变得疏松多孔，再者，不同氧化层和基体弹性模量的差异会导致分层结构之间的间隙产生，形成的离子快速扩散通道会进一步提高合金的氧化速率。

6.8　氧化机理

通过对两种温度无应力条件和拉应力条件下氧化试验结果的比较，以及外部拉应力对于氧化过程的影响分析，可以知道，外加拉应力并没有改变合金在同一温度条件下的氧化层结构，但是却通过提高离子扩散速率和氧空位浓度显著提高试验合金的氧化速率。因此，将基于合金元素所对应的离子扩散过程对其氧化机理进行阐释。

合金在 1000℃ 条件下进行氧化时，空气中的氧气迅速附着在合金表面，与合金中含量较高的 Ni、Co 元素结合生成金属不足型氧化物（P 型）NiO 和 CoO，由于二者稳定相接近，生成"石子状"的固溶单相氧化膜（Ni，Co）O，但是这层氧化物较为疏松，O^{2-} 可以通过其向内扩散。当 O^{2-} 向内扩散至界面处后与 Cr^{3+}、Ta^{5+}、W^{6+} 等离子发生反应生成 TaO_2、Cr_2O_3、WO_3 等氧不足型氧化物（N 型）。随着（Ni，Co）O 外氧化膜向基体方向生长，会与下层的 TaO_2、Cr_2O_3、WO_3 发生固相反应（$NiO + Cr_2O_3 = NiCr_2O_4$，$NiO + Ta_2O_5 = NiTa_2O_6$，$CoO + Co_2O_3 = CoCo_2O_4$，$4TaO_2 + O_2 = 2Ta_2O_5$，$CoO + WO_3 = CoWO_4$）生成 $NiTa_2O_6$、$CoCo_2O_4$、$NiCr_2O_4$ 等尖晶石相氧化物，即中间氧化层。与此同时，O^{2-} 继续向内扩散与从基体向外扩散的 Al^{3+} 反应生成最内层的 $\alpha\text{-}Al_2O_3$ 氧化层。随着组成合金 γ' 相（Al_3Ni）主要元素 Ni 和 Al 的消耗，三层氧化层结构的下方基体会形成一层 γ' 相消失层。氧化 400h 后，更高活性的 N^{3-} 与从 γ' 相消失层下方基体向外扩散的 Al^{3+} 反应生成大量条块状的 AlN。合金在 1050℃ 条件下进行氧化时，依然是先生成具有三层典型结构的氧化层结构。之后的氧化过程中 Al^{3+} 穿过已生成的氧化层结构扩散到气体/基体界面与氧发生反应，生成非稳定状态的 $\theta-Al_2O_3$ 和稳定状态的 $\alpha-Al_2O_3$ 的混合氧化膜，并很快全部转化为 $\alpha-Al_2O_3$，可见合金在该温度条件下表现出一定的敏感性。除此之外氧化层结构的下方也出现了明显的 γ' 相消失层，并在氧化后期也出现了严重的内氮化现象。两种温度条件下氧化机理的示意图如图 6-15 所示。

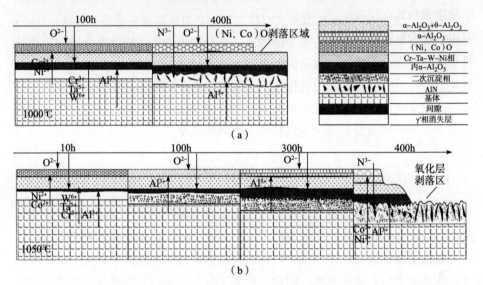

图 6-15　外部施加拉应力条件下镍基单晶高温合金氧化示意图
(a) 试验温度 1000℃；(b) 试验温度 1050℃。

6.9　本章小结

本章介绍通过使用 OM、SEM、XRD、EDS、高温蠕变机等设备和方法，研究两种温度（1000℃、1050℃）不同应力水平（0MPa、40MPa、60MPa、120MPa）下镍基单晶高温合金的氧化行为，主要结论如下：

（1）试验合金在 1000℃ 和 1050℃ 温度条件下，形成的氧化层结构主要为三层：外层的 (Ni, Co)O，中层富含 W、Ta、Cr 等元素的具有尖晶石相的复杂氧化层，内层的 $\alpha-Al_2O_3$。但是 1050℃ 试验合金的氧化表现出一定的敏感性，氧化 100~300h，会在三层氧化层结构表面生成一层由瞬态 $\theta-Al_2O_3$ 转化为稳态 $\alpha-Al_2O_3$ 氧化铝薄膜，并在随后的氧化过程中剥落。两种温度在氧化层下均由于 Al 元素的消耗而形成一层 γ' 相消失层，并且其增厚变化符合抛物线规律。氧化

400h 后发生显著的内氮化现象，在 γ′相消失层形成大量条块状的 AlN。

（2）通过不同拉应力水平下的氧化层结构对比，两种温度条件下外部拉应力并没有改变合金的氧化层分层结构，但是增加了合金的氧化速率，对内部 $\alpha\text{-}Al_2O_3$ 的形貌和氧化层的剥落失效具有影响。氧化前期，外部施加拉应力抵消了氧化膜中自产生的压应力，并在氧化膜中产生一定程度的拉应力，这既使内部 $\alpha\text{-}Al_2O_3$ 氧化层平行于基体生长，同时也增加了合金外部氧化层中的离子扩散速率和氧空位浓度，进而提高了合金的氧化速率。氧化后期，氧化层厚度增加，界面黏附力下降，并且合金基体在蠕变作用和氧化消耗下有效截面积不断缩小，真应力值不断增加，从而导致氧化膜产生微裂纹，从基体开裂剥落。

参考文献

［1］中国金属学会高温材料分会．中国高温合金手册［M］．北京：中国标准出版社，2012.

［2］HECKL A, RETTIG R, SINGER R F. Solidification characteristics and segregation behavior of Nickel-Base superalloys in dependence on different rhenium and ruthenium contents［J］. Metallurgical & Materials Transactions A, 2010, 41：202-211.

［3］LIU C T, MA J, SUN X F . Oxidation behavior of a single-crystal Ni-base superalloy between 900 and 1000℃ in air［J］. Journal of Alloys and Compounds, 2010, 491（1）：522-526.

［4］HU Y, CAO T, CHENG C, et al. Oxidation behavior of a single-crystal Ni-based superalloy over the temperature range of 850℃-950℃ in air［J］. Applied Surface Science, 2019, 484：209-218.

［5］PEI H Q, WEN Z X, ZHANG Y M, et al. Oxidation behavior and mechanism of a Ni-based single crystal superalloy with single $\alpha\text{-}Al_2O_3$ film at 1000℃［J］. Applied Surface Science, 2017, 411：124-135.

［6］ZHANG Y, ZHANG X, TU S T, et al. Analytical modeling on stress assisted oxidation and its effect on creep response of metals［J］. Oxidation of Metals, 2014, 82（3-4）：311-330.

［7］BIRKS N, MEIER G H, PETTIT F S. Introduction to the high temperature oxidation of metals［M］. London：Cambridge University Press, 2006.

［8］HAFTBARADARAN H, GAO H, CURTIN W A. A surface locking instability for atomic intercalation into a solid electrode［J］. Applied Physics Letters, 2010, 96（9）：091909.

［9］XIAO X, LIU P, VERBRUGGE M W, et al. Improved cycling stability of silicon thin film electrodes through patterning for high energy density lithium batteries［J］. Journal of Power Sources, 2011, 196（3）：1409-1416.

［10］YUE M, DONG X, FANG X, et al. Effect of interface reaction and diffusion on stress-oxidation coupling at high temperature［J］. Journal of Applied Physics, 2018, 123（15）：155301.

第7章
制孔再铸层对镍基单晶合金高温氧化行为的影响

7.1 引言

近年来，为了提高涡轮前燃气进口温度，涡轮叶片材料采用了新型高温合金例如镍基单晶高温合金[1-3]，但其所能承受的温度还明显低于其服役环境的温度。因此，需要发展涡轮叶片冷却技术。利用冷气膜将叶片与高温燃气隔离，是叶片的一项重要热防护方法，其中用来导流的孔称为气膜孔[4-7]。当前常用的制孔工艺主要有电火花、激光和电液束。其中，电火花制孔工艺以较高的加工效率和精度被广泛采用，每片叶片上需要加工数十至数百个气膜孔，加工过程中会在孔周形成一定厚度的再铸层。该区域元素会发生重分布，扫描电镜下观测到再铸层区域中的 γ' 相消失，元素组成与基体相比发生了一定的变化，Al 元素含量明显减少。这是由于电火花加工过程中孔周区域元素发生扩散，对气膜孔内壁元素含量进行分析，Al、Cr 和 Ta 元素的含量均明显高于基体。与此同时，电火花加工气膜孔过程中还会形成少量缺陷孔，与正常孔不同，缺陷孔的再铸层局部区域会形成疏松多孔的结构。这种缺陷区域极易发生氧化腐蚀，从而加剧叶片的断裂失效[8,9]。前文对材料级氧化行为进行了详细研究，影响高温氧化行为的因素众多包括元素含量、温度、表面技术等等[10-11]。目前关于镍基单晶合金气膜孔孔周再铸层结构的高温氧化行为的研究还比较少，故本章研究了第二代单晶合金在电火花制孔工艺下气膜孔孔周再铸层的高温氧化行为，为单晶气膜冷却叶片服役寿命的评估提供了依据和参考。

7.2　气膜孔制孔再铸层氧化试验

　　试验采用 8mm×3mm×1.2mm 的薄片状试样，尺寸如图 7-1 所示，表面采用 1000#SiC 砂纸进行研磨至相同的表面粗糙度。试样置于丙酮和酒精中在超声波清洗仪中进行清洗。试样放于带盖刚玉坩埚，试样底部与坩埚仅有点接触。将坩埚置于人工智能可控高温炉中进行试验，给高温炉壁加工直径为 10mm 圆孔使炉内空气与外部

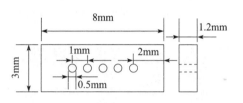

图 7-1　气冷单晶涡轮叶片和气膜孔
平板试样几何尺寸

空气流通。试验温度为 1000℃，时间采集点分别为 5min、100h、200h、400h、600h 和 800h。由于涡轮叶片表面通常为平行于［001］取向的平面，故将此面作为主要观测面。电火花制孔工艺下气膜孔孔周可见约 10μm 厚的再铸层结构，缺陷孔孔周局部区域可见约 20μm 厚的缺陷层。其微观组织结构形貌如图 7-2 所示，再铸层和缺陷层的元素组成如图 7-3 所示，二者 Al 元素含量均

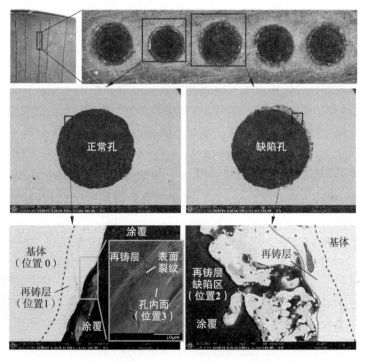

图 7-2　镍基单晶涡轮叶片电火花制孔下气膜孔再铸层形貌

明显低于基体。位置 0 为合金基体，位置 1 为 γ′相消失区，位置 2 为缺陷孔的缺陷区域，位置 3 为正常孔内表面。气膜孔附近基体区域 Al 元素含量与合金基体相比没有明显变化，Ta 和 W 元素含量减少。气膜孔再铸层缺陷区域白色点状物质和内表面富含 Ta 和 W 元素。γ′相消失区和缺陷区 Ni 元素含量较高，后期在初始氧化时即形成较厚的 NiO 层。

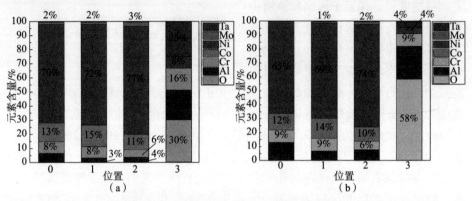

图 7-3　不同区域元素组成（彩图见书末）

(a) 质量比；(b) 原子比。

7.3　氧化物相表征

电火花气膜孔试样在 1000℃下氧化层宏观形貌如图 7-4 所示，微颗粒状的氧化层均匀分布于试样表面。孔周氧化层呈现黑色，明显比基体氧化层厚，并且缺陷孔氧化程度较高。此外发现孔周基体氧化层局部发生环状剥落。采用 XRD 技术对 1000℃条件下不同氧化时间段的氧化产物进行物相分析。根据检测到的衍射峰出现的位置对氧化物物相进行分析，检测到的衍射峰如图 7-5（a）所示，不同 2θ 范围的放大图如图 7-5（b）所示。分析得到的氧化物种类如下：a—TaO_2，b—$NiTa_2O_6$，c—Co_3O_4，d—$CoCo_2O_4$，e—NiO，f—Al_2O_3，g—γ 相。与

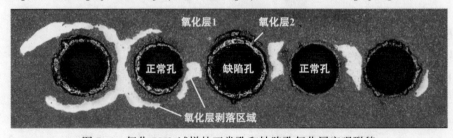

图 7-4　氧化 800h 试样的正常孔和缺陷孔氧化层宏观形貌

1000℃条件下氧化 200h 时的氧化产物相比，氧化 800h 后 NiO 和 Al₂O₃ 的峰值
减小，TaO₂，NiTa₂O₆ 等复杂氧化物和尖晶石相峰值增强，这表明试样整体上
中间氧化层即尖晶石相层随着氧化进行较快增长。

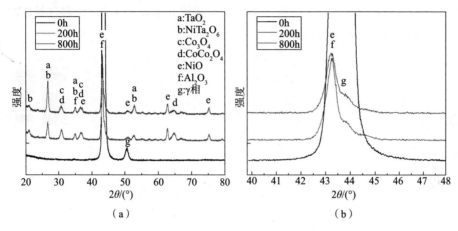

图 7-5　氧化物物相分析（彩图见书末）

（a）不同条件下 XRD 检测结果；（b）局部范围检测结果。

分别对原始再铸层和经 200h 热暴露后孔周氧化层结构进行扫描电镜分析，
可以看出氧化层呈现分层的结构，根据氧化层结构特点标注 6 个点和 1 个区域，
如图 7-6（a）所示。为详细定量表征不同位置的氧化产物组成，对氧化层结构
进行拉曼光谱分析、EDS 分析和 STEM 分析。图 7-6（b）为拉曼光谱分析图谱，
图 7-6（c）和（d）给出从基体到外氧化层不同位置各个元素的含量变化，
图 7-7 为氧化层局部结构的高分辨率 STEM 图及元素分布图。氧化产物的详细组
成（原子比）如表 7-1 所列，图 7-8 为（Ni，Co）O/尖晶石相和 Al₂O₃/热影响
层原子界面高清透射电子显微镜形貌及相应氧化产物的电子衍射花样。经分析得
到位置 1 氧化物的主要成分为 52%Al-43%N，氧化物应为 AlN。位置 2 与基体相
比 Al 元素的含量明显降低，在此区域内 γ′ 相消失呈现出一层均匀的 γ′ 相消失
层。位置 3 氧化物形貌单一且连续致密，主要元素组成为 62%O-38%Al，该氧
化物为 Al₂O₃。位置 4 和 5 所在氧化层分布比较复杂，拉曼光谱峰值个数较多，
出现位置大致为 100cm⁻¹、140cm⁻¹、360cm⁻¹、695cm⁻¹ 和 880cm⁻¹，EDS 分析结
果表明位置 4 元素组成为 67%O-10%Ni-3%Nb-18%Ta，位置 5 元素组成为 59%
O-21%Al-3%Cr-3%Co-13%Ni，结合 XRD 分析结果，位置 4 主要为 NiTa₂O₆，
位置 5 主要为 NiAl₂O₄。位置 6 氧化产物比较单一，拉曼光谱峰值位置大致为
540cm⁻¹，符合 NiO 拉曼光谱峰值位置，扫描电镜能谱分析元素组成为 52%O-
43%Ni-5%Co，故按照原子比记为：Ni0.9Co0.1O。区域 7 中的氧化物结构复杂，

元素组成为 56%O-6%Al-10%Cr-5%Co-14%Ni-3%Ta-4%W，结合 XRD 分析结果，该区域氧化物主要为 $NiCr_2O_4$、$NiAl_2O_4$、$NiTa_2O_6$ 等尖晶石相。与基体相比，电火花制孔再铸层结构的氧化行为呈现出较为显著的差异，后面将进行具体分析。尖晶石相复杂氧化物为合金溶剂元素和溶质元素的简单氧化物相互反应得到，合金元素溶剂简单氧化物主要为 NiO 和 CoO，溶质元素的简单氧化物主要为 Cr_2O_3、Al_2O_3、TaO_2 和 WO_3，对于目标合金，复杂氧化物反应如下：

$$4TaO_2+O_2 \longequal 2Ta_2O_5$$

$$4CoO+O_2 \longequal 2Co_2O_3$$

$$NiO+Cr_2O_3 \longequal NiCr_2O_4$$

$$NiO+Ta_2O_5 \longequal NiTa_2O_6$$

$$CoO+Co_2O_3 \longequal CoCo_2O_4$$

$$CoO+WO_3 \longequal CoWO_4$$

$$NiO+ Al_2O_3 \longequal NiAl_2O_4$$

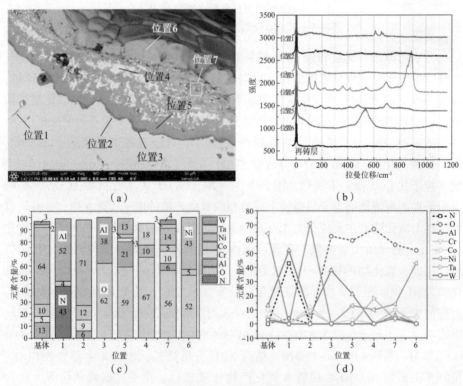

图 7-6　氧化 200h 正常孔再铸层（彩图见书末）

（a）氧化层形貌；（b）拉曼光谱分析；（c）元素含量；（d）元素变化。

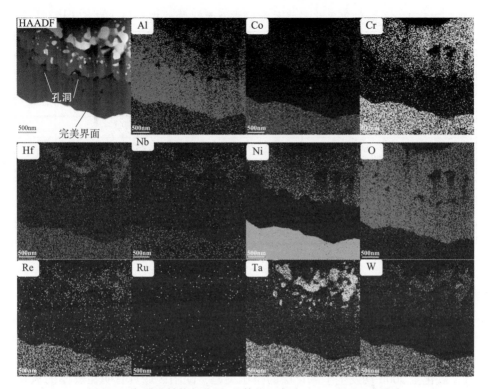

图 7-7　气膜孔结构氧化层/基体界面高清 STEM 图及元素分布

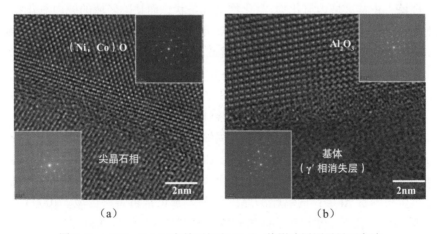

图 7-8　（Ni，Co）O/尖晶石相和 Al₂O₃/热影响层原子界面高清
透射显微镜形貌及相应氧化产物电子衍射花样

表 7-1　不同位置氧化产物元素组成及氧化物结构分析（原子比%）

位置	元素									
	N	O	Al	Cr	Co	Ni	Nb	Mo	Ta	W
基体			13	5	10	64			2	3
1	43	4	52							
2			6	9	12	71	2			
3		60	38	2						
4		67				10	3		18	
5		59	21	3	3	13				
6		52			5	43				
7		56	6	10	5	14	1	1	3	4

7.4　基体-常规再铸层/缺陷再铸层氧化行为分析

　　1000℃氧化5min、200h和800h后正常孔和缺陷孔孔周横截面宏观氧化产物形貌如图7-9所示。正常孔孔周氧化层厚度明显小于缺陷孔孔周的缺陷区域，氧化至200h均发生了氧化层的挤压突起，缺陷区域具有明显较厚的氧化层，氧化800h后再铸层的正常区域和缺陷区域发生了不同程度的内氧化和内氮化现象，正常区域内氧化物/氮化物呈现条状，而缺陷区域的域内氧化物/氮化物则明显尺寸较大。图7-10为基体、正常再铸层区域和缺陷再铸层区域氧化5min、200h和800h后氧化产物的横截面微观结构。氧化5min后基体产物大致分为两层（图7-10（a）），外层主要是（Ni，Co)O，内层主要为非连续的块状 α-Al_2O_3。孔周正常再铸层区域氧化产物（图7-10（d））微观结构大致分为三层，外层为（Ni，Co)O，中间层为颗粒状的尖晶石相和条状的富 Ta、Al 区域，内层为不连续的块状 α-Al_2O_3。孔周缺陷区域氧化产物（图7-10（g））大致分为三层，外层氧化物主要是（Ni，Co)O，其结构疏松且存在少量孔洞，中间层主要为粒状 $NiAl_2O_4$ 和 $NiTa_2O_6$ 相互夹杂。中间层下方有向内以条状形态垂直生长的富 Al 层，内氧化层厚度显著大于正常再铸层区域。1000℃氧化200h后基体、孔周正常再铸层区域和缺陷再铸层区域均呈现典型的（Ni，Co)O- $NiCr_2O_4$/$NiAl_2O_4$/$NiTa_2O_6$/$CoWO_4$ 尖晶石相-连续的 α-Al_2O_3 三层结构（图7-10（b）、（e）和（h））。缺陷区域的尖晶石相氧化层与基体和正常再铸层区域相比明显更厚（图7-10（g）~（i）），（Ni，Co)O 的颗粒尺寸也明显更大。氧化800h后基体、孔周正常再铸层区域和缺陷再铸层区域氧化层厚度（图 7-10（c）、（f）和（i））均进一步增加，基体氧化层/基体界面处出现裂纹，正常孔再铸层氧化层/基体出现孔洞，缺陷区域外层与中间层明显变厚，内层为大量的不连续块状 α-Al$_2$O$_3$ 和 AlN，氧化层侵入基体内部厚度可达100μm，容易成为裂纹的起源。

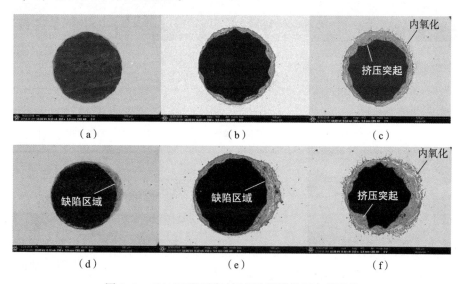

（a）　　　　　　　　　（b）　　　　　　　　　（c）

（d）　　　　　　　　　（e）　　　　　　　　　（f）

图 7-9　1000℃下不同时间的孔周横截面宏观形貌

（a）正常孔氧化 5min；（b）正常孔氧化 200h；（c）正常孔氧化 800h；
（d）缺陷孔氧化 5min；（e）缺陷孔氧化 200h；（f）缺陷孔氧化 800h。

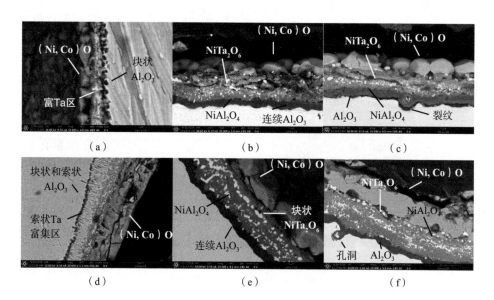

（a）　　　　　　　　　（b）　　　　　　　　　（c）

（d）　　　　　　　　　（e）　　　　　　　　　（f）

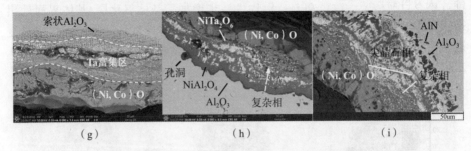

图 7-10 1000℃下不同氧化时间的氧化产物形貌

(a) 基体氧化 5min；(b) 基体氧化 200h；(c) 基体氧化 800h；

(d) 再铸层正常区域氧化 5min；(e) 再铸层正常区域氧化 200h；(f) 再铸层正常区域氧化 800h；

(g) 缺陷区域氧化 5min；(h) 缺陷区域氧化 200h；(i) 缺陷区域氧化 800h。

7.5　再铸层氧化动力学行为分析

　　气膜孔孔周氧化层厚度呈现出较高的不均匀性。较厚的氧化层同时向外隆起和向基体内部深入，隆起部位的外层氧化层明显受到挤压。对不同时间下的氧化层和 γ' 相消失层厚度进行统计，如图 7-11 和图 7-12 所示。高温合金氧化层厚度在等温氧化过程中遵循如下指数规律：

$$(\Delta h - A)^n = K_p t \tag{7-2}$$

式中：Δh 为厚度；n 为增厚速率指数；t 为特定温度下的氧化时间；K_p 为等温氧化增厚速率常数；A 为常数。对不同时间氧化层和 γ' 相消失层的厚度进行拟

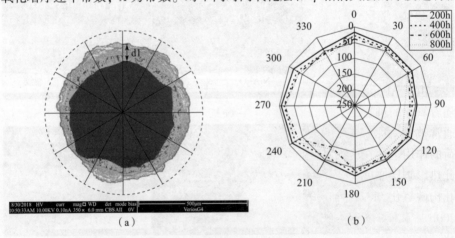

图 7-11　正常孔再铸层氧化层

(a) 测量点；(b) 厚度变化。

合，认为再铸层缺陷区域与正常区域氧化层和 γ' 相消失层厚度增长基本遵循抛物线规律，即 $n=2$。正常孔再铸层氧化层和 γ' 相消失层抛物线增厚速率常数分别为 $2.59(\mu m^2/h)$ 和 $0.98(\mu m^2/h)$，而缺陷再铸层则分别为 $9.45(\mu m^2/h)$ 和 $2.87(\mu m^2/h)$。相同时间条件下缺陷孔氧化层和 γ' 相消失层的厚度及增厚速率显著大于正常孔。

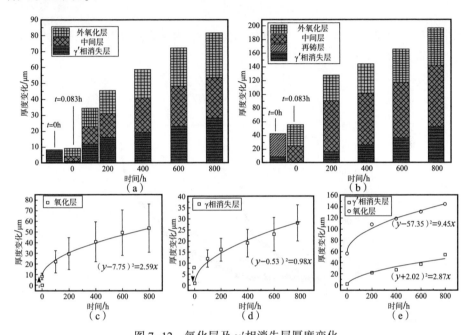

图 7-12　氧化层及 γ' 相消失层厚度变化
（a）、（c）、（d）再铸层结构正常区域；（b）、（e）缺陷区域。

7.6　气膜孔再铸层热影响层动力学

由于 Al 元素的消耗，在氧化层下方通常会形成 γ' 相消失层和 γ' 相减少层。随着氧化的进行，γ' 相消失层和 γ' 相减少层之间的界面越来越不明显，这两层通常被统一称为热影响层。热影响层的强度较低，特别是气膜孔孔周区域在载荷的作用下存在应力集中效应，使该层承受了更高的载荷且易萌生微裂纹。因此热影响层厚度的变化关系到材料的服役性能。图 7-13 分别为 1000℃下气膜孔构件氧化 0h、200h 和 800h 后在 980℃/270MPa 条件下的蠕变曲线。氧化 200h 后试样的蠕变寿命已经明显降低，氧化 800h 后试样蠕变寿命大致为未氧化试样的 1/3，高温氧化后蠕变寿命显著降低。如图 7-14 所示，蠕变过程中孔周热影响层萌生了较多的微裂纹，部分微裂纹向内部扩展从而加速试样的断

裂。对包括热影响层在内的氧化层增厚动力学行为进行研究。结合文献
[10]、[11] 以及第 2 章和第 3 章氧化动力学相关分析结果，1000℃、1050℃
和1100℃ 条件下的热影响层抛物线增厚速率常数分别为 0.125μm²/h、
0.948μm²/h 和 10.81μm²/h。通过如下 Arrhenius 方程：

$$K_p = K_0 \exp\left(-\frac{Q}{RT}\right) \tag{7-3}$$

式中：$R = 8.314$J/(mol·K)，为气体常数；K_0 为常数；Q 为氧化激活能。公
式两边取对数有

$$\ln K_p = \ln K_0 + \left(-\frac{Q}{RT}\right) \tag{7-4}$$

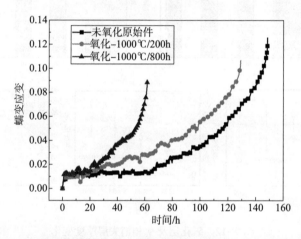

图 7-13　1000℃下气膜孔构件氧化 0h、200h 和 800h 后在 980℃/270MPa 下的蠕变曲线

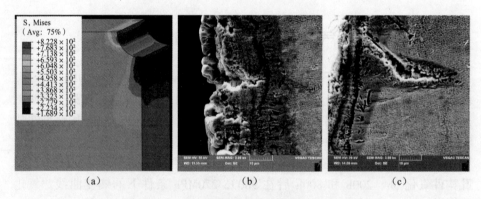

（a）　　　　　　　　（b）　　　　　　　　（c）

图 7-14　孔周裂纹演化（彩图见书末）

（a）孔周应力集中有限元计算结果；（b）孔周热影响层裂纹起源微观形貌；

（c）裂纹向内部基体扩展形貌。

通过拟合得出目标镍基单晶合金热影响层的增长激活能（基于厚度增长系数）为 $Q = 647.3\text{kJ/mol}$，$\ln K_0 = 58.99\mu\text{m}^2/\text{h}$。通过对比，气膜孔再铸层正常区域和缺陷区域 γ' 相消失层厚度生长系数分别为 $0.98\mu\text{m}^2/\text{h}$ 和 $2.87\mu\text{m}^2/\text{h}$，均显著高于相同温度下的基体热影响层增厚抛物线系数，如图 7-15 所示。K_0 和 Q 的值与材料属性和试验条件等相关。再铸层结构的元素重分布显著提高了高温氧化过程中孔周热影响层的增厚速率，这也是裂纹容易在孔周萌生和扩展的重要原因。

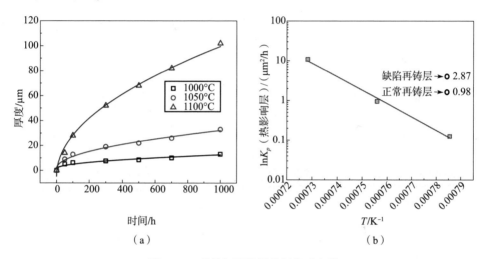

图 7-15　基体与再铸层的氧化动力学

（a）不同温度的基体热影响层增厚抛物线规律拟合；

（b）气膜孔再铸层缺陷区域和正常区域热影响层增厚系数与基体对比。

7.7　再铸层关键氧化物 $\alpha\text{-Al}_2\text{O}_3$ 演化行为

合金基体、正常再铸层和缺陷再铸层的氧化机理如图 7-16 所示，三者具有明显的差异。氧化初期，合金基体主要氧化产物为较薄的外 NiO 和块状内 Al_2O_3，缺陷层则生成明显较厚的 NiO 层和富溶质元素区域，深入内层为较厚的条索状 Al_2O_3。随着氧化的进行，基体区域的块状内 Al_2O_3 相互连接形成一层连续致密的 Al_2O_3 层，从而对基体形成保护作用，氧化层增厚速率逐渐减慢。再铸层区域由于 Al 元素的贫瘠，形成较薄 Al_2O_3 层、较厚 NiO 层和尖晶石相层，Al_2O_3 层的厚度均匀性明显下降。随着氧化的进一步发展，再铸层缺陷区域形成了大量的块状 Al_2O_3 和 AlN，氧化层向内部侵蚀严重，基体区域 Al_2O_3 层仍然具有连续的特征，局部发生氧化层开裂和剥落，开裂位置为

Al$_2$O$_3$ 层/基体界面。制孔过程中，Al 元素向表面迁移，特别是缺陷区域，同时 Al 元素与 O 元素具有较高的亲和力，使气膜孔表面和缺陷区域的内缝隙处可快速形成 Al$_2$O$_3$。由于疏松多孔的结构特点，生成的 Al$_2$O$_3$ 无法对内部合金基体形成保护作用。气膜孔再铸层正常区域和缺陷区域氧化层 Al$_2$O$_3$ 厚度变化规律如图 7-17 所示。再铸层缺陷区域初始 Al$_2$O$_3$ 为不连续的条索状，分散区域较厚，如图 7-17（a）所示。再铸层正常区域 Al$_2$O$_3$ 层厚度显著小于缺陷区域，其厚度随时间变化均呈现出先增加后减小的趋势。

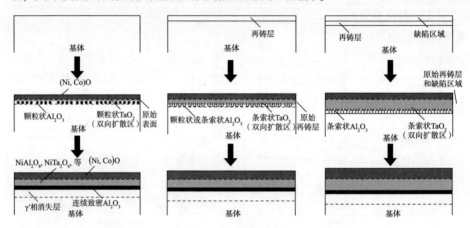

图 7-16　镍基单晶合金气膜孔结构再铸层氧化机理

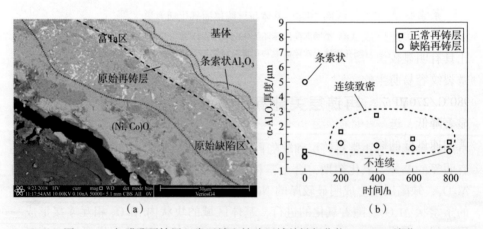

（a）　　　　　　　　　　　　　　　（b）

图 7-17　气膜孔再铸层正常区域和缺陷区域关键氧化物 α-Al$_2$O$_3$ 演化
（a）微观形貌；（b）厚度变化规律。

如图 7-10 所示，镍基单晶合金基体在氧化初始阶段形成的 Al$_2$O$_3$ 主要为块状，且与表面距离较近。而缺陷孔再铸层下方 Al$_2$O$_3$ 的形态则主要为条索状内氧化物，其位置与表面距离较远，正常孔再铸层形成的 Al_2O_3 形态则兼具了以上两种形式，主要原因如下（图 7-18）：

（1）电火花的瞬间高温，可造成孔周区域溶质元素发生重分布，形成缺陷区域和再铸层区域。元素重分布区域内合金溶质元素浓度梯度较大，不同位置溶质元素扩散路径和距离不一致，扩散区域较大。

（2）再铸层与基体相比致密性差，O 元素可扩散至一定的深度与较大区域内的溶质元素发生反应。

（3）当合金中元素分布不均时，可能造成多种不同状态的元素以不同的速度同时反应。

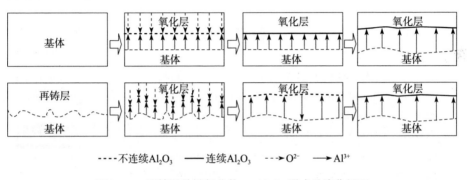

$----$ 不连续Al_2O_3　$——$ 连续Al_2O_3　$--\rightarrow O^{2-}$　$\longrightarrow Al^{3+}$

图 7-18　再铸层关键氧化物 α-Al_2O_3 形成及演化机理

条索状 Al_2O_3 不具备连续致密的特征，使得金属元素通过该层的扩散速率较快，较快速形成 NiO 层和尖晶石相层。因此，再铸层缺陷区域与正常区域相比具有明显较快的氧化速率。在外加载荷的条件下，氧化后的缺陷区域也成为微裂纹容易萌生的区域。前面对未经氧化和 1000℃下氧化 200h 及 800h 后在 980℃/270MPa 条件下的蠕变曲线进行了分析，发现氧化 200h 后蠕变寿命已经显著降低，进一步证明气膜孔孔周的氧化行为促进了微裂纹的萌生和扩展，显著加速试样的蠕变断裂。

7.8　本章小结

（1）镍基单晶合金电火花加工气膜孔再铸层结构由于瞬间高温而导致元素重分布，局部形成缺陷区域。元素重分布造成再铸层 Al 元素的缺失，使相同氧化时间下孔周氧化层和热影响层的厚度显著大于基体。缺陷区域的疏松结构进一步提高了氧化速率，从而较快生成尺寸较大的 NiO。

（2）由于 Al 元素的消耗，氧化层下方区域通常会形成 γ' 相消失层和 γ' 相减少层，它们被统一称为热影响层。在相同的氧化时间下，正常区域再铸层的热影响层厚度大于基体，而缺陷区域的热影响层厚度显著大于正常区域。热影响层与基体相比具有较差的承载性能，在蠕变载荷下，微裂纹极易萌生于缺陷区域的氧化层结构，并在热影响层中快速向内部基体扩展。再铸层结构的氧化显著促进了蠕变断裂。

（3）缺陷区域和再铸层区域内合金溶质元素浓度梯度不均匀，不同位置溶质元素扩散路径和距离不一致，扩散区域较大。再铸层与基体相比致密性差，O 元素可扩散至一定的深度与较大区域内的溶质元素发生反应。当合金中元素分布不均时，可能造成多种不同状态的元素以不同的速度同时反应。

参考文献

［1］ ZHAO Y S, ZHANG J, LUO Y S, et al. Improvement of grain boundary tolerance by minor additions of Hf and B in a second generation single crystal superalloy ［J］. Acta Materialia, 2019, 176: 109-122.

［2］ YU Z Y, WANG X Z, YUE Z F, et al. Investigation on microstructure evolution and fracture morphology of single crystal nickel-base superalloys under creep-fatigue interaction loading ［J］. Materials Science and Engineering: A, 2017, 697: 126-131.

［3］ ZHAO Y S, ZHANG J, SONG F Y, et al. Effect of trace boron on microstructural evolution and high temperature creep performance in Re-contianing single crystal superalloys ［J］. Progress in Natural Science, 2020, 30 (3): 371-381.

［4］ YUSOP N M, ALI A H, ABDULLAH M Z. Computational study of a new scheme for a film-cooling hole on convex surface of turbine blades ［J］. International Communications in Heat & Mass Transfer, 2013, 43: 90-99.

［5］ ZHANG Y M, WEN Z X, PEI H Q, et al. Equivalent method of evaluating mechanical properties of perforated Ni-based single crystal plates using artificial neural networks ［J］. Computer Methods in Applied Mechanics and Engineering, 2019, 360: 112725.

［6］ ZHANG Y, XU Z Y, ZHU Y, et al. Machining of a film-cooling hole in a single-crystal superalloy by high-speed electrochemical discharge drilling ［J］. Chinese Journal of Aeronautics, 2016, 29 (2): 560-570.

［7］ LIAN Y D, XU Z, PEI H Q, et al. Influence of film-cooling hole arrangement on mechanical properties of cooled turbine blade based on the crystal plastic theory ［J］. Journal of Mechanics, 2019, 35 (6): 809-828.

［8］ WEN Z X, PEI H Q, YANG H, et al. A combined CP theory and TCD for predicting fatigue lifetime in single-crystal superalloy plates with film cooling holes ［J］. International Journal of Fatigue, 2018, 111: 243-255.

［9］ WEN Z X, LIANG J W, LIU C Y, et al. Prediction method for creep life of thin-wall speci-
men with film cooling holes in Ni-based single-crystal superalloy ［J］. International Journal of
Mechanical Sciences, 2018, 141: 276-289.

［10］ PEI H Q, WEN Z X, ZHANG Y M, et al. Oxidation behavior and mechanism of a Ni-based
single crystal superalloy with single $\alpha-Al_2O_3$ film at 1000℃ ［J］. Applied Surface Science,
2017, 411: 124-135.

［11］ PEI H Q, WEN Z X, YUE Z F, et al. Long-term oxidation behavior and mechanism of DD6
Ni-based single crystal superalloy at 1050℃ and 1100℃ in air ［J］. Journal of Alloys and
Compounds, 2017, 704: 218-226.

第8章
镍基单晶合金热腐蚀行为

8.1 引言

　　高温合金的热腐蚀现象在 1960 年使用 Nimonic 105 和 GMR235 合金制造的燃气涡轮叶片上被发现,当时被命名为"黑色瘟疫"[1]。热腐蚀是指用于制造航空或工业发动机涡轮冷却叶片的镍基单晶合金在高温下的一种加速氧化现象[2]。当单晶合金长期工作在含有 S、V 等燃气和含盐的高温环境时,合金表面会附着一层含有 Na_2SO_4、$NaCl$、V_2O_5 的沉积盐,这些沉积盐会破坏合金表面的保护层而引起合金的热腐蚀[3-4]。随着航空发动机推重比和工作效率要求的不断提高,发动机进气口的温度越来越高,涡轮叶片上合金材料的服役条件也更加严苛[5-7],对高温合金的抗氧化和抗热腐蚀性能的研究提出了新挑战。此外,基于对镍基单晶高温合金服役状态下优异的力学性能和良好的组织稳定性的要求,新一代高温合金制造中减少了对于 Al、Cr 等可以产生保护性氧化物元素含量的添加,使得合金在较高的服役温度下表现出相对较差的抗氧化和耐热腐蚀性能[8,9]。因此,针对上述实际工程问题,研究高温合金的耐热腐蚀性能是非常必要的。

　　本章针对镍基单晶高温合金在服役过程中的热腐蚀现象,通过涂盐法进行了 900℃下 100% Na_2SO_4、75% Na_2SO_4+25% $NaCl$、75% Na_2SO_4+20% $NaCl$+5% V_2O_5(质量分数)三种盐环境下合金的热腐蚀试验。根据试验结果绘制不同盐膜成分下合金的热腐蚀动力学曲线和热腐蚀速率曲线,分析盐膜成分对合金热腐蚀速率的影响。根据热腐蚀过程中合金表面形貌的变化规律,研究了热腐蚀行为对合金表面形貌稳定性的影响。最后结合场发射扫描电镜、X 射线衍射和能谱分析了合金表层的腐蚀产物以及内层腐蚀产物的分层分布,分析了镍基单晶高温合金的热腐蚀机理。

8.2　不同盐分下的热腐蚀试验

8.2.1　试样制备

选取铸造方向为［001］方向的试验毛坯件，采用线切割工艺加工试样，尺寸为10mm×8mm×5mm（［001］方向平行于5mm的最短边）。为了减小材料表面粗糙度对于试验的影响，需用SiC水砂纸对试样的6个表面逐级打磨至2000#，通过光学显微镜观测打磨后的试样表面如图8-1所示。采用游标卡尺（测试量程0~200mm，测试精度±0.02mm）测量打磨后试样的实际尺寸，随后依次使用乙醇、丙酮、蒸馏水对试样进行超声波清洗，去除试样表面油污。采用吹风机冷风干燥试样，冷却后用分析天平（精度±0.1mg）称重。

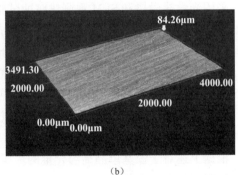

（a）　　　　　　　　　　　　　　　（b）

图8-1　试样表面形貌

（a）试样表面二维形貌；（b）试样表面三维形貌。

8.2.2　试验方法

为了测试镍基单晶高温合金的热腐蚀性能，依据传统的涂盐法，在进行热腐蚀试验之前，需要在试样表面喷涂一层均匀涂敷的盐膜。为研究盐膜成分对镍基单晶高温合金热腐蚀性能的影响，热腐蚀试验采用以下3种盐膜成分：100% Na_2SO_4（类型-Ⅰ），75% Na_2SO_4+25% NaCl（类型-Ⅱ），75% Na_2SO_4+20% NaCl+5% V_2O_5（类型-Ⅲ）。对试样涂盐之前，为了使盐均匀地附着在试样表面，应先将已经清洗干净待用的试样在干净的加热盘上预热至100~120℃，再采用雾化喷瓶把配置好的饱和盐溶液喷到试样表面，控制喷涂的盐量为（3±0.1）mg/cm²。

在进行试样的热腐蚀试验之前，需将试验用的刚玉陶瓷坩埚提前放在箱式电阻炉中干燥直至恒重，以避免坩埚对热腐蚀试验的影响。为了使试样所有的表面均参与热腐蚀试验，需保证涂有盐膜的试样倾斜放入恒重的坩埚中。为了避免温度场等其他试验因素的影响，把装有试样的坩埚按照盐膜成分的情况分为4组，并有序放入同一个箱式电阻炉中的不同区域，设置试验温度900℃。按照10h、30h、50h、75h、100h、125h、150h、175h、200h的高温热腐蚀取样时间，将试样加热到设定时间后停止加热，待电阻炉内温度冷却后取出试样。为了去除试样表面残留的盐膜，需将取出的试样在沸水中浸泡15min左右，再在通风处冷却干燥。为了不影响后续的腐蚀产物观测以及热腐蚀试验，在去盐的过程中，应尽量小心以保持试样表面腐蚀产物的完整性。把清洗后的试样分为两部分：一部分试样会再次重复上述的涂盐过程，继续热腐蚀试验，以完成热腐蚀动力学曲线的测量；另一部分试样单独取出，小心保存，随后用于在该时间段内试验腐蚀产物的形貌观测与分析。

采用光学显微镜和SEM观测热腐蚀试验腐蚀产物形貌特征，结合XRD以及EDS的测试结果，分析热腐蚀试验腐蚀产物的化学成分和组织类型。除了进行试样表面的腐蚀产物分析外，也需要分析试样次表面的组织形态特征，因此，需要进行试样的横截面观测。在进行试样的横截面观测之前，为了防止腐蚀产物的剥落，需将试样嵌入到热固树脂中，在金相试样抛光机上进行机械抛光，然后经过喷金处理，使用场发射扫描电镜以及扫描电镜的X射线能谱分析测试试样的横截面腐蚀产物类型和特征。

根据上述对于镍基单晶高温合金的热腐蚀试验过程的描述，绘制热腐蚀试验的流程图如图8-2所示。

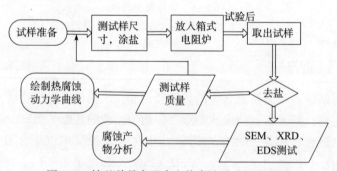

图8-2　镍基单晶高温合金热腐蚀试验的流程图

8.3　热腐蚀动力学分析

为了研究镍基单晶合金在900℃三种盐膜成分下（类型-Ⅰ、类型-Ⅱ、类型-Ⅲ）的热腐蚀动力学规律和热腐蚀速率，统计了试样在不同时段的质量，计算了合金在不同时段的腐蚀速率。其中，试样的单位面积增重和试样腐蚀速率的计算结果均以相对于试验前的试样表面积为准。根据镍基单晶高温合金在900℃三种盐膜成分试验条件下的热腐蚀试验测试结果，采用绘图软件 Origin 9.0 绘制镍基单晶高温合金在 900℃ 三种盐膜成分下（类型-Ⅰ、类型-Ⅱ、类型-Ⅲ）的热腐蚀动力学曲线分别如图 8-3~图 8-5 所示。其中，图 8-3（a）、图 8-4（a）、图 8-5（a）分别是类型-Ⅰ、类型-Ⅱ、类型-Ⅲ盐膜成分下根据合金热腐蚀过程中测量试验数据绘制的实际热腐蚀动力学曲线；图 8-3（b）、图 8-4（b）、图 8-5（b）分别是类型-Ⅰ、类型-Ⅱ、类型-Ⅲ盐膜成分下根据合金热腐蚀过程中测量试验数据绘制的拟合热腐蚀动力学曲线。

从图 8-3（a）可以看出，镍基单晶高温合金在类型-Ⅰ盐膜成分下，热腐蚀 200h 后增重达到 $65mg/cm^2$，其中，在 0~30h 阶段增重缓慢，在 30h 时热腐蚀增重不到 $5mg/cm^2$，说明在此阶段试样热腐蚀现象不明显；在 50~200h 阶段试样增重迅速，说明此阶段试样热腐蚀现象非常严重。根据测试的类型-Ⅰ盐膜成分下的热腐蚀动力学相关数据，拟合的合金热腐蚀动力学曲线如图 8-3（b）所示，相关的拟合数据见表 8-1。

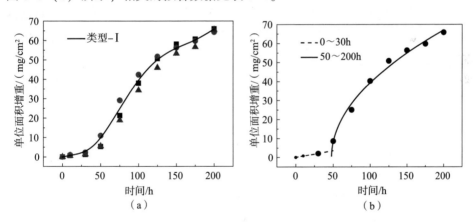

图 8-3 类型-Ⅰ盐膜成分下合金热腐蚀动力学曲线

（a）实际热腐蚀增重曲线；（b）拟合热腐蚀增重曲线。

分析表 8-1 可知，在 0~30h 阶段（第一阶段），合金的热腐蚀动力学曲线遵循直线规律，热腐蚀速率常数 $K_{p1}=0.06816mg/(cm^2 \cdot h)<0.01mg/(cm^2 \cdot h)$，热腐蚀速率缓慢，判断该阶段处于高温合金热腐蚀行为的孕育期，在试样的表面形成保护性氧化膜，一定程度上减缓了合金热腐蚀速率。在 50~200h 阶段（第二阶段），镍基单晶高温合金的热腐蚀动力学曲线遵循抛物线规律，热腐

蚀速率常数 $K_{p2}=29.54231\,\mathrm{mg^2/(cm^4 \cdot h)}$，热腐蚀速率很快，判断该阶段处于合金热腐蚀行为的加速腐蚀阶段，合金的热腐蚀现象严重。拟合的镍基单晶高温合金在第一、二阶段热腐蚀动力学曲线的相关系数 R^2 值（$R_1^2=0.98803$，$R_2^2=0.99094$）都超过了 0.95，接近 1，说明两个阶段的拟合数据偏差小，具有数据分析和参考价值。

表 8-1　类型-Ⅰ盐膜成分下拟合的合金热腐蚀动力学曲线相关数据

拟合曲线	0~30h	50~200h
拟合曲线类型	线性直线	抛物线
方程表达式	$\Delta W=K_{p1} \cdot t+C_1$	$(\Delta W)^2=K_{p2} \cdot t+C_2$
参数值	$K_{p1}=0.06816\pm0.0529$	$K_{p2}=29.54231\pm1.1859$
	$C_1=0.06107\pm0.09656$	$C_2=-14.0887874\pm80.89524$
相关系数	$R_1^2=0.98803$	$R_2^2=0.99094$

图 8-4 是镍基单晶高温合金在 900℃ 温度场且盐膜成分为 75% $\mathrm{Na_2SO_4}$＋25% NaCl 条件下根据试验数据绘制的热腐蚀动力学曲线。从图 8-4（a）可知，在类型-Ⅱ盐膜成分条件下，该合金进行热腐蚀 200h 后，单位面积增重接近 65mg/cm²。在前 10h 内，增重相对缓慢，热腐蚀增重不到 5mg/cm²，说明在该阶段试样热腐蚀现象不明显；随后的 190h 范围内，热腐蚀增重迅速，说明在此阶段试样发生了严重的热腐蚀行为。根据图 8-4（a）绘制的合金实际热腐蚀增长曲线，拟合该合金的热腐蚀动力学曲线如图 8-4（b）所示，相关的拟合数据见表 8-2。

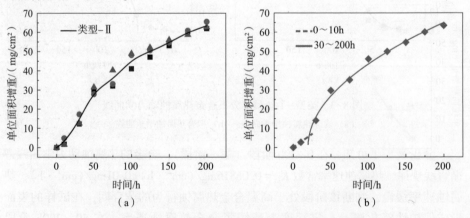

图 8-4　类型-Ⅱ盐膜成分下合金热腐蚀动力学曲线
（a）实际热腐蚀增重曲线；（b）拟合热腐蚀增重曲线。

表8-2 类型-Ⅱ盐膜成分下拟合的合金热腐蚀动力学曲线相关数据

拟合曲线	0~10h	30~200h
拟合曲线类型	线性直线	抛物线
方程表达式	$\Delta W = K_{p1} \cdot t + C_1$	$(\Delta W)^2 = K_{p2} \cdot t + C_2$
参数值	$K_{p1} = 0.26938$	$K_{p2} = 23.33036 \pm 0.91899$
	$C_1 = 0$	$C_2 = -450.3349 \pm 71.66421$
相关系数	$R_1^2 = 1$	$R_2^2 = 0.99328$

由表8-2可知，镍基单晶高温合金在盐膜成分类型-Ⅱ条件下，在0~10h阶段（第一阶段），合金的热腐蚀动力学曲线遵循直线规律，热腐蚀速率常数K_{p1}为0.26938mg/（cm²·h）；在30~200h阶段（第二阶段），合金的热腐蚀动力学曲线遵循抛物线规律，热腐蚀速率常数K_{p2}为23.33036mg²/（cm⁴·h）。试样在第一阶段的热腐蚀增重约5mg/cm²，热腐蚀速率较慢，可以判断高温合金在该阶段处于热腐蚀孕育期。试样在第二阶段的热腐蚀速率非常大，判断该阶段合金热腐蚀行为处于加速腐蚀阶段，热腐蚀现象严重。拟合该合金在第一、第二阶段热腐蚀动力学曲线的相关系数值分别为1和0.99328（接近1），说明在0~10h阶段和30~200h阶段的拟合曲线与试验曲线的离散性比较小，拟合的热腐蚀动力学公式和实际热腐蚀动力学曲线相吻合。

图8-5是镍基单晶高温合金在900℃温度场75% Na_2SO_4 + 20% $NaCl$ + 5% V_2O_5盐膜成分的条件下根据试验数据绘制的热腐蚀动力学曲线。从图8-5（a）可以看出，在类型-Ⅲ盐膜成分下，高温合金进行热腐蚀200h后，单位面积增重

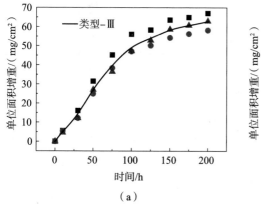

（a）

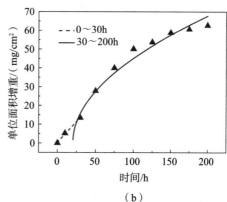

（b）

图8-5 类型-Ⅲ盐膜成分下合金热腐蚀动力学曲线

（a）实际热腐蚀增重曲线；（b）拟合热腐蚀增重曲线。

到达 65mg/cm^2。在合金进行热腐蚀的前 30h 内，单位面积增重超出 15mg/cm^2，说明在该阶段试样热腐蚀现象已经很明显；在随后的 170h 范围内，热腐蚀增重更加迅速，说明在此阶段试样的热腐蚀现象更严重。根据图 8-5（a）绘制的合金实际热腐蚀增长曲线，拟合该合金的热腐蚀动力学曲线如图 8-5（b）所示，相关的拟合数据见表 8-3。

表 8-3　类型-Ⅲ盐膜成分下拟合的合金热腐蚀动力学曲线相关数据

拟合曲线	0~30h	30~200h
拟合曲线类型	线性直线	抛物线
方程表达式	$\Delta W = K_{p1} \cdot t + C_1$	$(\Delta W)^2 = K_{p2} \cdot t + C_2$
参数值	$K_{p1} = 0.44295 \pm 0.02651$	$K_{p1} = 25.50331 \pm 1.75298$
	$C_1 = 0.30606 \pm 0.48392$	$C_2 = -517.28073 \pm 133.92529$
相关系数	$R_1^2 = 0.99286$	$R_2^2 = 0.99328$

通过图 8-5（b）可知，镍基单晶高温合金在盐膜成分类型-Ⅲ条件下，在 0~30h 阶段（第一阶段），合金的热腐蚀动力学曲线遵循直线规律，热腐蚀速率常数 $K_{p1} = 0.44295\text{mg}/(\text{cm}^2 \cdot \text{h})$；在 30~200h 阶段（第二阶段），合金的热腐蚀动力学曲线遵循抛物线规律，热腐蚀速率常数 $K_{p2} = 25.50331\text{mg}^2/(\text{cm}^4 \cdot \text{h})$。从图 8-5（b）第一与第二阶段的数据交点看出，试样动力学曲线在第一阶段斜率与第二阶段动斜率接近，说明该合金在第一阶段热腐蚀速率较快，没有经过合金热腐蚀行为的孕育期就直接进入合金热腐蚀行为的加速阶段，有明显的热腐蚀现象。合金在第二阶段的热腐蚀速率更大，判断该阶段合金热腐蚀行为更加严重。高温合金在第一、二阶段拟合的热腐蚀动力学规律曲线相关系数值分别为 $R_1^2 = 0.99286$，$R_2^2 = 0.99328$，都非常接近于 1，说明合金在第一、第二阶段的拟合曲线与试验曲线的离散性比较小，拟合的热腐蚀动力学公式和热腐蚀动力学曲线相符合。

对比镍基单晶高温合金在三种盐膜成分下拟合的热腐蚀动力学曲线，如图 8-6 所示。由图可知，合金在类型-Ⅰ盐膜成分下合金具有较长的热腐蚀孕育期，在类型-Ⅱ盐膜成分下合金热腐蚀孕育期相对较短，而在类型-Ⅲ盐膜成分下观察不到合金的热腐蚀孕育期。对比三种盐膜成分下试样热腐蚀 200h 后的总热腐蚀增重可知，类型-Ⅰ盐膜成分下试样热腐蚀总增重与类型-Ⅲ盐膜成分下试样热腐蚀总增长相近，大于类型-Ⅱ盐膜成分下试样热腐蚀总增重。但类型-Ⅱ盐膜成分下热腐蚀动力学曲线增重趋势与类型-Ⅲ盐膜成分下热腐蚀动力学曲线增重趋势更为相似。

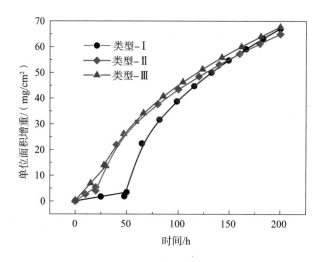

图8-6 三种盐膜成分下拟合的合金热腐蚀动力学曲线对比

8.4 热腐蚀产物物相表征

根据在900℃温度场下，镍基单晶高温合金在100% Na_2SO_4，75% Na_2SO_4+25% NaCl，75% Na_2SO_4+20% NaCl+5% V_2O_5 三种盐膜成分下分别热腐蚀30h、100h、200h后测试的试样表面的XRD图，对比标准的PDF卡片分析后，得到的图谱如图8-7、图8-8、图8-9。其中，XRD分析测试所用的入射角范围为10°～90°。

根据图8-7，可以看出高温合金在三种盐膜成分下热腐蚀30h后，试样在类型-Ⅰ和类型-Ⅱ盐膜成分下，表面热腐蚀产物类型较为接近，都测试出大量的基质 Ni_3Al 和氧化物 NiO、$(Ni,Co)Al_2O_3$。氧化物 $(Ni,Co)Al_2O_3$ 有益于减缓合金的热腐蚀速率，使得合金具有一定的抗热腐蚀性，这与第7章的热腐蚀动力学规律中的分析合金在热腐蚀初期为腐蚀孕育期结果相符合。此外，试样在类型-Ⅰ盐膜成分下还生成 $Na(W,Ta)O_3$，说明试样在类型-Ⅰ盐膜成分下 Ta 元素在热腐蚀初期就参与了反应。而试样在类型-Ⅲ盐膜成分下只检测出氧化物 NiO，分析可知试样在类型-Ⅲ盐膜成分下热腐蚀产生的 NiO 非常厚，已经超出了 X 射线能够测试的厚度范围，所以在类型-Ⅲ盐膜成分下未能检测出基质 Ni_3Al，也就是说相对于其他两种盐膜成分而言，试样在类型-Ⅲ盐膜成分下的热腐蚀层厚度最厚，热腐蚀行为最为严重。

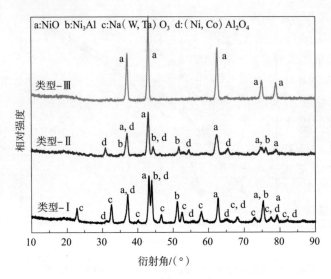

图 8-7　三种盐膜成分下合金热腐蚀 30h 后表面腐蚀产物的 XRD 谱

图 8-8 是试样在三种盐膜成分热腐蚀 100h 后试样表面腐蚀产物的相测试结果。由图可知，试样在三种盐膜成分下的检测出的热腐蚀产物类型基本相同，都生成了氧化物 NiO 和 Na（W，Ta）O_3，其中 NiO 的峰非常强烈，而 Na（W，Ta）O_3 峰较为微弱。相对于试样热腐蚀 30h 后的腐蚀产物，试样表面均未检测出基质 Ni_3Al，这说明试样在三种盐膜成分下热腐蚀行为进一步加重，

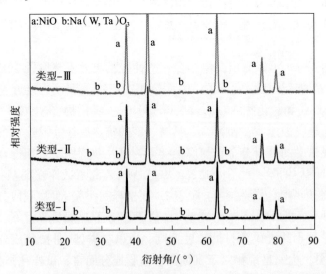

图 8-8　三种盐膜成分下合金热腐蚀 100h 后表面腐蚀产物的 XRD 谱

热腐蚀层厚度加深。另外，在进行热腐蚀 100h 后，在三种盐膜成分下热腐蚀的试样表面具有 Ta 元素参与反应。

当镍基单晶高温合金在 100% Na_2SO_4，75% Na_2SO_4 + 25% NaCl 和 75% Na_2SO_4 + 20% NaCl + 5% V_2O_5 三种盐膜成分下热腐蚀 200h 后，试样表面检测到的热腐蚀产物类型如图 8-9 所示。合金在 100% Na_2SO_4 盐膜成分下热腐蚀 100h 后生成的热腐蚀产物类型与热腐蚀 30h 后试样表面的腐蚀产物类似，区别在于 (Ni，Co)Al_2O_3 和 Na(W，Ta)O_3 的峰强度相对于 NiO 的峰强度更弱。合金在类型-Ⅱ盐膜成分下热腐蚀 100h 后生成的热腐蚀产物类型与热腐蚀 30h 后试样表面的腐蚀产物基本一致。而在盐膜成分类型-Ⅲ下，试样表面出现了一种新的热腐蚀产物 (Ni，Co)Ta_2O_6，说明试样在类型-Ⅲ盐膜成分下的热腐蚀现象与前两种盐膜成分下的热腐蚀现象更为不同。

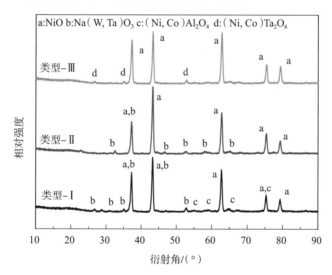

图 8-9　三种盐膜成分下合金热腐蚀 200h 后表面腐蚀产物的 XRD 谱

根据试样在三种盐膜成分下分别热腐蚀 30h、100h、200h 后采用 XRD 检测出的试样表面的腐蚀产物相组织，对比结果如表 8-4 所列。其中，s 代表测试的谱图中该腐蚀产物的峰强度较强，m 代表该产物的峰强度中等，w 代表该产物的峰强度较弱。从表中可以看出，试样在三种盐膜成分下的检测到的热腐蚀产物类型种类较少，主要是氧化物和钠酸盐，且 NiO 的衍射峰强度要强于其他腐蚀产物的衍射峰强度。这可能是由于镍基单晶高温合金中的 Ni 元素含量最高，造成在试样的热腐蚀过程中，非常容易在其表面产生了大量的 NiO。由于 NiO 的衍射峰非常强，且其他元素如 Ta、Al、Co，含量相对较少，因此生成的相关热腐蚀产物可能在 XRD 的检测过程中测试到的衍射峰较弱，甚至不能检测到这些腐蚀产物的衍射峰。

表 8-4　合金在三种盐膜成分下 900℃ 热腐蚀后表面腐蚀产物相组成

盐类型	时间		
	30h	100h	200h
类型-Ⅰ	NiO(s)、Ni₃Al(s)、Na(W, Ta)O₃(m)、(Ni, Co)Al₂O₄(m)	NiO(s)、Na(W, Ta)O₃(w)	NiO(s)、Na(W, Ta)O₃(m)、(Ni, Co)Al₂O₄(w)
类型-Ⅱ	NiO(s)、Na(W, Ta)O₃(m)、(Ni, Co)Al₂O₄(m)	NiO(s)、Na(W, Ta)O₃(w)	NiO(s)、Na(W, Ta)O₃(w)
类型-Ⅲ	NiO(s)	NiO(s)、Na(W, Ta)O₃(w)	NiO(s)、(Ni, Co)Ta₂O₆(w)

8.5　热腐蚀产物表面形貌分析

镍基单晶高温合金的热腐蚀产物与盐膜成分、热腐蚀时间等影响因素密切相关，为了进一步研究合金在不同的盐膜成分下热腐蚀产物，除了采用光学显微镜和 X 射线衍射分析外，也应根据 SEM 和 EDS 的分析结果共同分析。接下来，本节将对镍基单晶高温合金在不同盐膜成分下热腐蚀现象中比较典型的热腐蚀产物进行分析。

1. 合金热腐蚀 30h 后表面微观组织形貌分析

镍基单晶高温合金在 900℃ 温度场中，在类型-Ⅰ盐膜成分下热腐蚀 30h 后，试样表面的微观组织形貌以及能谱如图 8-10、图 8-11 所示。由于各种试验过程中因素的影响，试样在热腐蚀过程中表面产生的腐蚀产物并非完全一致。在观察试样表面的微观组织形貌时，选取了较为有代表性的腐蚀产物进行了分析。在类型-Ⅰ盐膜成分下热腐蚀 30h 后，试样表面腐蚀产物微观组织形貌如图 8-10 所示，热腐蚀 30h 后试样表面形成了瘤状腐蚀产物 B、D，且出现了些许微裂纹，除此之外，试样表面也出现部分块状和宝石状的腐蚀产物。根据试样腐蚀产物的化学成分，腐蚀产物共四类，其中 A 类腐蚀产物呈现为棒状和长方块状，C 类腐蚀产物则为大颗粒的宝石状，而瘤状腐蚀产物 B、D 在低倍下形状均为小颗粒状，放大后略有不同：B 类腐蚀产物颗粒偏大，呈块状；D 类腐蚀产物颗粒偏小，呈椭圆状。

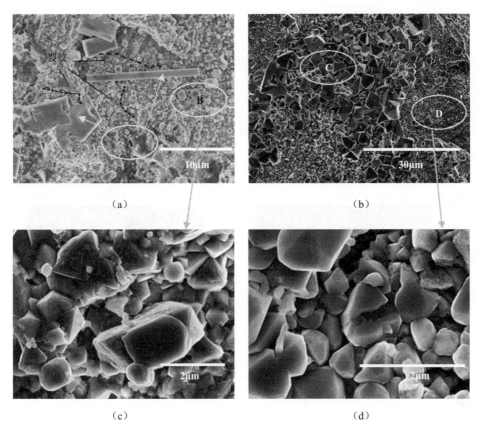

图 8-10　类型-Ⅰ盐膜成分下热腐蚀 30h 后试样表面微观组织形貌

(a) 试样微观组织局部 1；(b) 试样微观组织局部 2；

(c) 放大的微观组织 B；(d) 放大的微观组织 D。

　　对腐蚀产物 A、B、C、D 进行 XRD 分析，测试谱图如图 8-11 所示，各腐蚀产物的元素含量见表 8-5。根据 EDS 分析可知，试样在类型-Ⅰ盐膜成分下腐蚀 10h 后表面腐蚀产物主要含有 O、Al、Cr、Co、Ni、Nb、Ta 元素，这与上面的 XRD 分析结果相吻合。其中，A 类腐蚀产物主要是 Ta 的氧化物，并含有少量的 Nb、Ni、Al 元素，而宝石状腐蚀产物 C 主要为 Ni-Co 氧化物，含有少量的 Al 元素。瘤状腐蚀产物 B、D 含有的元素类型相同，都是 Ni-Co 氧化物，含有部分 Al、Co、Cr 元素，但是 B 类腐蚀产物 Ni 元素含量更多，O、Al、Co、Cr 元素含量更少。结合 B、D 类腐蚀产物的形貌分析，可知 B 类腐蚀产物与 D 类腐蚀产物是同一种腐蚀产物，但是 B 类腐蚀产物比 D 类腐蚀产物含有的 Ni 元素含量更多。

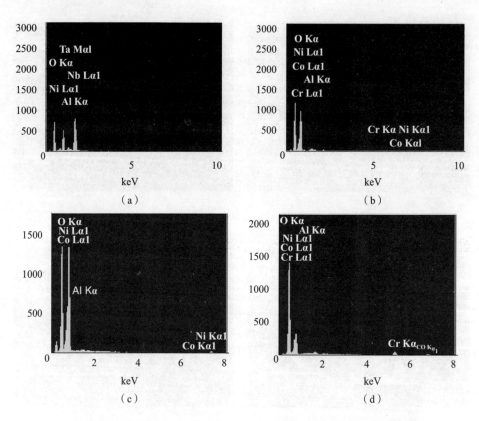

图 8-11　类型-Ⅰ盐膜成分下合金热腐蚀 30h 后表面产物 EDS 分析

（a）微观组织 A；（b）微观组织 B；（c）微观组织 C；（d）微观组织 D。

表 8-5　类型-Ⅰ盐膜成分下合金热腐蚀 30h 后表面产物元素组成

元素	位置							
	A		B		C		D	
	原子质量分数/%	质量分数/%	原子质量分数/%	质量分数/%	原子质量分数/%	质量分数/%	原子质量分数/%	质量分数/%
O	71.39	21.70	54.13	25.90	49.91	21.77	58.24	31.31
Al	1.10	0.56	6.51	5.27	2.31	1.70	10.78	9.77
Cr	—	—	1.39	2.14			9.97	17.42
Co	—	—	8.73	15.37	12.27	19.72	10.94	21.66
Ni	3.00	3.33	29.24	51.32	35.51	56.81	10.07	19.84
Nb	5.90	10.41	—	—	—	—	—	—
Ta	18.61	64.00	—	—	—	—	—	—

　　镍基单晶高温合金在 900℃ 温度场中，在类型-Ⅱ盐膜成分下热腐蚀 30h
后，试样表面的微观组织形貌如图 8-12、图 8-14 所示，对应的能谱分析如
图 8-13、图 8-15 所示。如图 8-12（a）所示，试样表面产生一个直径约
122μm 的腐蚀坑，从该腐蚀坑的形貌可以看出它是由于腐蚀层表面处塌陷造
成，部分表面腐蚀产物掉落到腐蚀坑内，且试样的腐蚀产物大概有四层，根据
测试，最里层的腐蚀产物与腐蚀产物 A 的微观组织形貌相同，均表现出有缝
隙结构，微观组织的元素成分也基本相同，说明是同一种物质。试样腐蚀坑附
近的腐蚀产物 A 和腐蚀产物 B 的微观组织放大如图 8-12（b）、图 8-12（c）
所示。

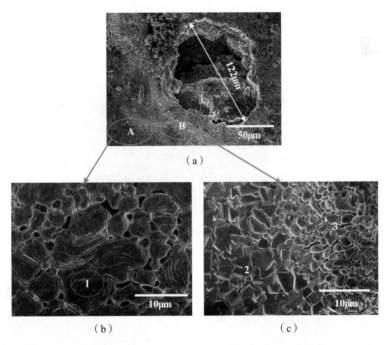

图 8-12　类型-Ⅱ盐膜成分下合金热腐蚀 30h 后微观组织局部 1 处形貌
（a）试样微观组织局部 1；（b）放大的微观组织 A；（c）放大的微观组织 B。

　　根据图 8-12（b）可知，腐蚀产物 A 的缝隙大小约为 1~5μm，主要位于
腐蚀产物之间，这说明这些缝隙是由于 A 类腐蚀产物的生长时间不充分，导
致腐蚀产物之间未完全连接造成。A 类腐蚀产物的表面并不平整，带有许多的
纹路。B 类腐蚀产物与 A 类腐蚀产物的形貌完全不同，靠近腐蚀坑的腐蚀产物
3 表现为蘑菇状，腐蚀产物之间存在一定缝隙，缝隙尺寸远远小于 1μm；而远
离腐蚀坑的腐蚀产物 2 呈镶嵌不均匀的宝石状，腐蚀产物之间看不到缝隙。腐

蚀产物 2 与腐蚀产物 3 之间紧密相连，不存在过渡腐蚀产物。

为进一步了解腐蚀产物 1、2、3，对于这三种腐蚀产物进行 X 射线能谱分析，分析图谱如图 8-13 所示，各腐蚀产物的元素组成见表 8-6。根据 EDS 分析可知，微观组织 1 处的腐蚀产物 1、腐蚀产物 2、腐蚀产物 3 均只含有 O、Co、Ni 三种元素，说明这三种腐蚀产物相似。其中，带有大缝隙的 1 类腐蚀产物含的 Co、Ni 元素原子数百分比接近 1∶1，说明该腐蚀产物中 Co、Ni 原子个数含量大致相同。而 2 类腐蚀产物、3 类腐蚀产物相对于 1 类腐蚀产物而言，Ni 元素含量更多，且腐蚀产物 3 的 Ni 元素含量比腐蚀产物 2 的 Ni 元素含量更高，即 Ni 元素含量：1 类腐蚀产物<2 类腐蚀产物<3 类腐蚀产物。因此，可以分析由于某种原因造成了试样表面 Ni 元素的迁移，使得试样表面 1 类腐蚀产物衍生出 2 类腐蚀产物、3 类腐蚀产物，当产生腐蚀产物 3 时，结合外部一些因素，导致试样表面出现坍塌，产生腐蚀坑。

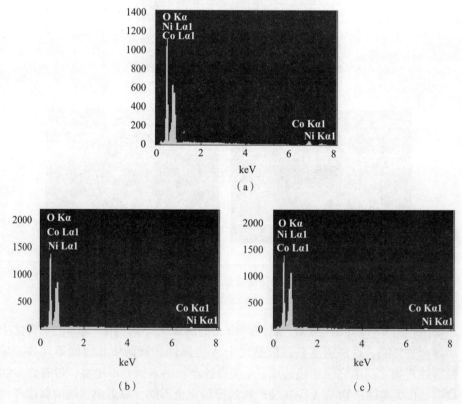

图 8-13　类型-Ⅱ盐膜成分下合金热腐蚀 30h 后微观组织局部 1 处 EDS 分析

(a) 腐蚀产物 1；(b) 腐蚀产物 2；(c) 腐蚀产物 3。

表 8-6　类型-Ⅱ盐膜成分下合金热腐蚀 30h 后微观组织局部 1 上产物元素组成

元素	位置					
	1		2		3	
	原子质量分数/%	质量分数/%	原子质量分数/%	质量分数/%	原子质量分数/%	质量分数/%
O	53.30	23.70	50.82	21.95	50.87	22.00
Co	25.54	41.88	20.58	32.75	15.55	24.73
Ni	21.17	34.42	28.60	45.31	33.58	53.27

对于类型-Ⅱ盐膜成分下热腐蚀 30h 后，试样表面出现剥落的局部微观组织 2，形貌观察如图 8-14 所示。由图可知，试样表面出现剥落，剥落表面与未剥落表面呈现出层状分布，这与图 8-12 中观察一致，但不同的是，局部微观组织 2 中的腐蚀层较厚且腐蚀层上附着有颗粒状腐蚀物，表面比较粗糙。此外，试样表面未剥落部位和剥落部位均出现微观裂纹，说明不仅试样表面的腐

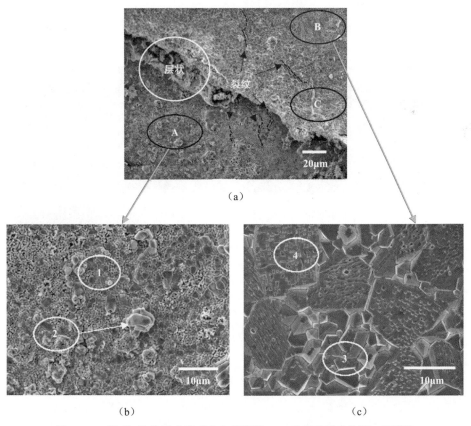

(a)

(b)　　　　　　　　　　　　(c)

图 8-14　类型-Ⅱ盐膜成分下合金热腐蚀 30h 后表面微观组织 1 处形貌

(a) 试样微观组织局部 2；(b) 放大的微观组织 A；(c) 放大的微观组织 B。

蚀层出现微裂纹，试样内部的腐蚀层上也在热腐蚀 30h 后出现微裂纹。试样微观组织局部 1 的剥落面上腐蚀产物 A 和未剥落面上腐蚀产物 B 处微观组织放大如图 8-14（b）和图 8-14（c）所示。

根据图 8-14（b）可知，试样剥落面上 A 类腐蚀产物分为两类腐蚀产物：1 类腐蚀产物呈大面积的小颗粒瘤状物，并存在裂纹；2 类腐蚀产物是附着在 1 类腐蚀产物表面的大颗粒瘤状物。试样未发生剥落的表面 B 类腐蚀产物微观组织放大后如图 8-14（c）所示，包含两类腐蚀物：腐蚀产物 3 和腐蚀产物 4。腐蚀产物 3 与腐蚀产物 4 交替镶嵌在试样表面，腐蚀产物 3 与图 8-12 中腐蚀产物 2 形状类似，不均匀镶嵌的宝石状，而腐蚀产物 4 的尺寸比腐蚀产物 3 的尺寸大，形状不规则，表面附着大量的白色小颗粒。而微观组织 C 处放大组织与图 8-12（c）中微观组织 B 处放大形貌一致，化学成分基本相同，说明在这两处的组织是一样的。分析可知，在出现剥落的边缘和腐蚀坑的边缘微观组织形貌与图 8-12（c）中微观形貌一致。

为研究合金在类型-Ⅱ盐膜成分下热腐蚀 30h 后试样表面的腐蚀产物，对图 8-14 中腐蚀物 1、2、3、4 进行 X 射线能谱分析，图谱如图 8-15 所示，各

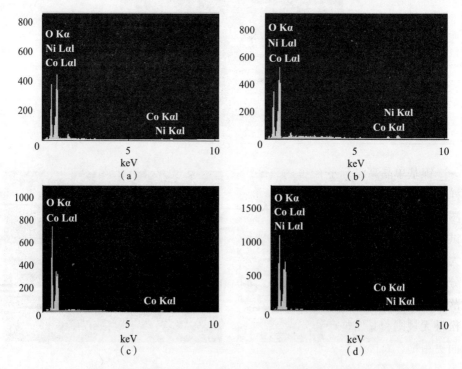

图 8-15　类型-Ⅱ盐膜成分下合金热腐蚀 30h 后微观组织局部 2 处 EDS 分析

（a）微观组织 1；（b）微观组织 2；（c）微观组织 3；（d）微观组织 4。

腐蚀产物的元素组成见表 8-7。根据 EDS 分析可知，未产生剥落的表面上微观组织 1 处的腐蚀产物 1、腐蚀产物 2、腐蚀产物 3 均含有 O、Co、Ni 三种元素，而腐蚀产物 4 只含有 O、Co 两种元素。说明试样的内腐蚀产物层主要是 Ni-Co 氧化物，试样在发生剥落处附近的腐蚀产物主要是 Ni-Co 氧化物和 Co 氧化物。腐蚀产物 1 与腐蚀产物 2 元素成分相似，但腐蚀产物 2 的 Ni 元素含量比腐蚀产物 1 更高，分析腐蚀产物 2 可能是腐蚀产物 1 析出的颗粒。腐蚀产物 3 的元素成分与图 8-12 中腐蚀产物 2 的元素成分非常接近，又由于两者形貌相同，可知腐蚀产物 3 与图 8-12 中腐蚀产物 2 是同一种腐蚀产物。而腐蚀产物 4 中只含有 O、Co 两种元素，且腐蚀产物 4 中 Co 原子数百分比约为腐蚀产物 3 中 Co 原子数百分比的 2 倍，分析可知，在热腐蚀产物的生长过程中，腐蚀产物 4 吸收 Co 元素，而腐蚀产物 3 吸收 Ni 元素，当 Ni 元素含量达到一定量后，腐蚀产物 3 转为图 8-12 中腐蚀产物 3，图 8-12 中腐蚀产物 3 处比较容易造成试样腐蚀产物的剥落或者造成试样表面出现坍塌，产生腐蚀坑。

表 8-7　类型-Ⅱ盐膜成分下合金热腐蚀 30h 后微观组织 1、2、3、4 处元素组成

元素	位置							
	1		2		3		4	
	原子质量分数/%	质量分数/%	原子质量分数/%	质量分数/%	原子质量分数/%	质量分数/%	原子质量分数/%	质量分数/%
O	30.53	10.69	23.48	7.71	51.95	22.74	66.45	34.95
Co	10.65	13.74	13.49	16.23	19.90	32.09	33.57	65.04
Ni	58.82	75.57	63.03	75.97	28.15	45.17	—	—

镍基单晶高温合金在 900℃ 中，在类型-Ⅲ盐膜成分下热腐蚀 30h 后，试样表面的微观组织形貌如图 8-16 所示，对应的能谱分析如图 8-17 所示。由图 8-16（a）可知，试样表面腐蚀层为层片状，彼此之间看不见腐蚀物黏结。试样发生剥落的表面和未发生剥落的表面均有微观裂纹产生，且裂纹缝隙较大、裂纹面较为光滑。根据图 8-16（a）中微观组织所处的腐蚀层位置，可以分为两类微观组织：微观组织 A、微观组织 B。微观组织 A 是试样表面发生剥落后的腐蚀产物，如图 8-16（c）所示，A 类微观组织形貌比较立体，表面疏松且无规则，其腐蚀产物分为 3 种：腐蚀产物 1、2、3，其中腐蚀产物 1、3 表面更粗糙，腐蚀产物 1 表现为片状，腐蚀产物 3 为更大的堆状，而腐蚀产物 2 表面较为平滑。微观组织 B 是试样表面未发生剥落的试样表面腐蚀产物，腐蚀产物之间排布较为紧密、规则，如图 8-16（d）所示，按照形貌不同，可以将

腐蚀产物可以分为 2 种。C 类腐蚀产物是对试样表面产生裂纹的位置观察，如图 8-16（b）所示，可以看出裂纹最宽为 10μm，裂纹附近腐蚀产物形状分布均匀、无明显变化，腐蚀产物之间排布紧密，缝隙微小，腐蚀物表面比较光滑，但存在随机分布的凹坑。

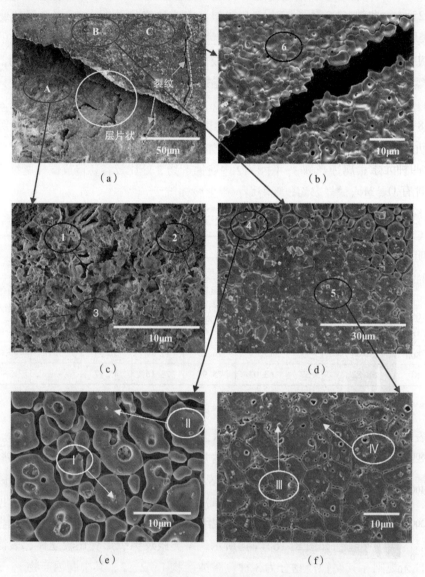

图 8-16　类型-Ⅲ盐膜成分下合金热腐蚀 30h 后表面微观组织形貌
（a）试样微观组织；（b）放大的微观组织 C；（c）放大的微观组织 A；
（d）放大的微观组织 B；（e）放大的微观组织 4；（f）放大的微观组织 5。

　　对试样表面未产生剥落的腐蚀产物微观组织 B 进一步观察，如图 8-16（d）所示，腐蚀产物分为腐蚀产物 4、5 两类，对这两种腐蚀产物进一步观察如图 8-16（e）、（f）所示。由图可知，腐蚀产物 4-Ⅱ呈椭圆状，大小不一，且大的腐蚀产物 4-Ⅱ上还存在凹坑，腐蚀产物之间存在缝隙，缝隙宽 0.5~2μm，长 1~25μm。此外，腐蚀产物 4-Ⅱ上面还附着有小颗粒的腐蚀产物 4-Ⅰ，分布随机。5 类腐蚀产物包含两种物质：5-Ⅲ腐蚀产物和 5-Ⅳ腐蚀产物，其中 5-Ⅳ腐蚀产物尺寸较大，表面存在小凹坑，腐蚀产物互相连接在一起，但有一定的缝隙，缝隙宽约 0.1μm；5-Ⅲ腐蚀产物附着在腐蚀产物 5-Ⅳ上，尺寸较小，略微透明。

　　对图 8-16 中微观组织 A、C 和微观组织 B 进行 EDS 分析，如图 8-17、图 8-18 所示，各腐蚀产物的元素含量见表 8-8、表 8-9。由图 8-17 和表 8-8 分析可知，产生剥落的腐蚀层上微观组织 A 处的腐蚀产物 1 含有 O、Al、Ni、Co 四种元素；腐蚀产物 2 主要含有 O、W、Ni、Al 四种元素；腐蚀产物 3 主要含有 O、Mo、Ni、Al 四种元素。分析可知，内层腐蚀产物含有的元素类型较多，主要为 Al、Co、W、Mo、Ni 的氧化物。未产生剥落的裂纹附近微观组织 C 上的产物 6 含 Ni、O、Co 三种元素，Ni 元素的原子质量分数超过 50%，说明主要是 Ni 氧化物。

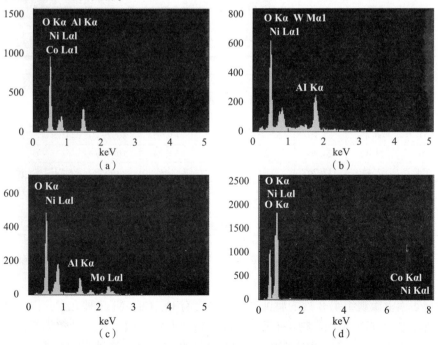

图 8-17　类型-Ⅲ盐膜成分下合金热腐蚀 30h 后微观组织 A、C 处 EDS 分析

（a）微观组织 1；（b）微观组织 2；（c）微观组织 3；（d）微观组织 6。

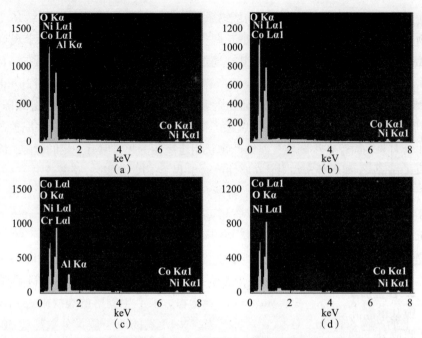

图 8-18　类型-Ⅲ盐膜成分下合金热腐蚀 30h 后微观组织 B 处 EDS 分析

（a）微观组织 4-Ⅰ；（b）微观组织 4-Ⅱ；（c）微观组织 5-Ⅲ；（d）微观组织 5-Ⅳ

表 8-8　类型-Ⅲ盐膜成分下合金热腐蚀 30h 后微观组织 A、C 处元素组成

元素	位置							
	1		2		3		4	
	原子质量分数/%	质量分数/%	原子质量分数/%	质量分数/%	原子质量分数/%	质量分数/%	原子质量分数/%	质量分数/%
O	60.45	37.85	68.35	21.32	61.70	30.29	34.08	12.34
Al	23.17	24.46	2.24	1.18	12.24	10.13	—	—
Co	7.48	17.26	—	—	—	—	8.21	10.95
Ni	8.90	20.43	11.46	13.13	15.00	27.01	57.71	76.71
Mo	—	—	—	—	11.06	32.57	—	—
W	—	—	17.95	64.37	—	—	—	—

　　微观组织 B 上的腐蚀产物 4-Ⅰ、4-Ⅱ、5-Ⅲ、5-Ⅳ的 EDS 分析结果如图 8-18所示，表 8-9 是各腐蚀产物的元素含量。根据 EDS 分析可知，未产生剥落的腐蚀层表面上微观组织 B 处的腐蚀产物主要含有 O、Co、Ni 三种元素，以及微量的 Al、Cr 元素。腐蚀产物 4-Ⅰ元素含量与腐蚀产物 4-Ⅱ元素含量较为接近，以O、Ni 元素为主，但 4-Ⅰ类腐蚀产物含有微量的 Al 元素。腐蚀产物 5-Ⅲ元素含量与腐蚀产物 5-Ⅳ元素含量较为接近，以 O、Co 元素为主，但 5-Ⅲ类腐蚀产物含

有微量的 Al、Cr 元素。结合微观组织 B 中的腐蚀产物 5 与微观组织 C 中的腐蚀产物 6 分析，发现出现剥落的边缘处与出现裂纹的边缘处腐蚀产物的形貌接近，但元素含量不同，裂纹的边缘处腐蚀产物含有高含量的 Ni 元素。

表 8-9　类型-Ⅲ盐膜成分下合金热腐蚀 30h 后微观组织 B 处元素组成

元素	位置							
	4-Ⅰ		4-Ⅱ		5-Ⅲ		5-Ⅳ	
	原子质量分数/%	质量分数/%	原子质量分数/%	质量分数/%	原子质量分数/%	质量分数/%	原子质量分数/%	质量分数/%
O	49.64	21.27	50.81	21.93	30.84	11.18	29.45	10.19
Al	0.68	0.49	—	—	4.4	2.69	—	—
Cr	—	—	—	—	1.47	1.74	—	—
Co	19.32	30.49	16.89	26.87	52.14	69.56	39.93	50.91
Ni	30.36	47.75	32.30	51.20	11.15	14.83	30.62	38.9

2. 合金热腐蚀 100h、200h 后表面微观组织形貌分析

镍基单晶高温合金在 900℃温度场中，在类型-Ⅰ、类型-Ⅱ、类型-Ⅲ三种盐膜成分下热腐蚀 100h、200h 后，试样表面的微观组织形貌以及能谱如图 8-19、图 8-20 所示。由图可知，在三种盐膜成分下热腐蚀 100h、200h 后，试样表面均存在裂纹，且裂纹的宽度、形状均不相同，分析在三种盐膜成分下热腐蚀 100h 后试样的表面一直有新的裂纹产生和扩展。

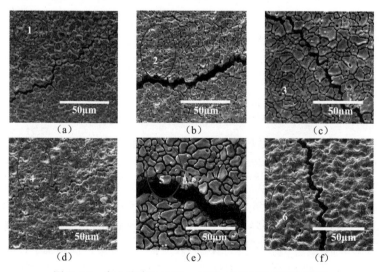

图 8-19　合金热腐蚀 100h、200h 后表面微观组织形貌

（a）类型-Ⅰ盐膜下腐蚀 100h；（b）类型-Ⅱ盐膜下腐蚀 100h；（c）类型-Ⅲ盐膜下腐蚀 100h；
（d）类型-Ⅰ盐膜下腐蚀 200h；（e）类型-Ⅱ盐膜下腐蚀 200h；（f）类型-Ⅲ盐膜下腐蚀 200h。

　　合金在类型-Ⅰ盐膜成分下热腐蚀100h、200h后试样表面的微观组织形貌如图8-19（a）、（d）所示。由图可知，在类型-Ⅰ盐膜成分下热腐蚀100h后，试样表面的腐蚀产物以紧凑排布的椭圆形颗粒为主，腐蚀产物颗粒之间存在缝隙，且颗粒表面存在凹坑和孔洞。图8-19（d）中试样热腐蚀200h后表面腐蚀产物与8-19（a）中腐蚀产物类似，椭圆形颗粒紧凑排布在试样的表面，但腐蚀产物颗粒之间的缝隙比热腐蚀100h时的小，说明试样在热腐蚀100~200h阶段内，表面的腐蚀产物类型没有发生太大变化，但表面腐蚀产物的颗粒随着热腐蚀的进行在长大。此外，试样在类型-Ⅰ盐膜成分下热腐蚀200h后表面腐蚀产物颗粒的凹坑深度更深，且孔洞的数量也大大增多。分析可知，在类型-Ⅰ盐膜成分下随着热腐蚀的进行，试样表面的腐蚀现象越来越严重。

　　图8-19（b）、（e）是镍基高温合金在类型-Ⅱ盐膜成分下热腐蚀100h、200h后观察到的试样表面微观组织形貌。由图可知，试样在类型-Ⅱ盐膜成分下热腐蚀100h后，表面的腐蚀产物以紧凑排布的表面存在凹坑的不规则形状颗粒为主，与试样在类型-Ⅰ盐膜成分下热腐蚀100h后试样表面腐蚀产物形貌类似，但腐蚀产物颗粒形状更加不规则、尺寸更大，颗粒之间的缝隙更大，且腐蚀产物颗粒上孔洞的数量非常少。当试样在同等盐膜成分下热腐蚀200h后，试样表面的腐蚀产物颗粒尺寸增大，腐蚀颗粒之间的缝隙也随之增大。

　　图8-19（c）是镍基高温合金在类型-Ⅲ盐膜成分下热腐蚀100h的试样表面微观组织形貌，图8-19（f）为同种试验条件下热腐蚀200h后表面微观组织形貌。由图可知，高温合金在类型-Ⅲ盐膜成分下热腐蚀100h后，试样表面的腐蚀产物由凹坑的不规则颗粒组成，分析可知，在类型-Ⅲ盐膜成分下，试样表面的腐蚀产物颗粒不均匀生长，在尺寸较大的颗粒表面存在少量的孔洞，且腐蚀产物颗粒之间存在非常大的缝隙。当高温合金在类型-Ⅲ盐膜成分下热腐蚀200h后，腐蚀产物颗粒尺寸增大，腐蚀产物之间的缝隙减小。腐蚀产物颗粒的尺寸仍然不均匀，说明在此种盐膜成分下试样表面的腐蚀产物颗粒不均匀生长。

　　为了进一步研究试样热腐蚀100h、200h后表面的腐蚀产物，对图8-19中各微观组织进行XRD分析，测试得到的谱图如图8-20所示，各腐蚀产物的元素含量见表8-10。由图8-20可知，试样在三种盐膜成分下热腐蚀100h、200h后表面的腐蚀产物均以O、Co、Ni元素为主，但各腐蚀产物中的这三种元素含量比例均不相同。分析表8-10可知，试样在类型-Ⅰ、类型-Ⅱ、类型-Ⅲ三种盐膜成分下热腐蚀100h后腐蚀产物1、2、3中的Co、Ni元素含量依次增加，O元素含量依次减少。其中，试样在类型-Ⅰ盐膜成分下表面腐蚀产物O元素质量分数超出50%，试样在类型-Ⅰ盐膜成分下表面腐蚀产物氧化最严重，类型-Ⅱ盐膜成分下次之，类型-Ⅲ盐膜成分下最轻。当试样在上述三种盐膜成分下热腐蚀

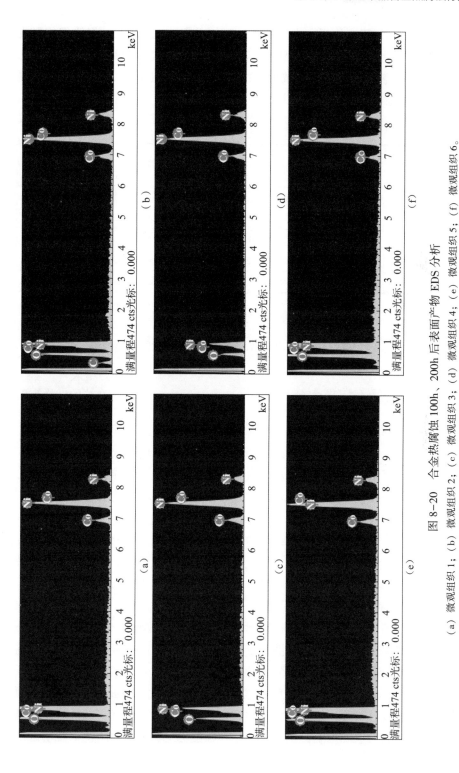

图 8-20　合金热腐蚀 100h、200h 后表面产物 EDS 分析

(a) 微观组织 1；(b) 微观组织 2；(c) 微观组织 3；(d) 微观组织 4；(e) 微观组织 5；(f) 微观组织 6。

200h 后，类型–I盐膜成分下腐蚀产物 O 元素含量减少，类型–Ⅱ、类型–Ⅲ盐膜成分下腐蚀产物 O 元素含量增加，腐蚀产物中 Co、Ni 元素含量按照类型–Ⅰ、类型–Ⅱ、类型–Ⅲ盐膜成分依次减少，这表示热腐蚀 200h 后，在类型–Ⅲ盐膜成分下试样表面氧化最为严重。

表 8-10　三种盐膜成分下合金热腐蚀 100h、200h 后各腐蚀产物元素组成

元素	位置											
	1(100h)		2(100h)		3(100h)		4(200h)		5(200h)		6(200h)	
	原子质量分数/%	质量分数/%	原子质量分数/%	质量分数/%	原子质量分数/%	质量分数/%	原子质量分数/%	质量分数/%	原子质量分数/%	质量分数/%	原子质量分数/%	质量分数/%
O	63.67	32.31	54.88	24.76	44.28	17.80	46.18	18.94	59.82	28.85	67.16	35.77
Co	4.72	8.83	5.22	8.73	8.27	12.23	6.05	9.14	5.05	8.98	3.17	6.23
Ni	31.61	58.86	39.90	66.51	47.45	69.97	47.78	71.92	35.13	62.17	29.67	58.00

8.6　热腐蚀产物结构分析

8.6.1　类型–Ⅰ盐膜成分

由于扫描电镜的背散射电子是被固体试样反射回来的一部分入射电子，受试样微区的原子核效应影响，因此，当试样表面的原子序数或化学成分存在差异时，试样的背散射电子像就会表现出成分衬度。即，当试样表面存在元素的不均匀分布时，在平均原子序数较大的微区会产生强烈的背散射电子信号，在背散射电子像上映射出亮的衬度；反之，平均原子序数小的区域会在背散射电子像上显示为暗区。因此，根据试样的背散射电子像中区域的明暗可以比较清晰地直观判断对应区域的平均原子序数的相对大小，进而对比分析试样表面微观组织的成分差异。

为了研究试样腐蚀产物截面形貌和腐蚀产物层分布规律，对试样的横截面进行抛光并用场发射扫描电镜进行观测。在类型–Ⅰ盐膜成分下热腐蚀 200h 后，试样横截面背散射电子像如图 8-21（a）所示，对试样横截面采用线扫描得到的各元素分布、各微观组织的 X 射线能谱如图 8-21（b）、（c）所示。

由图 8-21（a）可知，在类型–Ⅰ盐膜成分下热腐蚀 200h，试样的横截面出现了明显的成分衬度，结合线扫描得到的各元素分布，可以将试样热腐蚀产物可以分为外腐蚀层和内腐蚀层两部分。外腐蚀层主要表现为暗色，说明该部

分腐蚀产物平均原子序号偏小；内腐蚀层主要表现为亮色，说明该部分腐蚀产物平均原子序数偏小。结合元素的线扫描分布图可知，造成横截面上出现这种成分衬度的原因是外腐蚀层比内腐蚀层 O 元素含量比内腐蚀层更多，使得外腐蚀层的平均原子序数偏小。

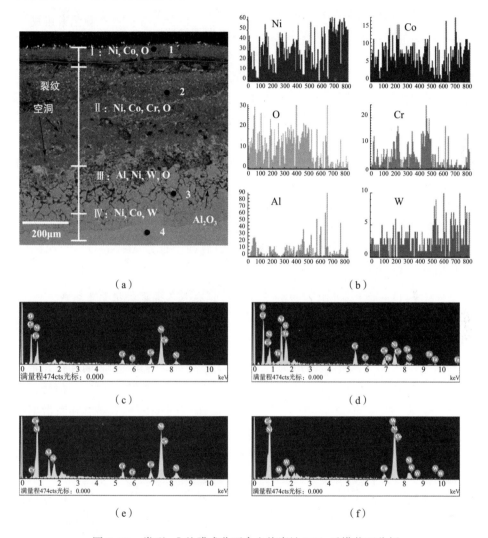

图 8-21　类型- I 盐膜成分下合金热腐蚀 200h 后横截面分析

（a）试样横截面的背散射电子像；（b）试样横截面线扫描元素分布；（c）微观组织 1 处 EDS 分析；（d）微观组织 2 处 EDS 分析；（e）微观组织 3 处 EDS 分析；（f）微观组织 4 处 EDS 分析。

　　按照腐蚀产物的形貌，外腐蚀层可以分为腐蚀层 I 、腐蚀层 II ，内腐蚀层可以分为腐蚀层 III 和腐蚀层 IV 。其中，腐蚀层 I 结构比较致密，腐蚀层 II 结构则相对较为疏松，且腐蚀层Ⅱ上存在明显的空洞。腐蚀层Ⅰ与腐蚀层Ⅱ之间存在明显的裂纹。根据线扫描可知，腐蚀层Ⅰ主要分布的元素含量从高到低依次为 Ni、Co、O；腐蚀层Ⅱ主要分布的元素含量从高到低依次为 Ni、Co、Cr、O。内腐蚀层结构致密，其中腐蚀层Ⅲ上含有大量 Al₂O₃，如图 8-21（a）中所示为黑色线条状物质，分布的元素主要是 Al、Ni、W、O；腐蚀层Ⅳ颜色最明亮，该层上 O 元素分布非常少，可以理解为无氧层。

为了进一步分析试样各腐蚀层的腐蚀产物特征，对腐蚀层Ⅰ、Ⅱ、Ⅲ、Ⅳ上微观组织 1、2、3、4 分别进行 X 射线能谱分析，测试得到的能谱如图 8-21（c）~（f）所示，谱图各元素质量百分数和原子质量百分数如表 8-11 所列。根据各微观组织的能谱分析可知，腐蚀层Ⅱ、Ⅲ上包含的元素较为复杂，腐蚀层Ⅱ微观组织 2 由 Ni、Co、Cr、O、Al、Si、Ta 七种元素组成，腐蚀层Ⅲ微观组织 3 由 Ni、Co、Cr、O、Al、Si 六种元素组成，而微观组织 3 中 Al 元素含量高于微观组织 2 中 Al 元素含量；而腐蚀层 1、4 中元素较为简单，其中，腐蚀层Ⅰ微观组织 1 由 Ni、Co、Cr、O 四种元素组成，腐蚀层Ⅳ微观组织 4 由 Ni、Co、W 三种元素组成。因此，可以简单将四种腐蚀层进行元素划分：腐蚀层Ⅰ为 Ni-Co-O 氧化区，腐蚀层Ⅱ为复杂元素氧化区，腐蚀层Ⅲ为 Al-Ni-O 区，腐蚀层Ⅳ为 Ni-Co-W 无氧区。

表 8-11 类型-Ⅰ盐膜成分下合金横截面上各微观组织元素组成

元素	位置							
	1		2		3		4	
	原子质量分数/%	质量分数/%	原子质量分数/%	质量分数/%	原子质量分数/%	质量分数/%	原子质量分数/%	质量分数/%
O	57.05	26.73	60.96	33.19	35.78	21.74	—	—
Al	—	—	13.1	12.03	19.45	13.20	—	—
Cr	2.80	4.27	5.59	9.89	2.20	2.95	—	—
Co	6.40	11.03	4.68	9.40	5.16	7.85	7.17	6.76
Ni	33.73	57.97	9.98	19.95	34.36	52.03	89.76	84.22
W	—	—	—	—	—	—	3.07	9.02
Si	—	—	3.74	3.57	3.05	2.23	—	—
Ta	—	—	1.95	11.97	—	—	—	—

为了更加直观地分析从腐蚀层Ⅰ到腐蚀层Ⅳ中元素含量的变化，根据四种微观组织中 Ni、Co、Cr、O、Al 五种元素含量进行统计，并绘制各元素质量分

数与微观组织关系图，如图 8-22 所示。由图可知，Ni 元素在腐蚀层Ⅳ上含量最多，其次是腐蚀层Ⅰ，腐蚀层Ⅱ中最少，而 O 与 Cr 元素则与之正好相反，在腐蚀层Ⅱ上含量最多；随着腐蚀深度的增加，Al 元素含量先增加再减少，在腐蚀层Ⅲ上最多；Co 元素含量随着腐蚀深度的增加略微降低。分析可知，腐蚀层Ⅱ上氧化最为严重，腐蚀产物组成最为复杂，且试样中含量较少的 Cr 元素在该腐蚀层含量最多；Al 元素主要分布在腐蚀层Ⅲ上，但在腐蚀层Ⅱ上少量分布，即 Al_2O_3 在腐蚀层Ⅲ上大量分布，与试样横截面背散射电子像的观察结果一致。

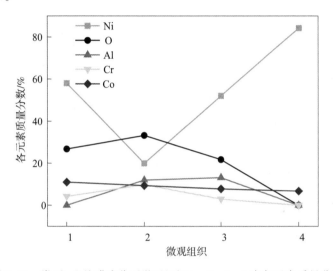

图 8-22　类型-Ⅰ盐膜成分下微观组织 1、2、3、4 中各元素质量分数

8.6.2　类型-Ⅱ盐膜成分

图 8-23（a）是试样在类型-Ⅱ盐膜成分下热腐蚀 200h 后的横截面背散射电子像，图 8-23（b）、（c）是试样横截面采用线扫描得到的各元素分布、各微观组织的 XRD。与在类型-Ⅰ盐膜成分下热腐蚀 200h 后试样的横截面形貌类似，试样在类型-Ⅱ盐膜成分下热腐蚀 200h 后，横截面也出现了明显的成分衬度，结合线扫描得到的各元素分布，同样可以将试样热腐蚀产物可以分为外腐蚀层（平均原子序数小）和内腐蚀层（平均原子序数大）两部分。

按照腐蚀产物的形貌，外腐蚀层可以分为腐蚀层Ⅰ、腐蚀层Ⅱ，内腐蚀层可以分为腐蚀层Ⅲ和腐蚀层Ⅳ。该试验条件下，外腐蚀层与试样在类型-Ⅰ盐膜成分下热腐蚀 200h 后试样的横截面形貌，相同的是，腐蚀层Ⅰ结构比较致密，腐蚀层Ⅱ结构则相对较为疏松，腐蚀层Ⅱ上存在空洞；不同的是在类型-Ⅱ盐膜成分下腐蚀层Ⅱ上的空洞数量明显比在类型-Ⅰ盐膜成分下的空洞数量少，且在腐蚀层Ⅰ与腐蚀层Ⅱ之间不存在明显的裂纹。根据图 8-23（b）可知，腐蚀层Ⅰ主要分布的元素含量从高到低依次为 Ni、Co、O；腐蚀层Ⅱ主要分布的元素含量从高到低依次为 Ni、Co、Cr、O。试样的内腐蚀层结构与类型-Ⅰ盐膜成分下形貌类似，腐蚀层Ⅲ致密且含有大量的 Al_2O_3，腐蚀层Ⅳ亮度最明亮，该层上 O 元素分布非常少，同样可以理解为无氧层；不同的是，试样腐蚀层Ⅲ在类型-Ⅰ盐膜成分下的 Al_2O_3 为随机分布的线条状，而在类型-Ⅱ盐膜成分下腐蚀层Ⅲ上的 Al_2O_3 为定向分布的长条状。此外，腐蚀层Ⅱ与腐蚀层Ⅲ之间存在明显的裂纹，这可能是由于两者之间元素的巨大差异造成的。

对腐蚀层Ⅰ、Ⅱ、Ⅲ、Ⅳ上微观组织 1、2、3、4 分别进行 XRD 分析，测试得到的能谱如图 8-23（c）、（d）、（e）、（f）所示，谱图各元素质量分数和原子质量分数如表 8-12 所列。根据各微观组织的能谱分析可知，腐蚀层Ⅲ上包含的元素较为复杂，腐蚀层Ⅲ微观组织 3 由 Ni、Co、Cr、O、Al、Ta、C 七种元素组成；腐蚀层Ⅰ、Ⅱ、Ⅳ上微观组织 1、2、4 中元素较为简单，其中，腐蚀层Ⅰ微观组织 1 由 Ni、Co、O 三种元素组成，腐蚀层Ⅱ微观组织 2 由 Ni、Co、Cr、O、Al 五种元素组成，腐蚀层Ⅳ微观组织 4 由 Ni、Co、Al、W 四种元素组成。因此，可以简单将四种腐蚀层进行元素划分：腐蚀层Ⅰ为 Ni-Co-O 氧化区，腐蚀层Ⅱ为 Ni-Co-Cr-O 氧化区，腐蚀层Ⅲ为复杂氧化区，但是以 Al、Ni 元素的氧化为主，腐蚀层Ⅳ为 Ni-Co-Al 无氧区。

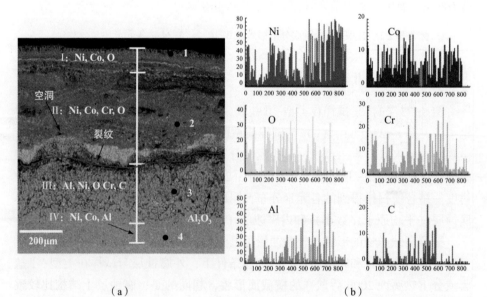

（a）　　　　　　　　　　　（b）

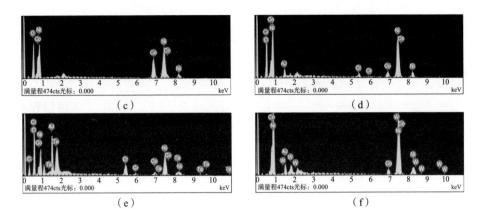

图 8-23　类型-Ⅱ盐膜成分下合金热腐蚀 200h 后横截面分析

（a）试样横截面的背散射电子像；（b）试样横截面线扫描元素分布；（c）微观组织 1 处 EDS 分析；
（d）微观组织 2 处 EDS 分析；（e）微观组织 3 处 EDS 分析；（f）微观组织 4 处 EDS 分析。

　　上述微观组织 1、2、3、4 中包含的各元素质量分数和原子质量分数如表 8-12 所列。图 8-24 是根据四种微观组织中 Ni、Co、Cr、O、Al 五种元素含量进行统计并绘制各元素质量分数与微观组织关系图。由图可知，Ni 元素在腐蚀层Ⅳ上含量最多，其次是腐蚀层Ⅱ，腐蚀层Ⅲ中最少，而 O、Al、Cr 三种元素则与之正好相反，在腐蚀层Ⅲ上这三种元素含量显著高于其他腐蚀层上元素含量；而 Co 元素含量随着腐蚀深度的增加明显降低。分析可知，腐蚀层Ⅲ上氧化最为严重，腐蚀产物组成比较复杂，但腐蚀产物还是以 Al、Ni 氧化物为主。

表 8-12　类型-Ⅱ盐膜成分下合金横截面上各微观组织元素组成

元素	位置							
	1		2		3		4	
	原子质量分数/%	质量分数/%	原子质量分数/%	质量分数/%	原子质量分数/%	质量分数/%	原子质量分数/%	质量分数/%
O	52.04	22.8	52.96	24.34	62.19	34.99	—	—
Al	—	—	3.75	2.91	12.11	11.49	8.99	4.16
Cr	—	—	1.49	2.22	3.91	7.14		
Co	16.82	27.15	3.94	6.58	1.60	3.30	6.15	6.22
Ni	31.14	50.05	37.86	63.95	15.51	32.04	82.93	83.53
Ta	—	—	—	—	1.52	9.69		
W	—	—	—	—			1.93	6.09
C	—	—	—	—	3.16	1.35		

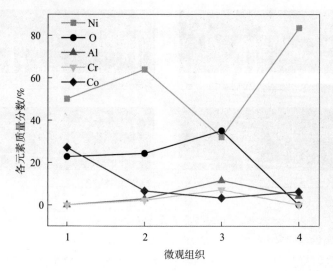

图 8-24 类型-Ⅱ盐膜成分下微观组织 1、2、3、4 中各元素质量分数

8.6.3 类型-Ⅲ盐膜成分

图 8-25（a）是试样在类型-Ⅲ盐膜成分下热腐蚀 200h 后的横截面背散射电子像，图 8-25（b）、（c）是试样横截面采用线扫描得到的各元素分布、各微观组织的 X 射线能谱图。与前两种盐膜成分对比，在类型-Ⅲ盐膜成分下热腐蚀 200h 后试样腐蚀层厚度明显增加，且腐蚀产物按照背散射电子像和线扫描得到的各元素分布也可以分为外腐蚀层（平均原子序数小）和内腐蚀层（平均原子序数大）两部分。

按照腐蚀产物的形貌，外腐蚀层可以分为腐蚀层Ⅰ、腐蚀层Ⅱ，内腐蚀层可以分为腐蚀层Ⅲ和腐蚀层Ⅳ。在该试验条件下，腐蚀层Ⅰ结构比较致密，腐蚀层Ⅱ结构则相对较为疏松，腐蚀层Ⅱ上存在空洞，空洞的数量与在类型-Ⅱ盐膜成分下腐蚀层Ⅱ上的空洞数量接近。由图 8-25（b）可知，腐蚀层Ⅰ主要分布的元素含量从高到低依次为 Ni、O；腐蚀层Ⅱ主要分布的元素含量从高到低依次为 Ni、O、Al、Cr。试样的内腐蚀层结构与类型-Ⅰ盐膜成分下形貌类似，腐蚀层Ⅲ致密且含有大量的 Al_2O_3，且 Al_2O_3 为随机分布的线条状，腐蚀层Ⅳ亮度最明亮，该层上 O 元素分布非常少，同样可以理解为无氧层；不同的是，试样腐蚀层Ⅲ上 Al_2O_3 线条密度更小，说明在类型-Ⅲ盐膜成分下试样腐蚀层Ⅲ上 Al_2O_3 含量低于在类型-Ⅰ盐膜成分下腐蚀层Ⅲ上 Al_2O_3 含量。

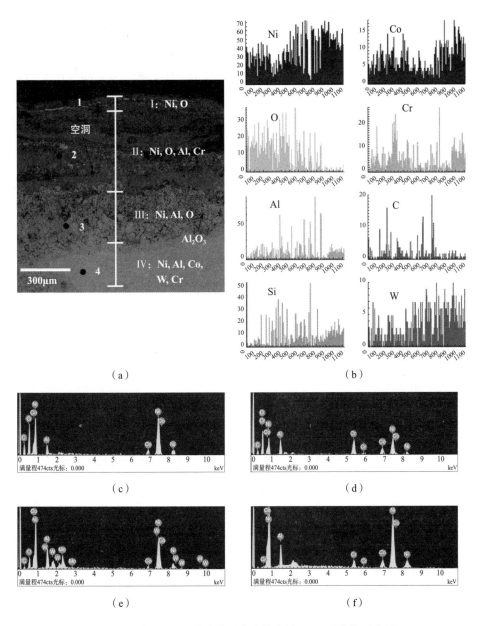

图 8-25　类型-Ⅲ盐膜成分下合金热腐蚀 200h 后横截面分析

（a）试样横截面的背散射电子像；（b）试样横截面线扫描元素分布；（c）微观组织 1 处 EDS 分析；
（d）微观组织 2 处 EDS 分析；（e）微观组织 3 处 EDS 分析；（f）微观组织 4 处 EDS 分析。

对腐蚀层Ⅰ、Ⅱ、Ⅲ、Ⅳ上微观组织 1、2、3、4 分别进行 X 射线能谱分析，测试得到的能谱如图 8-25（c）~（f）所示，能谱图各元素质量分数和原子质量分数如表 8-13 所列。根据各微观组织的能谱分析可知，腐蚀层 Ⅰ、Ⅱ、Ⅲ 上包含的元素较为复杂，腐蚀层 Ⅲ 微观组织 3 由 Ni、Co、O、Al、Mo、W、C 七种元素组成，以 Ni、Mo、Al、O 元素为主；腐蚀层 Ⅱ 微观组织 2 由 Ni、Co、Cr、Al、O、C 六种元素组成，以 Ni、Co、Cr、O 元素为主；腐蚀层 Ⅰ 微观组织 1 由 Ni、Co、Al、O、C 五种元素组成，以 Ni、Co、O 元素为主。腐蚀层 Ⅳ 上微观组织 4 中元素较为简单，由 Ni、Al、Cr、Co 四种元素组成，以 Ni、Co 元素为主。因此，可以简单将四种腐蚀层进行元素划分：腐蚀层 Ⅰ 为 Ni-Co-O 氧化区，腐蚀层 Ⅱ 为 Ni-Co-Cr-O 氧化区，腐蚀层 Ⅲ 氧化物较为复杂，但是以 Al、Mo、Ni 元素的氧化为主，腐蚀层 Ⅳ 为 Ni-Co 无氧区。

表 8-13 类型-Ⅲ盐膜成分下合金横截面上各微观组织元素组成

元素	位置							
	1		2		3		4	
	原子质量分数/%	质量分数/%	原子质量分数/%	质量分数/%	原子质量分数/%	质量分数/%	原子质量分数/%	质量分数/%
O	48.5	22.79	47.42	22.79	32.83	12.51	—	—
Al	5.73	4.54	10.81	8.76	14.57	9.36	7.84	5.87
Cr	—	—	9.86	15.41	—	—	5.21	4.75
Co	4.56	7.89	7.74	13.7	2.81	3.94	10.65	10.99
Ni	36.64	63.17	21.83	38.5	40.17	56.15	76.30	78.39
Mo	—	—	—	—	5.04	11.51	—	—
W	—	—	—	—	1.27	5.58	—	—
C	4.57	1.61	2.34	0.84	3.31	0.95	—	—

上述微观组织 1、2、3、4 中包含的各元素质量百分数和原子百分数如表 8-13 所列。图 8-26 是根据四种微观组织中 Ni、Co、Cr、O、Al 五种元素含量进行统计并绘制各元素质量分数与微观组织的关系图。由图可知，Ni 元素在腐蚀层 Ⅳ 上含量最多，其次是腐蚀层 Ⅰ，腐蚀层 Ⅱ 中最少，腐蚀层 Ⅳ 上以 Ni 元素含量为主；而 O 元素含量随着腐蚀深度的增加明显降低，在腐蚀层 Ⅰ 上含量最多，说明在腐蚀层 Ⅰ 上氧化最严重；Al 元素含量在腐蚀层 Ⅲ 上最多，Co、Cr 元素含量在腐蚀层 Ⅲ 上最少，说明在腐蚀层 Ⅲ 上以 Al_2O_3 为主。

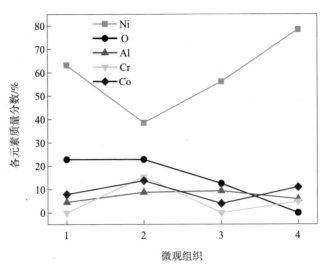

图 8-26　类型-Ⅲ盐膜成分下微观组织 1、2、3、4 中各元素质量分数

8.7　盐膜成分对合金腐蚀程度的影响

为了分析镍基单晶高温合金的热腐蚀机理，统计并对比分析了试样在类型-Ⅰ、类型-Ⅱ、类型-Ⅲ三种盐膜成分下腐蚀 200h 后横截面中腐蚀层厚度，如图 8-27 所示。根据上面对试样在三种盐膜成分下横截面上元素分布的分析可知，试样在腐蚀层Ⅳ上 O 元素含量微少，可以忽略不计，因此在下面分析试样的腐蚀情况中，将主要对腐蚀层Ⅰ、Ⅱ、Ⅲ进行分析。

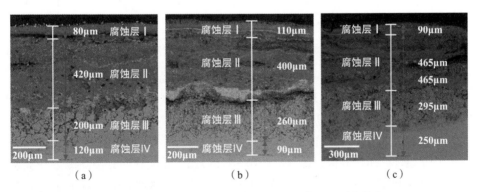

图 8-27　三种盐膜成分下热腐蚀 200h 后腐蚀层厚度分布

（a）类型-Ⅰ类型下腐蚀层；（b）类型-Ⅱ类型下腐蚀层；（c）类型-Ⅲ类型下腐蚀层。

由图 8-27 可知，在类型-Ⅰ、类型-Ⅱ、类型-Ⅲ三种盐膜成分下试样腐蚀产物总厚度分别为 820μm、860μm、1100μm，其中腐蚀层Ⅰ、Ⅱ、Ⅲ总厚度分别为 700μm、770μm、850μm，腐蚀层厚度越来越厚，说明试样在类型-Ⅰ、类型-Ⅱ、类型-Ⅲ三种盐膜成分下热腐蚀程度越来越重。试样在类型-Ⅰ盐膜成分下外腐蚀层（腐蚀层Ⅰ和腐蚀层Ⅱ）厚度 500μm，在类型-Ⅱ盐膜成分下外腐蚀层厚度 510μm，在类型-Ⅲ盐膜成分下外腐蚀层厚度 495μm，说明试样在三种盐膜成分下外腐蚀层厚度基本一致。试样内腐蚀层上腐蚀层Ⅲ在类型-Ⅰ、类型-Ⅱ、类型-Ⅲ盐膜成分下厚度依次增加，厚度值分别为 200μm、260μm、295μm。因此，试样在类型-Ⅰ、类型-Ⅱ、类型-Ⅲ盐膜成分下腐蚀厚度的不同主要取决于内腐蚀层，尤其腐蚀层Ⅲ，即试样在类型-Ⅲ盐膜成分下腐蚀层Ⅲ增长速度大于前两种试验条件下腐蚀层增长速度，从而使得试样在类型-Ⅲ盐膜成分下腐蚀层厚度最厚。

图 8-27（a）是试样在类型-Ⅰ盐膜成分下热腐蚀 200h 后腐蚀层厚度分布图，可知，腐蚀层Ⅱ最厚，厚度为 420μm；其次是腐蚀层Ⅲ，厚度为 200μm；腐蚀层Ⅲ最薄，厚度为 80μm。分析试样在类型-Ⅱ、类型-Ⅲ盐膜成分下腐蚀层厚度分布趋势与试样在类型-Ⅰ盐膜成分下腐蚀层厚度分布趋势一致，均表现为腐蚀层Ⅱ最厚，而腐蚀层Ⅰ最薄。

根据上述对试样横截面元素分布的分析可知，试样在三种盐膜成分下热腐蚀 200h 后横截面腐蚀产物均可以分为四层：腐蚀层Ⅰ主要为 Ni-Co 氧化物，腐蚀层Ⅱ为大量的 Ni-Co-Cr 氧化物以及少量的 Al 氧化物，腐蚀层Ⅲ为大量的 Al 氧化物以及部分的 Ni-Co-Cr 氧化物，腐蚀层Ⅳ为大量的 Ni-Co-Al 元素。其中，腐蚀层Ⅰ、Ⅱ、Ⅲ为氧化区，而腐蚀层Ⅳ为无氧区。

8.8　本章小结

本章结合 XRD、SEM 以及 EDS 分析对镍基单晶高温合金在类型-Ⅰ、类型-Ⅱ、类型-Ⅲ三种涂盐环境下 900℃进行热腐蚀试验后，对试样表面腐蚀产物、试样横截面腐蚀产物进行了分析，研究了涂盐环境对试样热腐蚀微观组织的影响，结论如下：

（1）通过 XRD 分析，试样在类型-Ⅰ和类型-Ⅱ盐膜成分下热腐蚀 30h 检测出保护性的氧化物（Ni, Co）Al_2O_3，说明试样在这两种盐膜成分下，在热腐蚀的初期阶段具有一定的抗腐蚀性，这与第 7 章的热腐蚀动力学规律中的分析结果表现一致。

（2）试样表面在三种涂盐环境下热腐蚀 30h 后表面均观测到微裂纹，表面腐蚀产物尚未完全生长，腐蚀产物形貌各不相同；热腐蚀 100h、200h 后试样表面腐蚀产物生长充分、形貌相似，均为 Ni、Co 元素的氧化物。其中，试样热腐蚀 100h 后，在类型-Ⅰ涂盐环境下表面腐蚀产物 O 元素含量最高，氧化最严重；试样热腐蚀 200h 后，在类型-Ⅲ涂盐环境下表面腐蚀产物 O 元素含量最高，氧化最严重。

（3）试样在三种涂盐环境下热腐蚀 200h 横截面形貌类似，均可以分为四层：腐蚀层Ⅰ主要为 Ni-Co 氧化物，腐蚀层Ⅱ为大量的 Ni-Co-Cr 氧化物以及少量的 Al 氧化物，腐蚀层Ⅲ为大量的 Al 氧化物以及部分的 Ni-Co-Cr 氧化物，腐蚀层Ⅳ为大量的 Ni-Co-Al 元素。其中，腐蚀层Ⅰ、Ⅱ、Ⅲ为氧化区，而腐蚀层Ⅳ为无氧区。腐蚀层Ⅰ最薄，腐蚀层Ⅱ最厚、最疏松，而不同盐膜成分下腐蚀层的总厚度区别主要取决于腐蚀层Ⅲ的差异。

参考文献

［1］BELCHER P R, BIRD R J, WILSON R W. Black plague. corrosion of aircraft turbine blades in hot corrosion problems associated with gas turbines ［J］. American Society for Testing and Materials, 1967, 421: 123-145.

［2］RIZHANG Z, MANJIOU G, YU Z. A study of the mechanism of internal sulfidation-internal oxidation during hot corrosion of Ni-base alloys ［J］. Oxidation of Metals, 1987, 27 (5): 253-265.

［3］梁春华, 红霞, 索德军. 美国航空航天平台与推进系统的未来发展及启示 ［J］. 航空发动机, 2013, 39 (3): 6-11.

［4］陈懋章. 航空发动机技术的发展 ［J］. 科学中国人, 2015, 10: 10-19.

［5］KAN Z, FIDA S, NISAR F, et al. Investigation of intergranular corrosion in 2nd stage gas turbine blades of an aircraft engine ［J］. Engineering Failure Analysis, 2016, 68: 197-209.

［6］KONTER M, THUMANN M. Materials and manufacturing of advanced industrial gas turbine components ［J］. Journal of Materials Processing Technology, 2001, 117 (3): 386-390.

［7］POMEROY M J. Coatings for gas turbine materials and long term stability issues ［J］. Materials & Design, 2005, 26 (3): 223-231.

［8］MICHAEL T, BRIAN G, FREDERICK P, et al. Compositional factors affecting protective alumina formation under type II hot corrosion conditions ［J］. Oxidation of Metals, 2013, 80 (5-6): 541-552.

［9］SINGH H, PURI D, PRAKASH S. Studies of plasma spray coatings on a Fe-base superalloy, their structure and high temperature oxidation behaviour ［J］. Anti-Corrosion Methods and Materials, 2005, 52 (2): 84-95.

第9章
镍基单晶合金电化学腐蚀行为

9.1 引言

镍基单晶高温合金具有明显的晶体各向异性[1]。在过去的几年里,一些关于晶体取向对高温合金性能影响被研究,但是它们主要集中在晶体取向与合金的蠕变,疲劳和抗氧化性能之间的关系[2-4]。对于高温合金的电化学腐蚀行为与晶体取向之间联系的关注很少。传统上,高温合金的电化学腐蚀倾向与表面原子堆积密度有直接关系,也是说一个具有小的原子配位和松的结合力的疏松堆积面容易受电化学腐蚀的攻击[5-7]。实际上,与晶体取向有关的腐蚀行为被认定取决于合金的原子密排度的差异[8],但是材料的腐蚀抗性与在一定腐蚀介质中形成的一层薄的保护性钝化膜有关[9]。对于镍基单晶高温合金而言,与钝化膜相关的不同晶体取向的腐蚀机制尚不明确。

考虑到上述内容,表面原子堆积密度和钝化膜的保护性能是解释与晶体取向有关的镍基单晶高温合金腐蚀机制的两个重要因素。本章系统地研究了(001)、(011)和(111)三种取向镍基单晶高温合金在质量分数为3.5%NaCl溶液中的腐蚀抗性。对于不同取向的试样,研究了表面原子堆积密度与钝化膜。通过电化学手段,如动电位极化、电流-时间瞬变现象、电化学阻抗,评估了电化学腐蚀行为。通过电子扫描电镜,原子力显微镜和X射线能谱进行分析钝化膜特征。最后,提出了具有晶体取向相关性的镍基单晶高温合金的腐蚀机理。

9.2 不同取向电化学腐蚀试验

9.2.1 材料与预处理

试样尺寸为 10mm×10mm×4mm，嵌入冷固化环氧树脂有暴露面积为 10mm×10mm。在进行电化学测试前，三种取向试样通过 SiC 砂纸机械抛光，金刚石研磨膏抛光为镜面表面，随后用酒精去除油脂，采用蒸馏水超声波清洗。为保证只有试样的工作表面暴露在电解液中，采用牙托粉将试样工作表面以外的部分裹起来。制样过程：先用电烙铁、锡丝、导线在试样工作表面的背面黏结导线；再将黏结好导线的试样竖直放立，套上预先做好的纸筒，保证试验的工作表面与纸筒的横截面齐平，用牙托粉和牙托水以 2∶1 比例填充纸筒；待牙托粉凝固后，依次在 800#、1500#、2000# 水砂纸和水绒布（0.5# 研磨膏）上进行抛光，随后用酒精、去离子水清洗试样，烘干待用。

9.2.2 电化学测试

本章中所有的电化学测试试验均采用武汉科思特仪器有限公司产 CorrTest 电化学工作站（型号 CS300H）进行测量。电化学测试被执行在一个传统的三电极系统中，其中试样、石墨棒和 KCl 饱和甘汞电极（SCE）被分别用作工作电极，反比电极和参考电极。在进行电化学测试之前，监测开路电位（Eocp）达 1.5h 以获得稳定的测试电压。动电位极化曲线测试从 -2~2.5V 以 1mV/s 速度进行。

为了分析钝化膜特征，通过动电位极化曲线选择钝化电压 0.15V 对镍基单晶高温合金执行横电位极化测试 3h。在 Eocp 下进行电化学交流阻抗谱（EIS）测试，试验条件为交流机理幅值 10mV 以及宽频变化从 100kHz 到 0.01Hz。电化学结果采用商业软件 Zview 进行分析。所有电化学测试都在室温条件下质量分数为 3.5% 的 NaCl 溶液中进行并且重复三次以确保数据的可重复性。

9.2.3 微观结构表征

镍基单晶高温合金的相结构通过有 Cu 射线的 XRD 测试确认。经过电化学测试，试样的表面形态通过扫描电镜和原子力显微镜分析。对应的钝化膜化学成分通过 X 射线光电子能谱仪（XPS）确定。结合能为 285eV 的 C1 峰被当作参考校正 XPS 所有峰。

9.3　电化学腐蚀产物物相表征

图 9-1 展示了镍基单晶高温合金在不同方向上的 XRD 图谱。（001）、（011）和（111）三种取向试样分别具有（200）、（220）和（111）优先取向。所有试样的衍射谱图都有一个具有明确的单晶衍射线的强烈的峰，暗示了每个试样的单晶结构的存在。（001）取向镍基单晶经过标准热处理后的 SEM 形貌如图 9-2（a）所示，表明了单晶由基体相和均匀镶嵌在基体相中的立方体强化相组成。结合 TEM 图像和对应的元素谱图，发现 Ni，Ta，Al 元素主要分布在 γ′ 相中，Co 和 Cr 主要分布在 γ 相中，W 元素在两相中都存在。

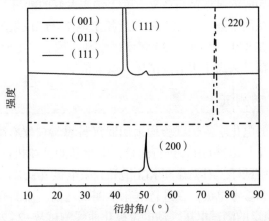

图 9-1　（001）、（011）和（111）取向镍基单晶高温合金的 XRD 谱图

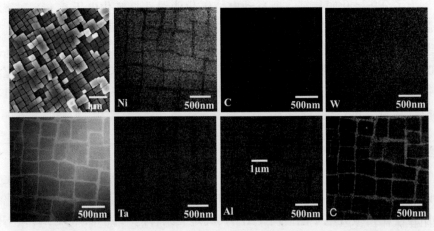

图 9-2　标准热处理后镍基单晶高温合金的扫描电镜图像和透射电镜图像和对应的元素分布

9.4 不同取向电化学行为

9.4.1 开路电位

（001）、（011）和（111）三种晶体取向镍基单晶在质量分数为 3.5%的 NaCl 溶液中的开路电位结果如图 9-3 所示。忽略初始的波动，三种取向单晶的 Eocp 值表现出正向移动，增加的速度约为 17mV/h。这种正向移动最可能是由于在试样表面上的保护性氧化产物（例如，Al_2O_3 和 Cr_2O_3）的形成和累积。此外，三种取向开路电位的值略微不同，按照（011）、（111）、（001）晶面顺序增加。因此，（001）取向保护性氧化产物比（111）和（011）取向更多。

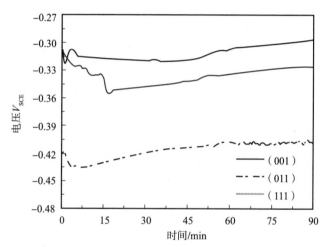

图 9-3 V_{SCE}（001）、（011）和（111）取向试样在 3.5% NaCl 溶液中的电压–时间曲线

9.4.2 动电位极化

为了研究镍基单晶高温合金的电化学腐蚀性能，测试了三种取向试样在 3.5%（质量分数）NaCl 溶液中的动电位极化曲线。图 9-4（a）展示了（001）取向单晶合金的动电位极化曲线并描述了钝化区和过钝化区。三种取向试样的极化曲线对比，Tafel 区域和钝化区域的放大曲线如图 9-4（b）所示。

显然，三种取向试样的动电位极化曲线都表现出了典型的钝化和过钝化阳极极化行为。在钝化区，电流密度小且几乎不变，这是由于产生了保护性的钝化膜阻止试样在腐蚀性溶液中腐蚀。随着测试电压的进一步增加，电流密度突然增加，暗示钝化区的终止和过钝化区的出现。此外，基于电流密度再次突然增加的

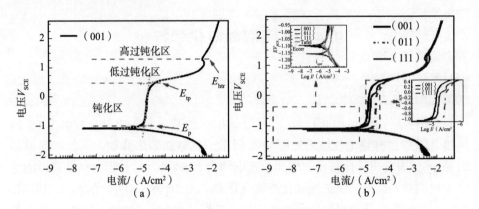

图 9-4　镍基单晶高温合金在 3.5% NaCl 溶液中的恒电位极化曲线

（a）（001）取向的高温合金；（b）对比（001）、（011）和（111）取向高温合金。

位置，过钝化区域被分为低过钝化区和高过钝化区。通过在动电位极化曲线的斜率突然变化的位置点，找到钝化电压 E_p 和过钝化电压 E_{tp}。也就是说，E_p 和 E_{tp} 通过两条接近阳极曲线的直线交点决定，如图 9-4（a）~（c）。相应地，钝化电流密度通过"钝化开始"和"钝化结束"的电流密度平均值计算，对应于在动电位极化曲线上的 E_p 和 E_{tp} 点。

（001）、（011）和（111）晶体取向合金的主要参数值如表 9-1 所列，其中 ΔE_p 代表了从钝化区到过钝化区的钝化。值得注意的是，试样的 i_p 值按照（001）、（111）、（011）晶面顺序增加，说明（001）取向试样的钝化膜保护能力比（111）和（011）取向合金的更高。因此，可以推测出，晶面取向对于镍基单晶高温合金的电化学腐蚀行为有很大影响。

表 9-1　（001）、（011）和（111）取向试样在钝化区的主要电化学参数

试样取向	E_p/V_{SCE}	$i_p/(\mu A/cm^2)$	E_{tp}/V_{SCE}	E_{htp}/V_{SCE}	$\Delta E_p/V_{SCE}$
（001）	−1.0191	15.916	0.43682	1.2297	1.45592
（011）	−1.0851	32.4935	0.45154	1.2735	1.53664
（111）	−1.0205	19.7905	0.34796	1.3759	1.36846

9.5　钝化膜特征

9.5.1　横电位极化

横电位极化测试在固定的钝化电压下持续 3h 以获得稳定的钝化膜。测量

的电流密度-时间曲线如图9-5所示。如图9-5（a）所示，随着钝化膜逐渐产生在试样上，电流密度随着时间迅速下降。电流密度达到一个稳定状态，随着金属被钝化膜完整覆盖。值得注意的是，稳定的电流密度按照（001）、（111）、（011）晶面顺序增加，这与计算的钝化电流密度顺序一致。然而，（001）、（111）晶面的曲线光滑，而（011）晶面曲线有许多波动。这可能是因为不稳定点蚀的形成和再钝化过程。证明，（001）和（111）晶面上的钝化膜比（011）晶面上的更稳定。

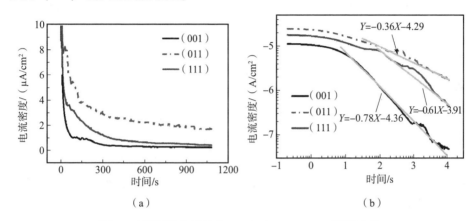

图9-5　不同取向单晶在0.15V 在3.5% NaCl 溶液中的
电流密度随时间的变化曲线

（a）电流密度-时间曲线；（b）电流密度-时间的双对数曲线。

9.5.2　电化学阻抗谱

为了研究晶体取向对镍基单晶高温合金的钝化膜特征的影响，在开路电位下对没有与有横电位极化的试样在3.5% NaCl 溶液中进行了EIS测试。获得的EIS谱以Nyqusit 和Bode 图的形式展示在图9-6中。可以看出，Nyqusit 图的半圆直径，阻抗 |Z| 的模数值和相角度均按照（001）、（111）、（011）晶面顺序降低，这说明（001）晶面的钝化膜致密性和阻抗均比其他晶面更好。

此外，所有的Bode 图展示了一个相对宽的峰，这对应了一个低的频率时间常数和一个高的频率时间常数。这两个时间常数被认为是对于不均匀双层钝化膜的响应，包括内层钝化层和外层钝化层。更加详细的研究报道提出低频率时间常数与内层富含p型致密氧化物的钝化层有关，高频率时间常数与外层富含n型致密氧化物的钝化层有关。这代表着等效电路是由外层电路与内层电路

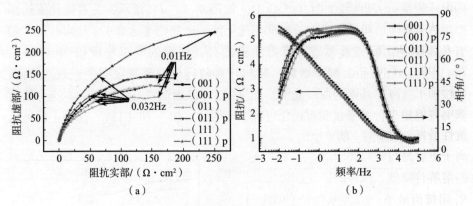

（a）   （b）

图 9-6　不同取向的镍基单晶高温合金在 3.5% NaCl 溶液中
恒电位极化测试前后的 EIS 图谱（彩图见书末）

（a）Nyquist 曲线；（b）Bode 曲线。

构成。理论上，这种双层膜的电路属于连续模型（continuous model，CM）。在
CM 中，每个薄层都含有各自的电容与电阻，且对总电容与电阻均有等价的贡
献，其等效电路为各层 RC 并联之后的串联。因此，串联电路被用于 EIS 图谱
的电路模型中。

　　等效电路模型 R_s（CPE_1R_1）（CPE_2R_2）如图 9-7 所示。在这个模型中，
电路元件 R_s，R_1 和 R_2 分别是溶液阻抗，外层钝化膜阻抗和内层钝化膜阻抗。
电路元件 CPE_1 和 CPE_2 是用来描述非理想电容行为的内层氧化膜和外层氧化
膜的常数相元件。一个 CPE 阻抗可以描述为

$$Z_{CPE} = \frac{1}{Q(j\omega)^n} \tag{9-1}$$

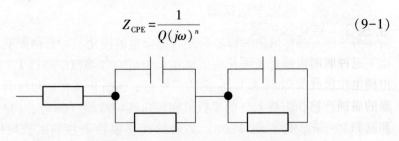

图 9-7　镍基单晶高温合金 EIS 结果的等效电路模型

式中：Q 为 CPE 常数；j 为虚数符号；ω 为角频率；n 是一个无量纲的 CPE 指
数介于 0 和 1 之间，当 $n=1$ 时，CPE 等效于一个理想的电容，当 $n>0.8$ 时，
CPE 具有电容能力且有必要转换 Q 为一个真实等效的电容值 C，C 值通过下面
的 CPE 等效电容公式计算：

$$C = Q^{\frac{1}{n}} R^{\frac{1-n}{n}} \tag{9-2}$$

式中：C 为等效电容值；R 为膜阻抗值。

从 EIS 图谱通过等效电路模型获得的模拟结果列在表 9-2 中。模拟结果显示 R_2 值比 R_1 值更大，表明内层的钝化膜比起外层钝化膜更有保护性和占主导性。因此，不同取向合金的腐蚀抗性可以通过分析内层电容 CPE$_2$ 和阻抗 R_2 进行确定。对于（001）取向试样，在三种取向试样中 R_2 阻抗值最大，C_2 等效电容值最小，说明（001）取向试样的钝化膜对抗氯离子的保护能力和腐蚀抗性最好。对于（111）取向试样，R_2 阻抗值降低，C_2 等效电容值增加，氯离子更容易与钝化膜中的金属离子反应形成破坏性的氯化物，这加速了钝化膜的溶解且降低了试样的腐蚀抗性。对于（011）取向试样，在三种取向试样中 R_2 阻抗值最小，C_2 等效电容值最大，说明腐蚀抗性最差。

表 9-2　通过对三种取向高温合金的 EIS 曲线拟合得到的参数值

试样取向	$R_s/$ $(\Omega \cdot cm^2)$	CPE$_1$			$R_1/$ $(\Omega \cdot cm^2)$	CPE$_2$			$R_2/$ $(\Omega \cdot cm^2)$
		$Q_1/S^n/$ $(\Omega \cdot cm^2)$	n_1	$C_1/$ $(\mu F \cdot cm^{-2})$		$Q_2/$ $(\Omega^{-1} \cdot cm^{-2} \cdot s^n)$	n_2	$C_2/$ $(\mu F \cdot cm^{-2})$	
(001)	9.373	1.101×10^{-4}	0.980	103.18	378	2.894×10^{-5}	0.889	38.58	345320
(001)$_p$	8.617	2.384×10^{-4}	0.950	204.38	225	2.569×10^{-5}	0.929	31.46	552200
(011)	9.236	6.745×10^{-5}	0.910	72.23	29630	4.738×10^{-5}	0.939	54.87	202280
(011)$_p$	8.988	2.341×10^{-4}	0.909	219.25	2220	3.331×10^{-5}	0.903	42.26	274970
(111)	9.216	1.311×10^{-4}	0.911	113.37	1723	3.678×10^{-5}	0.899	47.76	278220
(111)$_p$	8.819	2.018×10^{-4}	0.862	128.60	297	3.457×10^{-5}	0.929	41.62	327880

9.5.3　钝化膜的表面形态

三种取向镍基合金经过在 0.15V 持续 3h 在质量分数为 3.5% NaCl 溶液中横电位极化后微观和表面形貌如图 9-8 所示。在（001）晶面上有大量明显的腐蚀产物相。如图 9-8（g）所示，（001）晶面的腐蚀产物层比（011）和（111）晶面更致密。图 9-8（b）说明（011）晶面上有许多腐蚀产物相和剥落的产物。通过进一步放大，如图 9-8（e）和（h）所示，发现在产物相上有浅浅的划痕，暗示产物相下面的表面可能是试样初始表面的产物相。也就是说，在钝化状态下，产物相是独立的，不能保护整个试样的表面。（111）晶面与（001）晶面的腐蚀表面类似且有许多裂纹。这表明，（111）晶面上的腐蚀产物的致密性和保护性比（001）晶面小，比（011）晶面更大。

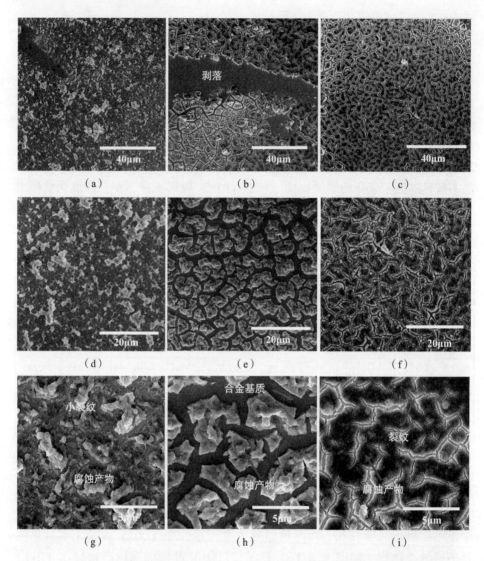

图 9-8　在 0.15V 电压下经过恒电位极化 3h 后试样的 SEM 图像

(a)、(d)、(g) (001) 取向合金；(b)、(e)、(h) (011) 取向合金；(c)、(f)、(i) (111) 取向合金。

为了获得更加详细的腐蚀产物微观信息，三种取向的 2D 和 3D 表面形貌以及随机选择的轮廓线如图 9-9 所示，对应的表面粗糙度参数列在表 9-3 中。(001) 取向试样的表面相对平坦的且充满细小的腐蚀产物，(011) 看起来非常粗糙且充满大的腐蚀产物相。(001) 取向的算术平均粗糙度 Ra、均平方根粗糙度 Rq 和轮廓粗糙度 Rt 比其他试样更高。可以推测 (001) 取向试样比其他取向的腐蚀产物更不均匀，更容易腐蚀。

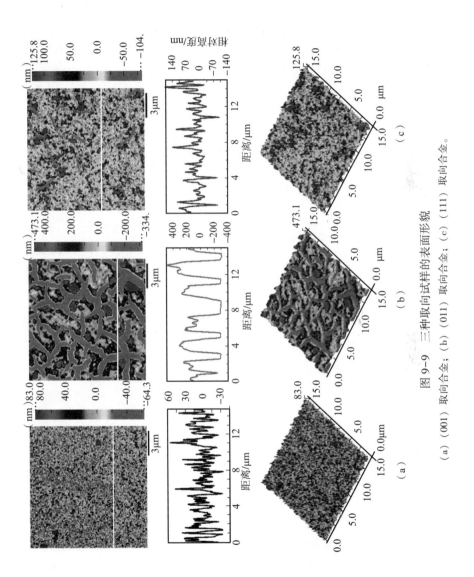

图 9-9　三种取向试样的表面形貌

(a)（001）取向合金；(b)（011）取向合金；(c)（111）取向合金。

165

表 9-3　三种取向试样的表面粗糙度参数

试样晶体取向	Ra/nm	Rq/nm	Rt/nm
(001)	19.0	25.5	83.0
(011)	185	217	473.1
(111)	31.1	48.0	125.8

9.5.4　钝化膜的成分

　　为了获取钝化膜的特征，对于三种取向试样进行了 XPS 分析。不同钝化膜的测试得到的 XPS 总谱图如图 9-10 所示。Ni、Co、W、Al、Cr、O、Cl、Ta 和 C 的峰在三种取向试样上均被检测到。根据峰强度，Ni、W、Al、Ta、Cr 氧化物被确认为钝化膜的主要氧化物。（001）、（011）和（111）三种取向试样的钝化膜成分构成相似。

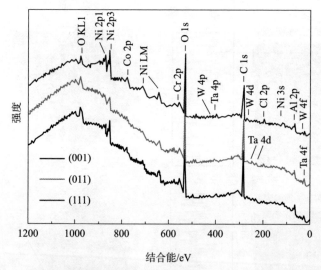

图 9-10　在 3.5% NaCl 中 0.15V 下恒电位极化 3h 后镍基单晶高温
合金上钝化膜的 XPS 能总谱图

　　三种不同的取向钝化膜上 Ni2p、W4f、Al2p、Cr2p 和 Ta4f 谱图分峰拟合结果如图 9-11 所示。对应谱图用于分峰拟合分析的结合能列在表 9-4 中[10-11]。如图 9-11（a）中观察到的一样，Ni2p 峰由对应于 $Ni2p_{1/2}$ 和 $Ni2p_{3/2}$ 金属峰和 Ni（OH）$_2$ 氢氧化物峰的双峰组成。$W4f_{5/2}$ 和 $W4f_{7/2}$ 峰代表了金属和 WO_2 和 WO_3 氧化物状态。Al2p 峰包含金属和 Al_2O_3 氧化物状态。Cr 氧化物在钝化膜上是 Cr（OH）$_3$ 和 Cr_2O_3。Ta4f 峰包括金属和 Ta_2O_5 氧化物状态。

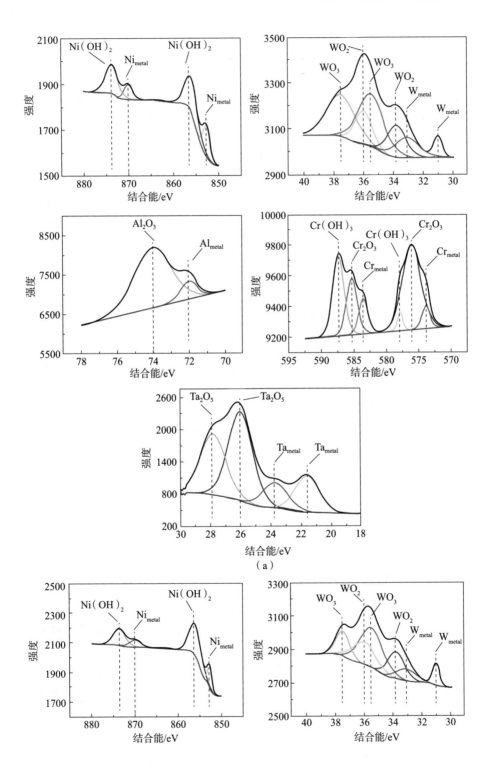

（a）

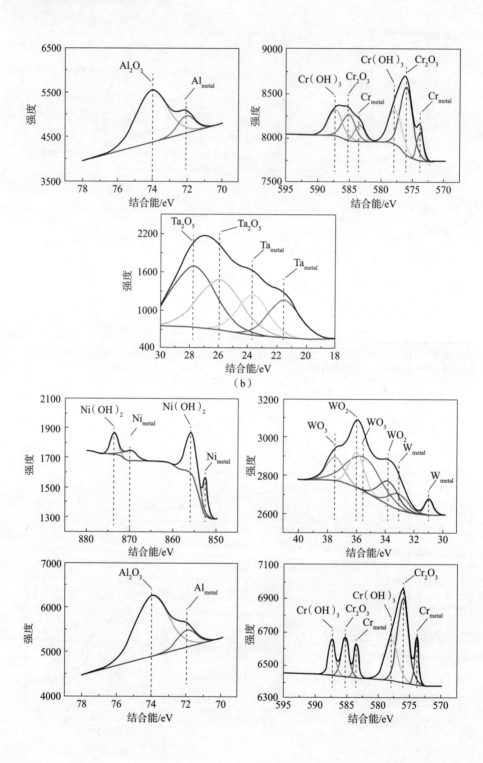

（b）

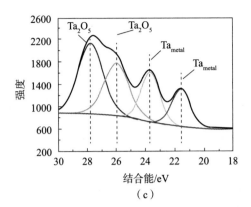

（c）

图 9-11　经过 0.15V 持续 3h 恒电位极化后形成的钝化膜上 Ni、W、
　　　　　Al、Cr 和 Ta 元素的结合能谱图

（a）（001）取向晶面；（b）（011）取向晶面；（c）（111）取向晶面。

表 9-4　恒电位极化后镍基单晶上钝化膜的结合能谱图分析
　　　　Ni2p、Cr2p、Al2p、W4f，和 Ta4f 的结合能

元素	峰	金属态/eV	（氧化物/氢氧化物态）/eV
Ni	$2p_{1/2}$	Ni_{metal}/870.0	$Ni(OH)_2$/873.7
	$2p_{3/2}$	Ni_{metal}/852.6	$Ni(OH)_2$/855.9
Cr	$2p_{1/2}$	Cr_{metal}/583.5	Cr_2O_3/585.3，$Cr(OH)_3$/587.4
	$2p_{3/2}$	Cr_{metal}/573.9	Cr_2O_3/576.1，$Cr(OH)_3$/577.9
Al	2p	Al_{metal}/72.0	Al_2O_3/74.0
W	$4f_{5/2}$	W_{metal}/33.1	WO_2/36，WO_3/37.5
	$4f_{7/2}$	W_{metal}/31.0	WO_2/33.8，WO_3/35.5
Ta	$4f_{5/2}$	Ta_{metal}/23.7	Ta_2O_5/27.8
	$4f_{7/2}$	Ta_{metal}/21.6	Ta_2O_5/26.0

表 9-5 展示了不同取向试样上 Ni_{oxide} 与 Ni_{metal}、W_{oxide} 与 W_{metal}、Al_{oxide} 与 Al_{metal}、Cr_{oxide} 与 Cr_{metal}、Ta_{oxide} 与 Ta_{metal} 强度比。Al 和 Cr 的强度比大于 Ni、W 和 Ta。这可能归因于 Al、Cr 元素比 Ni、W、Ta 元素更容易氧化，导致 Al 和 Cr 氧化物的大量累积。对比不同取向试样每个元素的强度比，可以发现三种晶面上钝化膜的成分比例差异并不明显，而且需要通过其他方法表征。

表9-5 对经过0.15V持续3h恒电位极化后试样的Ni_{oxide}/Ni_{metal}、W_{oxide}/W_{metal}、Al_{oxide}/Al_{metal}、Cr_{oxide}/Cr_{metal}以及Ta_{oxide}/Ta_{metal}强度比

试样晶体取向	Ni_{oxide}/Ni_{metal}	Cr_{oxide}/Cr_{metal}	W_{oxide}/W_{metal}	Al_{oxide}/Al_{metal}	Ta_{oxide}/Ta_{metal}
(001)	2.338	6.306	5.707	7.424	2.498
(011)	3.381	5.993	5.772	5.924	1.941
(111)	2.410	6.124	5.836	6.302	2.131

9.6 取向相关性腐蚀机理

在本章研究中，这种在镍基单晶的腐蚀行为和晶体取向之间强烈的依赖性通过上述测试被揭示。试样的腐蚀速率按照（001）、（111）和（011）晶面顺序增加。随后，为了探究这种试样取向相关性腐蚀行为的原因，有必要追踪这种行为的起源，这决定了不同取向试样的原始腐蚀倾向。

一个最为流行的关于晶体取向和腐蚀行为之间依赖性的观点是来源于试样表面的原子密度。也就是说，试样表面的原子密度越高，原子结合力越高、原子结合能越高，导致在腐蚀环境中的试样表面越难被腐蚀。在本书中，镍基单晶高温合金由基体相和镶嵌的强化相组成，它们都具有Fcc结构。在基体相中，Ni和Co位于面心，W和Cr位于单胞的顶角。在强化相中，Ni位于面心，Al和Ta元素位于单胞的顶角。因此，大块单胞和（001）、（011）、（111）晶面结构的示意图如图9-12所示。不同取向的相关表面原子密度如表9-6所列。很明显，（011）取向试样的表面原子密度小于（001）和（111）取向试样。这与（011）取向比其他取向的腐蚀倾向更强的试验结论一致。然而，可以看出（001）取向的表面原子密度比（111）取向试样的更小，但是（111）取向的腐蚀速率比（001）的更快。因此，基于晶面原子密度难以完全解释合金腐蚀倾向的取向相关性。

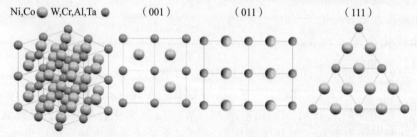

图9-12 在镍基单晶高温合金的表面层，块状单元结构以及
（001）、（011）和（111）晶面的简化示意图

表 9-6　镍基单晶高温合金（001）、（111）和（011）晶面的表面原子密度

合金晶面	（001）	（011）	（111）
原子密度	$\dfrac{2}{a^2}$	$\dfrac{\sqrt{2}}{a^2}$	$\dfrac{4}{\sqrt{3}\,a^2}$

注：a 值与单胞中面心和顶角原子的半径有关。

　　需要提出另外一个原因来解释（001）和（111）取向的异常腐蚀倾向。目前棱锥晶面腐蚀起源的研究表明棱锥晶面在经过初始腐蚀后表面不平整，并且会产生一个原子级的阶梯结构，该结构由基础晶面组合而成[8,12]。也就是说，对于面心立方结构的 DD6 单晶合金，棱锥面（111）晶面的表面可以从原子层面由（001）基础面和（011）基础面组成。对比（001）晶面与（111）晶面，（111）晶面可以等效为（001）基础面与原子密度更疏松的（011）面在原子层面阶梯组成，因此其等效腐蚀速度大于（001）晶面；再对比（011）晶面与（111）晶面，（111）晶面可以等效为（011）基础面与原子密度更密集的（001）面在原子层面阶梯组成，因此其等效腐蚀速度小于（011）晶面。

　　（001）、（011）和（111）取向晶面的腐蚀倾向与试验结果一致，这表明棱锥晶面（111）的腐蚀行为可以由组成原子级阶梯结构的基础晶面的原子密度控制。因此，镍基单晶合金腐蚀行为的晶体取向相关性的起源可以归因于基础晶面原子密度的组合作用。

9.7　钝化膜致密性和成分占比的影响

9.7.1　钝化膜致密性的影响

　　当镍基单晶合金暴露在腐蚀环境中时，试样表面会迅速产生一种保护性钝化膜，它起着屏障的作用并且防止试样被轻易腐蚀。三种取向试样的钝化膜保护性能存在差异是由于另外一个关于镍基单晶的取向相关性行为。正如开路电位和钝化电流呈现的结果所证实的，试样钝化膜的保护性按照（011）、（111）、（001）取向增加。

　　致密性是影响试样钝化膜保护性能的一个因素。不同取向试样的电流密度-时间曲线如图 9-5（a）所示。为了比较不同取向试样的电流密度，不同取向单晶的电流密度-时间的双对数曲线如图 9-5（b）所示。在双对数曲线模型中，忽略双层电极的影响，钝化电流密度被认为与试样钝化膜的生长相关。这种关系可以被如下公式表达：

$$\lg I = -\lg A - K \lg t \qquad (9-3)$$

式中：I 为电流密度；A 为常数；t 为时间；K 为双 lg 曲线的斜率，当 $K = -1$ 时，钝化膜是致密的且有高保护性的；当 $K = -0.5$ 时，钝化膜是多孔的且保护性小的。如图 9-5（b）所示，（001）、（011）和（111）取向试样的 K 值分别为 -0.78、-0.36 和 -0.61。可以得到，（001）表面晶面的钝化膜致密性比（011）、（111）表面晶面的更好，这与观测到的微观形貌结果一致（图 9-8）。

9.7.2 钝化膜成分占比的影响

成分占比是另外一个重要的试样钝化膜致密性的影响因素。然而，上述 Ni、W、Al 和 Cr 元素的 XPS 分析不足以从钝化膜成分方面阐释镍基单晶的晶体取向相关性行为，还需要进行进一步详细的关于钝化膜成分的研究。

根据 XPS 拟合结果，Ni、W、Al、Cr 和 Ta 氧化物在整个腐蚀产物中占比为 Q_p，计算结果如表 9-7 所列。（001）、（111）晶面的 Al_2O_3、Cr_2O_3、WO_3 和 Ta_2O_5 氧化物比例比（011）晶面更多。据报道，Al_2O_3、Cr_2O_3 和 WO_3 氧化物的结构是致密且具有保护性的；$Ni(OH)_2$ 和 $Cr(OH)_3$ 氧化物结构是疏松且容易被溶解的。也就是说，更多致密性氧化物比例有利于提高试样抗腐蚀性。

表 9-7 XPS 法计算镍基单晶高温合金在 0.15V 恒电位极化 3h 后的钝化膜成分

试样	$Q_p(Ni(OH)_2)$	$Q_p(WO_2)$	$Q_p(WO_3)$	$Q_p(Al_2O_3)$	$Q_p(Cr_2O_3)$	$Q_p(Cr(OH)_3)$	$Q_p(Ta_2O_5)$
(001)	9.63	7.37	16.15	30.59	17.83	8.14	10.29
(011)	14.69	10.89	14.19	25.74	15.09	10.96	8.44
(111)	10.57	9.95	15.64	27.64	16.45	10.40	9.35

为了表征镍基单晶的抗腐蚀性，根据钝化膜成分，一个新的参数 R_{cp} 被提出，表达式如下：

$$R_{cp} = \frac{Q_p(Al_2O_3) + Q_p(Cr_2O_3) + Q_p(WO_3) + Q_p(WO_2)}{Q_p(Ni(OH)_2) + Q_p(Cr(OH)_3)} \qquad (9-4)$$

其中，R_{cp} 与钝化膜的保护性相关。R_{cp} 的值越大，致密性氧化物的相对比例越高，抗腐蚀性越好。

不同取向试样计算的 R_{cp} 值如表 9-8 所列。三种取向试样的 R_{cp} 值按照（011）、（111）、（001）顺序增加，说明钝化膜的保护性能也按照这个顺序增加。这个推测的结果与三种取向试样腐蚀速率的结果一致。换句话而言，参数 R_{cp} 可以被用来表征镍基单晶的抗腐蚀性。

表9-8　镍基单晶高温合金在0.15V恒电位极化3h后的钝化膜腐蚀参数

试样	(001)	(011)	(111)
腐蚀参数 R_{cp}	4.63	2.90	3.77

9.8　电化学腐蚀机制

如前面提到的一样，镍基单晶合金晶体取向和电化学腐蚀行为之间的联系归因于试样初始腐蚀倾向和钝化膜的保护性能。与取向相关的腐蚀行为起源可以追踪到等效表面原子堆积密度，这在试样的初始腐蚀倾向上起主导作用。随着反应的进行，钝化膜形成在试样上。钝化膜在对抗腐蚀性离子攻击中起着重要作用。三种取向上钝化膜的保护性能不同，导致腐蚀性离子攻击程度存在差异。

为了深入研究这种在不同取向试样上的差异，理解镍基单晶合金钝化膜的生长和溶解过程是非常有必要的。理论上来说，试样钝化膜在钝化状态上是一种稳态平衡，其中钝化膜形成和溶解的相对关系决定了钝化膜界面上的腐蚀速率。基于 MacDonald 提出的 PDM 模型[13]，钝化膜的产生和溶解反应如下：

$$m \longrightarrow M_M + \left(\frac{\chi}{2}\right)V\ddot{o} + \chi e^- \tag{9-5}$$

$$V\ddot{o} + H_2O \longrightarrow O_o + 2H^+ \tag{9-6}$$

$$m + \frac{\chi}{2}H_2O \longrightarrow \left[M_M + \frac{\chi}{2}O_o\right] + \chi e^- \tag{9-7}$$

$$MO_{\frac{\chi}{2}} + \chi H^+ \longrightarrow M_{aq}^{\delta+} + \frac{\chi}{2}H_2O + (\delta - \chi)e^- \tag{9-8}$$

其中，反应式（9-7）由反应式（9-5）和式（9-6）组成，代表了钝化膜的产生；反应式（9-8）代表了钝化膜的溶解。m 代表金属原子，如 Ni、W、Al；M_M 代表了钝化膜层中的阳离子；$V\ddot{o}$ 代表了阴离子（氧）空位；O_o 代表氧离子在阴离子位置；$MO_{\frac{\chi}{2}}$ 代表钝化膜中的金属氧化物；$M_{aq}^{\delta+}$ 是钝化膜层/溶液界面上的阳离子。

在初始阶段，氢氧化物 $Cr(OH)_3$ 优先在试样表面成核并生长，随后被转化为氧化物 Cr_2O_3[14]：

$$Cr^{3+} + 3OH^- \Longrightarrow Cr(OH)_3 \tag{9-9}$$

$$Cr(OH)_3 + Cr + 3OH^- \Longrightarrow Cr_2O_3 + 3H_2O + 3e^- \tag{9-10}$$

随后，Ni、Al、W 元素的氧化物经过反应式（9-7）形成在试样表面。最后，一个保护性的双层钝化膜产生在试样上。这种现象可以通过对试样横截面的XPS蚀刻分析揭示。XPS蚀刻的总谱图如图9-13（a）所示。如图9-13（b）所示，随着蚀刻时间的增加，Ni(OH)₂的峰强度减小，其金属态峰强度加强，说明Ni(OH)₂分布在钝化膜外层。与之类似，Ta 氧化物也主要分布在钝化膜外层。如图9-13（d）所示，Cr(OH)₃峰强度随着蚀刻深度一直减小，Cr₂O₃

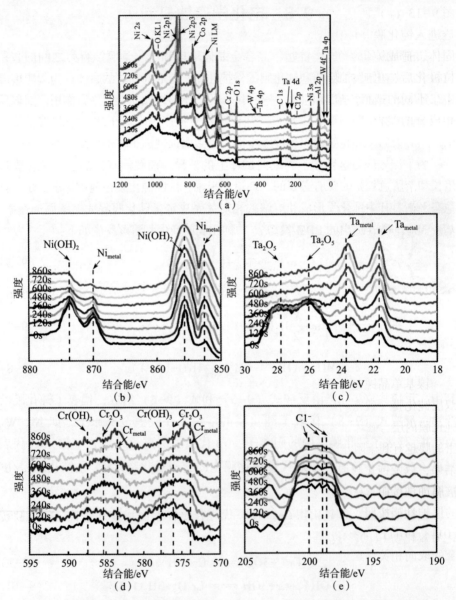

图 9-13　钝化膜上 XPS 刻谱总谱图和 Ni、Ta、Cr 和 Cl 元素的 XPS 蚀刻分谱图

峰强度先明显增强随后减少，说明 Cr（OH）$_3$ 分布在钝化膜外层，Cr$_2$O$_3$ 分布在钝化膜内层。钝化膜的内层主要由 Cr$_2$O$_3$、Al$_2$O$_3$、WO$_2$ 组成，是 p 型氧化物；钝化膜的外层富含 Cr(OH)$_3$、Ni(OH)$_3$、WO$_3$，是 n 型氧化物。

此外，钝化膜的保护性能也受腐蚀环境的影响。据证实，氯离子的渗透机制在 NaCl 溶液中钝化膜的破坏当中起着重要作用。氯离子的渗透如图 9-13（e）所示。由于氯离子在溶液和试样上的浓度差异，氯离子可以渗透进入钝化膜并取代氧离子与阳离子结合，形成氯化物。这些氯离子聚集成固体，造成钝化膜的体积膨胀，随后破坏钝化膜。图 9-14 展示了经过恒电位极化后钝化膜的破坏过程。一旦钝化膜破裂，内层金属暴露在腐蚀环境中。不同的选择性腐蚀发生在不同取向试样上，这可能归因于基体相和强化相成分的差异。

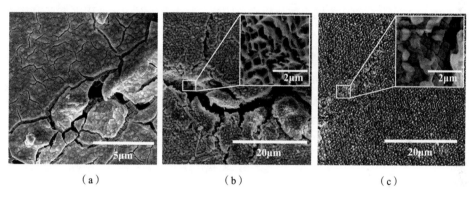

（a） （b） （c）

图 9-14 经过恒电位极化后钝化膜的破坏过程

（a）（001）取向试样；（b）（011）取向试样；（c）（111）取向试样。

镍基单晶钝化膜的进化过程分析如下：当合金暴露在 3.5% NaCl 溶液中时，双层钝化膜（致密的内层，多孔的外层）首先形成在试样。随后氯离子渗透进钝化膜内层，破坏了钝化膜的完整性。可以明确的是，越多保护性氧化物、越致密的膜越有利于阻止氯离子的渗透。恒电位极化（图 9-5）和 EIS（图 9-6）结果，以及钝化膜成分分析（参数 R_{cp}）可以确认三个取向的钝化膜致密性和抗腐蚀性按照（001）、（111）、（011）顺序降低，导致钝化膜对抗氯离子渗透的保护性能按照（001）、（111）、（011）顺序降低。因此，钝化膜在（001）、（011）、（111）的保护性能和阻止氯离子渗透的差异可以解释镍基单晶高温合金的取向相关性腐蚀行为。

9.9　本章小结

本章对（001）、（011）和（111）取向镍基单晶高温合金在 3.5%（质量分数）NaCl 溶液中的腐蚀抗性进行研究。主要结论如下：

（1）通过开路电位和动电位极化测试研究了镍基单晶合金在不同取向上的电化学腐蚀行为，说明腐蚀速率按照（001）、（111）、（011）晶面顺序增加。

（2）EIS 测试表面钝化膜有双层结构特征，其中内层起着主导作用。根据通过 SEM 和 AFM 观测到的钝化膜形貌，结合恒电位极化结果得到，（001）钝化膜的致密性最好，（011）钝化膜的致密性最差。

（3）通过 XPS 分析，钝化膜的成分由 Al_2O_3、Cr_2O_3、WO_2、WO_3、$Ni(OH)_2$、$Cr(OH)_3$ 和 Ta_2O_5 组成。结合氧化物成分比例，电化学参数 R_{cp} 被用来表征镍基单晶高温合金的腐蚀抗性。

（4）当试样被氯离子攻击时，（001）晶面的钝化膜最致密且包含最多的保护性氧化物，使得该晶面比其他晶面拥有更好的抗氯离子能力与抗腐蚀性能。

（5）结合钝化膜对抗氯离子的保护性性能，提出了一个与原子（晶面）堆积密度相关的腐蚀机制来解释镍基单晶高温合金与取向相关的腐蚀行为。

参考文献

［1］SASS V, GLATZEL U, KNIEPMEIER M F. Anisotropic creep properties of the nickel-base superalloy CMSX-4 ［J］. Acta Materialia, 1996, 44: 1967-1977.

［2］LATIEF F H, KAKEHI K. Influence of thermal exposure on the creep properties of an aluminized Ni-based single crystal superalloy in different surface orientations ［J］. Materials & Design, 2014, 56: 816-821.

［3］KAKEHI K. Tension/compression asymmetry in creep behavior of a Ni-based superalloy ［J］. Scripta Materialia, 1999, 41: 461-465.

［4］WEN Z X, PEI H Q, YANG H. A combined CP theory and TCD for predicting fatigue lifetime in single-crystal superalloy plates with film cooling holes ［J］. International Journal of Fatigue, 2018, 111: 243-255.

［5］WANG W, ALFANTAZI A. Correlation between grain orientation and surface dissolution of niobium ［J］. Applied Surface Science, 2015, 335: 223-226.

［6］LIU M, QIU D, ZHAO M C, et al. The effect of crystallographic orientation on the active corrosion of pure magnesium ［J］. Scripta Materialia, 2008, 58: 421-424.

［7］JIA H M, FENG X H, YANG Y S. Effect of crystal orientation on corrosion behavior of directionally solidified Mg-4wt% Zn alloy ［J］. Journal of Materials Science & Technology, 2018, 34: 1229-1235.

［8］ HAGIHARA K, OKUBO M, YAMASAKI M, et al. Crystal-orientation-dependent corrosion behaviour of single crystals of a pure Mg and Mg-Al and Mg-Cu solid solutions ［J］. Corrosion Science, 2016, 109: 68-85.

［9］ FERNÁNDEZ-DOMENE R M, BLASCO-TAMARIT E, GARCÍA-GARCÍA D M, et al. Passive and transpassive behaviour of alloy 31 in a heavy brine LiBr solution ［J］. Electro-chimica Acta, 2013, 95: 1-11.

［10］ LIANG D D, WEI X S, CHANG C T, et al. Effects of W addition on the electrochemical behaviour and passive film properties of fe-based amorphous alloys in acetic acid solution ［J］. Acta Metallurgica Sinica, 2018, 31: 1098-1108.

［11］ BIESINGER M C, PAYNEC B P, GROSVENORD A P, et al. Resolving surface chemical states in XPS analysis of first row transition metals, oxides and hydroxides: Cr, Mn, Fe, Co and Ni ［J］. Applied Surface Science, 2011, 257: 2717-2730.

［12］ WANG S Y, WANG J Q. Effect of grain orientation on the corrosion behavior of polycrystal-line Alloy 690 ［J］ Corrosion Science, 2014, 85: 183-192.

［13］ MACDONALD D D. The history of the point defect model for the passive state: A brief re-view of film growth aspects ［J］. Electrochimica Acta, 2011, 56: 1761-1772.

［14］ XU J, WU X, HAN E H. The evolution of electrochemical behaviour and oxide film proper-ties of 304 stainless steel in high temperature aqueous environment ［J］. Electrochimica Ac-ta, 2012, 71: 219-226.

第10章
高温氧化对镍基单晶合金蠕变行为的影响

10.1　引言

镍基单晶合金在服役过程中通常需要承受高温、高压和高应力等复杂环境，这将导致氧化及蠕变共同作用引起合金失效[1-2]。氧化一方面会产生氧化层侵入合金基体减少有效承载面积，另一方面会削弱合金力学性能并促使合金产生裂纹和缺陷[3-4]。蠕变使得氧化层和热影响层内部孔洞和微裂纹增加，促进氧的扩散速率，使应力条件下的氧化速率比无应力条件下的更快[5-6]，两者相互耦合，加速合金的失效。为确定高温下镍基单晶涡轮叶片使用寿命，需考虑氧化环境与蠕变之间的相互作用，而这种耦合作用导致合金的寿命预测较为困难。因此，研究镍基单晶高温合金氧化对蠕变损伤的影响机理并建立相应的损伤模型，对航发涡轮叶片的研发与排故具有重要意义。当前的研究大多停留在氧化对蠕变失效影响的机理描述[7-9]，缺乏系统的建模研究，因此需定量表征氧化对合金蠕变行为的影响，并建立考虑氧化作用的蠕变寿命预测模型。本章开展了不同时间高温预氧化试验后的蠕变试验，采用 SEM 观测了镍基单晶合金氧化试验过程中的氧化层演化规律和蠕变损伤机理，揭示了氧化过程中热影响层及微观组织结构的演化对蠕变损伤的影响机理，基于晶体塑性理论建立考虑氧化因素影响的镍基单晶合金蠕变寿命预测模型。

10.2　氧化-蠕变试验

采用工字形小试样进行蠕变试验（图 10-1），其标距段长度为 8.66mm，厚度为 1.5mm。具体试验条件如表 10-1 所列，1100℃下经历不同氧化时间后于 980℃/270MPa 条件下进行蠕变试验。需单独研究热处理对蠕变行为的影响，即排除氧化因素，采取的方式为试样在氧化后打磨去除表面氧化层和热影响层再进行蠕变试验。每种条件下至少取得 3 个有效试验数据，取蠕变寿命为中间值的曲线进行分析与拟合。试验在 CSS-2910 蠕变试验机上进行。

表 10-1　高温预氧化对蠕变性能影响研究试验条件

试验名称	预氧化试验条件	载荷条件	试件数量
高温预氧化对蠕变性能影响试验	50h/1100℃	980℃/270MPa	3
	100h/1100℃		3
	200h/1100℃		3
	300h/1100℃		3
	500h/1100℃		3
高温热处理对蠕变性能影响试验	50h/1100℃	980℃/270MPa	3
	100h/1100℃		3
	200h/1100℃		3
	300h/1100℃		3
	500h/1100℃		3

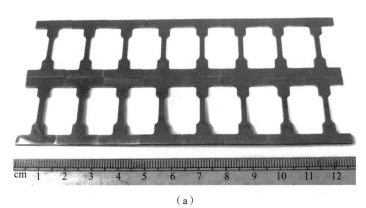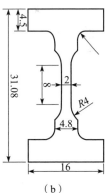

（a）　　　　　　　　　　　（b）

图 10-1　镍基单晶合金氧化-蠕变试验件

（a）取材、实物图；（b）尺寸图（厚度 1.5mm）。

10.3　氧化对镍基单晶合金蠕变性能的影响

不同条件下的蠕变结果见图 10-2，其蠕变寿命及变化趋势如图 10-3 所示，比较、研究热处理和预氧化对镍基单晶合金蠕变性能产生的不同影响。试

179

验结果表明，蠕变曲线均为指数形式，没有明显的初始蠕变阶段而只表现出稳态蠕变阶段和加速蠕变阶段。氧化条件下的蠕变比热处理条件下寿命更短，容易发生失效，这说明氧化作用对蠕变性能影响更大。作用时间越长，稳态蠕变阶段持续时间逐渐变短且稳态蠕变速率增加，快速进入加速蠕变阶段，直至发生断裂失效。由于较低的蠕变速率有利于提高蠕变形变的抵抗力，因此作用时间越长，蠕变断裂寿命越短。

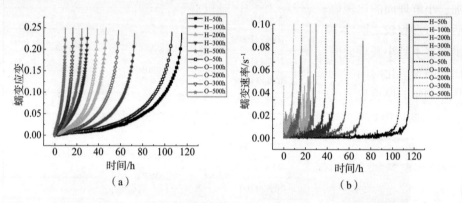

图 10-2　不同条件下蠕变结果（H：热处理，O：预氧化）

（a）蠕变应变；（b）蠕变速率。

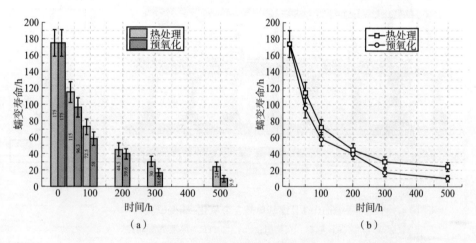

图 10-3　不同条件下的试验结果

（a）蠕变寿命；（b）寿命变化趋势。

未经预氧化和不同氧化时间下试样的蠕变断口形貌如图 10-4 所示。未经预氧化的断口表现为准解理断裂，对应八面体滑移系的开动。较多的方形解理面分布在断口上，一些解理面相互连接形成韧窝。氧化 50h 后的蠕变断口

（图 10-4（b））与未经过预氧化的断口相比，韧窝数量增加，中心存在个别
尺寸较大韧窝，四周韧窝较小，韧窝中心的孔洞增多，解理面比例减小。由于
预氧化作用，断口四周出现了初始的裂纹萌生区域，主要是外部氧化层较基体
相比更脆，无法承受外加应力而先发生破坏。此外断面较不平整，边界粗糙，
四周主要呈台阶状撕裂。图 10-4（c）~（f）分别为氧化 100h、200h、300h 和
500h 后的蠕变断口。氧化 100h 后断口的韧窝更深且数量增多，尺寸略有增
加，小解理面的比例降低，但在断裂区可以观察到较大的解理面。氧化 200h
后断口形貌较之前发生了较大变化，存在一定数量的韧窝和较大的解理面，几
乎观察不到小解理面的存在，解理面大概占断口面积的 1/3。表面裂纹萌生区
面积随预氧化时间的延长而增大，这是因为随着预氧化程度的加深，氧化层和
热影响层的厚度明显增加，两者损伤较严重，促进了外断裂层的形成。氧化
300h 后断口形貌可分为两种，左侧区域主要为韧窝，右侧存在较大的解理面，

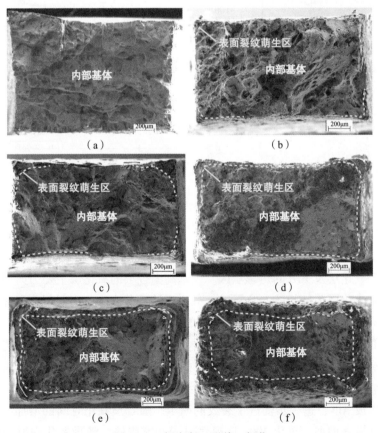

图 10-4　蠕变断口形貌：氧化

（a）0h；（b）50h；（c）100h；（d）200h；（e）300h；（f）500h。

几乎占断口面积的一半。裂纹萌生区面积明显增大，内外层分界线（如图 10-4（e）虚线所示）更明显。预氧化 500h 后，从图 10-4（f）可以明显看出韧窝数量变多，存在部分解理面。此时的外断裂区与氧化 300h 较为规则的外层相比，组织更加疏松多孔，四周的孔洞较多，内外层分界不明显。预氧化使合金的力学性能变差，促使形成裂纹萌生区。也就是说，试样的有效受力面积减小，内部基体的受力变大，使蠕变寿命迅速下降。

断口的形貌特征和预氧化导致的外影响层占断口表面的百分比变化如图 10-5 所示。蠕变断口主要表现为韧窝和解理面。与正常断口相比，氧化后蠕变断口的韧窝和解理面所占比例增加，而方形小解理面所占比例减少。氧化时间越长，表面裂纹萌生区面积越大，氧化在一定程度上加速了蠕变断裂。

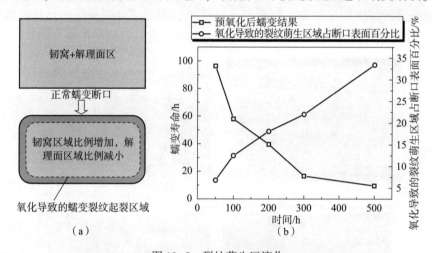

图 10-5　裂纹萌生区演化

（a）断口演化特征图；（b）裂纹萌生区占断口总面积百分比。

图 10-6（a）~（d）为预氧化 50h、100h、200h 和 300h 后的微结构演化，可观察到氧化层及下方的热影响区。镍基高温合金的氧化层主要为典型的三层结构：外氧化层为柱状的 NiO 颗粒，几乎无法承载应力；中间氧化层为同样无法承重的尖晶石相层；最内层为较薄的 Al_2O_3 层，该层厚度大致为 $1 \sim 2\mu m$。Al 元素的消耗导致在氧化层下方形成 γ' 相消失层和 γ' 相减少层，其统一定义为热影响层。由于 Al_2O_3 层和热影响层的强度较低，微裂纹和孔洞易萌生于该区域。氧的消耗使氮元素此时的相对活性较高，氮元素在该层与内部的 Al 进行反应生成 AlN，进一步促进了裂纹的萌生。随着预氧化时间的增加，γ' 相消失层厚度显著增加，氧化 200h 后观察到 γ' 相减少层。随预氧化程度加深，其和基体的分界越来越不明显。

　　图 10-6（e）~（h）为不同预氧化时间下蠕变断裂后氧化层中的裂纹形貌。图 10-6（i）~（l）为蠕变断裂后热影响层中的裂纹形貌。从图中可以看出，氧化层和热影响层的厚度没有明显变化，主要是因为预氧化温度较高，而蠕变温度较低且几乎是在接近真空的环境中进行蠕变试验。因此与预氧化试验相比，蠕变所引起的氧化行为可忽略不计。氧化层中的裂纹萌生方向与外载荷方向垂直，由于热影响层的力学性能较差，裂纹易在该区域扩展且几乎呈垂直扩展。裂纹的局部区域可观察到具有特定的晶体取向。

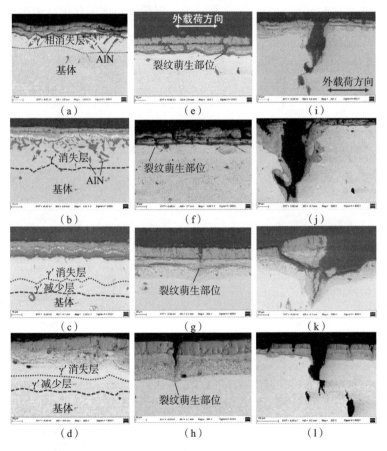

图 10-6　氧化 50h，100h，200h 和 300h

(a)~(d) 氧化层和热影响层的微观形貌；(e)~(h) 蠕变试验后氧化层；(i)-(l) 热影响层中裂纹演化。

　　图 10-7（a）~（d）为预氧化后内部基体的微观结构形态。经过 50h 的预氧化，强化相和基体相互联结发生筏化行为。其筏化方向无明显特征，既有与外载荷呈垂直方向的结构，也有水平方向。随氧化程度的加深，筏化行为逐渐

加剧且无特定筏化方向。图 10-7（e）~（h）为预氧化试验和蠕变试验后基体的微观结构。蠕变后基体微观组织在预氧化的基础上进一步筏化，筏化方向与外载荷方向垂直，即 N 型筏化。随着预氧化程度的加深，蠕变引起的筏化现象越来越不明显，预氧化对微观结构的影响越来越严重。图 10-7（i）~（l）为预氧化试验和蠕变试验后基体的微裂纹演化，可以认为预氧化时间越短，断裂方式越接近于微解理面断裂。这些主要是杂质或原始缺陷周围会发生八面体滑移，滑移面相交形成方形微解理面，这是镍基单晶高温合金典型的蠕变断裂形貌。随着预氧化时间的增加，裂纹张开距离与裂纹长度的比值逐渐增大，表现出韧窝断裂的特征。

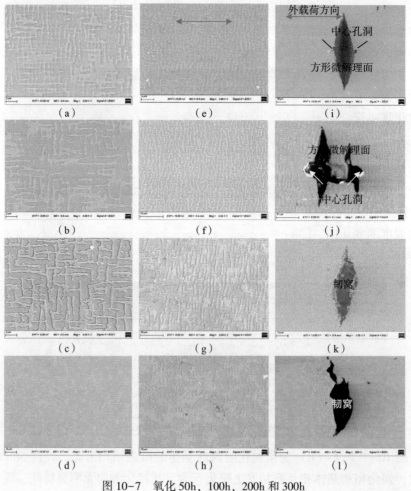

图 10-7　氧化 50h，100h，200h 和 300h

（a）~（d）基体的微观演化；（e）~（h）蠕变试验后基体；（i）~（l）裂纹演化过程。

10.4　镍基单晶合金高温氧化动力学模型

从前文分析可以得出，高温氧化一方面会使材料产生氧化层和热影响层，降低合金的表面强度；另一方面，内部基体的微观结构改变，使其力学性能降低。如图 10-6 所示，氧化层几乎不能承受外载荷，其内部裂纹易扩展到热影响层。与合金基体相比，热影响层的力学性能较差，并存在大量的孔洞和杂质，如 AlN，使试样更易断裂失效。在蠕变过程中，热影响层失效较快且损伤程度大于基体。因此，有必要对热影响层厚度的演化过程进行具体研究。此外，元素扩散迁移也是导致微结构演化的重要因素，因此通过热影响层的变化也可描述基体微结构的演化。

考虑到外层氧化层为柱状的 NiO 颗粒，几乎无法承载应力，中间氧化层为复杂的尖晶石相层，同样无法承重，最内层为一层较薄的致密 Al_2O_3 层，该层厚度大致为 $1\sim2\mu m$，因此试样面积的减小主要考虑尖晶石相层的厚度，其厚度演化规律符合抛物线规律：

$$h_{moxide} = K_p t^{\frac{1}{2}} + A \tag{10-1}$$

热影响层强度较低易萌生微裂纹，其厚度的变化关系到材料的服役性能，为此开展了包括热影响层在内的氧化层增厚动力学行为研究。参照第 2 章和第 3 章氧化动力学相关数据，得到 1000℃、1050℃ 和 1100℃ 条件下的热影响层厚度随温度的变化图，即图 10-8（a）所示，该层的厚度变化规律同样遵循抛物线规律：

$$h_{HAL} = K_p t^{\frac{1}{2}} + A \tag{10-2}$$

得到 3 种温度下的抛物线增厚速率常数分别为 $0.125\mu m^2/h$、$0.948\mu m^2/h$ 和 $10.81\mu m^2/h$。通过如下 Arrhenius 方程：

$$K_p = K_0 \exp\left(-\frac{Q}{RT}\right) \tag{10-3}$$

式中：$R = 8.314J/(mol \cdot K)$，为空气常数；K_0 为常数；Q 为氧化激活能。

式（10-3）两边取对数得

$$\ln K_p = \ln K_0 + \left(-\frac{Q}{RT}\right) \tag{10-4}$$

通过拟合，如图 10-8（b）所示，得出目标镍基单晶合金 γ' 相消失层的增长激活能（基于厚度增长系数）为 $Q = 647.3kJ/mol$，$\ln K_0 = 58.99\mu m^2/h$。同 K_0，K_0 为常数和 Q 的值与材料属性和试验条件等相关。

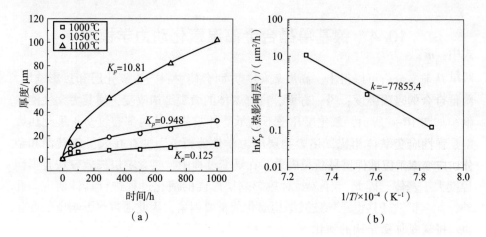

图 10-8　不同温度下的氧化动力学

（a）1000℃、1050℃和1100℃下的热影响层厚度随温度的变化；

（b）$\ln K_p$ 与 $1/T$ 的拟合曲线图

10.5　晶体塑性蠕变理论

镍基单晶合金由沉淀（强化）γ'相和基体 γ 相组成，其中 γ' 相约占 65% 体积，呈立方颗粒均匀分布在基体中。镍基单晶的蠕变过程可以分为三个阶段：第一阶段位错进入 γ 通道并且开始繁殖，软的基体相在硬的 γ' 相周围发生黏塑性流动，位错密度的增长导致了阻碍进一步位错滑移的反向应力，在这一阶段蠕变应变率下降，材料发生硬化；蠕变第二阶段，位错攀移时相互湮没，材料硬化与恢复过程相平衡，蠕变率保持恒定；蠕变的第三阶段表现为蠕变率的不断增加，蠕变率增加除了由于微孔洞和微裂纹形核、增长、聚集所引起的损伤以外，γ' 相的应力强化导致 γ 通道中位错产生的剪切也是蠕变率增加的原因。

根据单晶材料的微观组织特点，基于 Hill 和 Rice[10-11] 等建立的晶体塑性理论，不同滑移系 α 的蠕变剪应变率 $\dot{\gamma}_0^{(\alpha)}$ 可表达为

$$\dot{\gamma}^{(\alpha)} = A(\tau^{(\alpha)})^n \qquad (10-5)$$

式中：A、n 为与温度相关的蠕变参数，由蠕变第二阶段曲线斜率所决定；$\tau^{(\alpha)}$ 为滑移系 α 的分切应力，可表示为

$$\tau^{(\alpha)} = \boldsymbol{\sigma} : P^{(\alpha)} \qquad (10-6)$$

式中：$\boldsymbol{\sigma}$ 为晶轴系下的应力张量；$P^{(\alpha)}$ 为取向因子，可表示为

$$P^{(\alpha)} = \frac{1}{2}(m^{(\alpha)}n^{(\alpha)\mathrm{T}} + n^{(\alpha)}m^{(\alpha)\mathrm{T}}) \tag{10-7}$$

式中：$m^{(\alpha)}$ 为开动滑移系的滑移方向；$n^{(\alpha)}$ 为该滑移系中滑移面的单位法向量。

将宏观应变率 $\dot{\varepsilon}$ 分解为弹性部分 $\dot{\varepsilon}^{\mathrm{e}}$ 和非弹性部分（蠕变应变率）$\dot{\varepsilon}^{\mathrm{c}}$：

$$\dot{\varepsilon} = \dot{\varepsilon}^{\mathrm{e}} + \dot{\varepsilon}^{\mathrm{c}} \tag{10-8}$$

弹性应变率 $\dot{\varepsilon}^{\mathrm{e}}$ 遵循胡克定律，可由弹性力学的知识得到，$\dot{\varepsilon}^{\mathrm{c}}$ 由滑移系的分切应变率乘以取向因子得出，即

$$\dot{\varepsilon}^{\mathrm{c}}_{ij} = \sum_{\alpha=1}^{N} \dot{\gamma}^{(\alpha)} P^{(\alpha)} \tag{10-9}$$

将蠕变应变分解：

$$\varepsilon_{ij} = (\varepsilon_{ij})_{\mathrm{Oct1}} + (\varepsilon_{ij})_{\mathrm{Oct2}} + (\varepsilon_{ij})_{\mathrm{Cub}} \tag{10-10}$$

式（10-10）中右边三项分别对应的是八面体滑移系、十二面体滑移系和六面体滑移系的蠕变应变，若其中某滑移系不开动，则对应的项取为零。

假设宏观应变率中的弹性部分 $\dot{\varepsilon}^{\mathrm{e}}$ 与非弹性部分 $\dot{\varepsilon}^{\mathrm{c}}$ 不会相互影响，则蠕变变形带来的应力变化率 $\dot{\sigma}$ 可以表达为

$$\dot{\sigma} = C^{\mathrm{e}} : \dot{\varepsilon} \tag{10-11}$$

式中：C^{e} 为各向异性弹性张量，可用矩阵形式表达，

$$C^{\mathrm{e}} = \begin{pmatrix} C_{11} & C_{12} & C_{12} & 0 & 0 & 0 \\ C_{12} & C_{11} & C_{12} & 0 & 0 & 0 \\ C_{12} & C_{12} & C_{11} & 0 & 0 & 0 \\ 0 & 0 & 0 & C_{44} & 0 & 0 \\ 0 & 0 & 0 & 0 & C_{44} & 0 \\ 0 & 0 & 0 & 0 & 0 & C_{44} \end{pmatrix} \tag{10-12}$$

对于镍基单晶材料，C_{11}、C_{12} 和 C_{44} 为 3 个独立的弹性常数，与弹性模量 E、泊松比 μ 及剪切模量 G 相关。

分解到各滑移面上的分切应力 τ 与宏观应力 σ 之间的关系可用 Schmid 公式表示，即

$$\tau = S_{\mathrm{f}} \sigma \tag{10-13}$$

这里 S_{f} 为 Schmid 系数（因子），具体数值见表 10-2。由材料在该温度下的拉伸曲线中的屈服应力 $\sigma_{0.2}$ 与 Schmid 因子，可以求得每个取向下某滑移系的临界分切应力 τ_{c}。

表 10-2 Schmid 系数（因子）S_f

取向	八面体<111>[110]		六面体<100>[110]		十二面体<111>[112]	
	数量	S_f	数量	S_f	数量	S_f
[001]	8	0.4082	6	0.0000	4	0.4714
	4	0.0000			8	0.2357

在 Kachanov 和 Ravbotnov[12-13] 提出的连续损伤模型以及 Yeh 等[14] 提出的损伤演化率的基础上，基于晶体塑性理论中的晶体滑移面上的参数，建立分切应力与剪切应变率同时主导的蠕变损伤模型：

$$\dot{\gamma}^{(\alpha)} = \dot{\gamma}_0^{(\alpha)} \left(\frac{1}{1-\omega^{(\alpha)}} \right)^n e^{S^{(\alpha)}} \tag{10-14}$$

$$\dot{\omega}^{(\alpha)} = \dot{\omega}_0 \mid \dot{\gamma}^{(\alpha)} \mid^m \tag{10-15}$$

$$\dot{S}^{(\alpha)} = C \mid \dot{\gamma}^{(\alpha)} \mid^p \tag{10-16}$$

式中：m 为与温度相关的参数；C 和 p 为模型参数；$\omega^{(\alpha)}$ 和 $S^{(\alpha)}$ 分别为蠕变损伤机制中的孔洞损伤和材料劣化；$\dot{\gamma}_0^{(\alpha)}$ 和 $\dot{\omega}_0$ 分别为初始蠕变率和初始损伤率，其中 $\dot{\gamma}_0^{(\alpha)}$ 是温度和应力的函数，考虑到温度的影响，可以采用 Arrhenius 温度相关性定律表示初始蠕变率随温度的变化关系：

$$\dot{\gamma}_0^{(\alpha)} = A(\tau^\alpha)^n \exp\left(-\frac{Q}{RT} \right) \tag{10-17}$$

式中：T 为绝对温度；R 为气体常数；Q 为激活能，对于八面体滑移系，$Q_{Oct} = 6.97 \times 10^{-19} J/atom$，六面体滑移系为 $Q_{Cub} = 7.30 \times 10^{-19} J/atom$。

10.6 预氧化初始损伤模型

高温氧化对合金外表面和内部基体均造成较大影响。氧化层疏松多孔的特点使其本身几乎不能承受外加载荷且易剥落，因此对蠕变行为的影响较小，其作用可忽略。而氧化层下方的热影响层与基体相比材料较为劣质，是裂纹和孔洞萌生的主要区域。基体微观结构的变化主要体现为基体相通道宽度的增加。因此，建立蠕变初始损伤与基体相通道宽度和热影响层厚度的关系，对研究氧化对蠕变的影响有一定的理论基础。

将氧化热影响层和微观结构变化引起的损伤分别定义为 $\omega_{Oxidation}$ 和 $\omega_{\gamma'}$，总损伤为 ω_{Total}，则有

$$\omega_{Total} = \omega_{\gamma'} + \omega_{Oxidation} \tag{10-18}$$

根据带初始损伤的蠕变损伤模型公式为

$$\dot{\gamma}^{(\alpha)} = \dot{\gamma}_0^{(\alpha)} \left(\frac{1}{1-\omega_0-\omega^{(\alpha)}} \right)^n \qquad (10-19)$$

考虑微观结构和热影响层共同作用引起的初始损伤，式（10-19）即变为微观结构–热影响区蠕变损伤模型公式：

$$\dot{\gamma}^{(\alpha)} = \frac{\dot{\gamma}_0^{(\alpha)}}{\left(1-\omega^{(\alpha)}-\omega_{\text{Total}}\right)^n} \qquad (10-20)$$

以不考虑氧化的蠕变寿命为基础，结合氧化蠕变试验结果中不同预氧化时间的蠕变寿命，将其代入所建立的氧化蠕变损伤模型中，可以得到氧化影响的初始总损伤。将得到的数值进行拟合，即图 10-9 所示。图 10-9（a）为总损伤与预氧化时间的拟合曲线图，总损伤随预氧化时间的增加也增大，从曲线也可预测其他预氧化时间下的初始总损伤值。

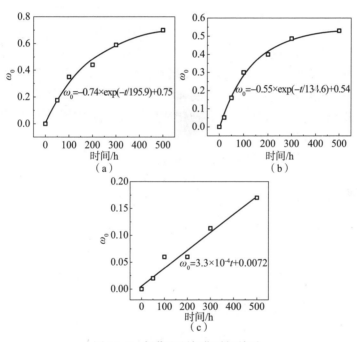

图 10-9　损伤和预氧化时间关系
（a）总损伤；（b）微观结构引起损伤；（c）氧化引起损伤。

在蠕变过程中强化相发生筏化，基体相通道宽度增加，蠕变应变增大，从而加速试件的失效，因此基体微观结构是影响蠕变断裂的一个必不可少的因素。不考虑氧化层及热影响区的作用，仅研究微观结构对蠕变性能的影响，结合之前试验结果可以得到微观结构引起的初始总损伤，其与热处理时间的拟合曲线如图 10-9（b）所示。与总损伤曲线相比，微观结构引起的初始损伤曲线曲率略大。

在高温条件下，由于元素扩散形成外氧化层，氧化层下方强化相元素减少甚至发生元素贫瘠，形成氧化热影响区。当预氧化时间越长时，热影响层厚度就越厚，基体受到的有效应力就越大，蠕变寿命快速下降。为得到氧化热影响区的初始损伤值，根据总损伤和两个分量的关系，总初始损伤排除微观结构的影响即可得到结果。如图 10-9（c）所示，热影响层引起的损伤和热处理时间大体呈线性关系。从图可以看出，如在氧化 200h 下，微观结构和热影响区引起的初始损伤分别大概为 0.4 和 0.05，与微观结构的初始损伤相比，氧化热影响区对蠕变的损伤作用较小。

从前面试验结果可以看出，氧化热影响层的厚度和初始蠕变损伤存在直接的关系。在特定温度下建立的热影响层引起的初始损伤和氧化时间的关系（图 10-9（c））。式（10-2）和式（10-3）给出了不同温度下预氧化时间与热影响层厚度的关系。在此基础上，以氧化热影响层的厚度为特征量，建立其与氧化导致的蠕变初始损伤的关系。根据热影响层厚度与预氧化时间的关系，结合图 10-9（a）得到的总损伤，可以得到热影响层厚度与总损伤的关系，如图 10-10（a）所示。总损伤随厚度的增加而增大，其大致呈线性规律。根据图 10-9（c）的结果，热影响层厚度和相应损伤的曲线如图 10-10（b）所示。初始氧化损伤（包括总损伤、基体演化和热影响层引起的损伤）与氧化时间/热影响层厚度的关系如下：

$$\begin{cases} \omega_{Total} = -0.74 \times \exp(-t_{Oxidation}/195.9) + 0.75 \\ \omega_{\gamma'} = -0.55 \times \exp(-t_{Oxidation}/134.6) + 0.54 \\ \omega_{Oxidation} = 0.00033 \times t_{Oxidation} + 0.0072 \\ \omega_{Total} = 0.01 \times h_{HAL} + 0.0093 \\ \omega_{Oxidation} = 2.3 \times 10^{-5} \times h_{HAL}^2 + 8.2 \times 10^{-4} \times h_{HAL} + 0.0011 \end{cases} \qquad (10-21)$$

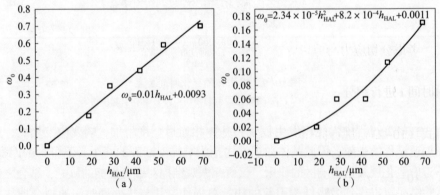

图 10-10　损伤与氧化热影响层的厚度关系

（a）总损伤的关系；（b）氧化引起的初始损伤。

式中：$t_{Oxidation}$ 为预氧化时间；h_{HAL} 为热影响层厚度。从基于热影响层厚度的初始氧化损伤模型可以推广建立其他温度下氧化导致的初始损伤模型。在 980℃下对不同预氧化时间下蠕变试验结果和模拟结果对比如图 10-11 所示。初始氧化损伤模型计算的蠕变曲线与试验结果吻合较好，模型具有较高的精度。氧化 50h 的蠕变曲线仍存在稳态蠕变及加速蠕变阶段，其具有较低的应变速率和较长的蠕变寿命。随氧化时间的增加，氧化 100h 和 200h 的蠕变曲线表明其稳态蠕变阶段时间大大减少，蠕变寿命大概缩短为 67h 和 35h。氧化时间的进一步提高，氧化 300h 和 500h 的蠕变曲线中稳态阶段几乎消失，蠕变寿命大幅度降低，大概为 16h 和 9h。

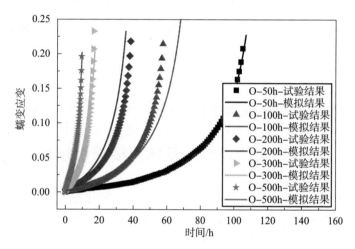

图 10-11　不同预氧化时间下的蠕变试验曲线和模拟曲线对比图

10.7　蠕变协变形理论

考虑分切应力与剪切应变率同时主导的蠕变损伤模型，有

$$\dot{\omega}^{(\alpha)}(1-\omega^{(\alpha)})^{mn}=\dot{\omega}_0\mid\dot{\gamma}_0^{(\alpha)}\mid^m \tag{10-22}$$

对时间 t 进行积分：

$$(1-\omega^{(\alpha)})^{mn+1}=1-(mn+1)\dot{\omega}_0\mid\dot{\gamma}_0^{(\alpha)}\mid^m t \tag{10-23}$$

对式（10-23）进行拆分整理，即可得

$$\omega^{(\alpha)}=1-(1-(mn+1)\dot{\omega}_0\mid\dot{\gamma}_0^{(\alpha)}\mid^m t)^{1/(mn+1)} \tag{10-24}$$

式（10-5）给出蠕变剪应变率 $\dot{\gamma}^{(\alpha)}$ 与分切应力 $\tau^{(\alpha)}$ 的关系，将其代入式（10-24），得

$$\omega^{(\alpha)}=1-[1-(mn+1)A^m\dot{\omega}_0(\tau^{(\alpha)})^{mn}t]^{1/(mn+1)} \tag{10-25}$$

其中，ω 为材料的损伤，$\omega=0$ 代表原始材料没有损伤，$\omega=1$ 代表材料断裂时的损伤值。

将式（10-25）代入蠕变损伤模型式中可得

$$\dot{\gamma}^{(\alpha)} = \frac{A(\tau^{(\alpha)})^n}{[1-(mn+1)A^m \dot{\omega}_0 (\tau^{(\alpha)})^{mn} t]^{n/(mn+1)}} \tag{10-26}$$

对宏观应变率 $\dot{\varepsilon}$ 进行积分，得

$$\varepsilon = \int_0^t \dot{\varepsilon} \mathrm{d}t \tag{10-27}$$

根据协变形理论，内外部材料变形相等即位移相等的原则有

$$u_1 = u_2 \tag{10-28}$$

对蠕变损伤 ω 进行时间积分，当损伤达到 1 时，试件发生蠕变断裂，因此有

$$t_f = \frac{1}{\displaystyle\sum_{\alpha=1}^{N} (mn+1)\dot{\omega}_0 \, |A(\tau^{(\alpha)})^n|^m} \tag{10-29}$$

式中：N 为滑移系的个数；t_f 为蠕变寿命。

10.8　热影响层-基体两相损伤模型

初始损伤模型的前提是假设材料均匀化，而在氧化腐蚀环境下，镍基单晶合金形成的热影响层材料的力学性能已经显著退化，与材料的基体具有不同的力学性能，在蠕变的条件下其损伤演化与基体存在差别，试验观测到该层易萌生微裂纹和微缺陷，加速了试样的蠕变断裂。因此，可以建立一个基体-氧化热影响层的两相模型，赋予不同的蠕变力学参数，氧化的几何模型基于下列规律建立。

（1）蠕变过程中承载截面的大小为原始面积减去尖晶石相层的面积。

（2）承重层主要分为热影响层和基体，热影响层易萌生缺陷，具有与基体不同的蠕变力学参数。

（3）材料的基体在蠕变过程中也会产生热处理预损伤，不同氧化时间下的几何模型具有不同厚度的热影响层，且不同氧化时间下几何模型的基体应赋予相应热处理时间下的初始损伤。

（4）在蠕变过程中基体和热影响层都发生了八面体滑移，这在镍基单晶高温合金单轴应力作用下较为常见。

试样的原始加载应力为 σ_0，随着蠕变的进行，热影响层承载应力为 σ_1，基体承载应力为 σ_2，则有

$$\sigma_1 S_1 + \sigma_2 S_2 = \sigma_0 S_0 \qquad (10\text{-}30)$$

热影响层和基体的变形是一致的，因此有

$$\varepsilon_1 = \varepsilon_2 \qquad (10\text{-}31)$$

即

$$\sigma_1 / \sigma_2 = E_1 / E_2 \qquad (10\text{-}32)$$

根据尖晶石相层和热影响层的生长规律即式（10-1）和式（10-2），热影响层和基体的有效受力面积 S_1 和 S_2 有

$$S_1 = h_{\text{HAL}} l \qquad (10\text{-}33)$$

$$S_2 = S_0 - (h_{\text{HAL}} + h_{\text{moxide}}) l \qquad (10\text{-}34)$$

基于热处理后的初始损伤，给氧化蠕变两相模型赋予两种不同的力学参数去计算蠕变寿命。对热影响层与基体界面的网格进行细化如图 10-12（a），得到 Mises 应力、分切应力、分切应变、基体和热影响层的损伤分布图如图 10-12（b）~（e）所示。内部基体的 Mises 应力和分切应力明显较大，分切应变相差不多，热影响层损伤程度略高。热影响层和基体的 Mises 应力演化如图 10-13 所示。结果表明随预氧化时间的延长，内部应力有一定程度的增大，而热影响层外部应力减小。其主要是随氧化程度的加深，外部氧化越来越严重，氧化热影响层材质较差，无法承受较大应力，内部基体为主要承力载体，氧化层的增厚使得整个受力面积减小，因此内部应力有增大的趋势。预氧化 50h、200h、500h 的热影响层（对应厚度 19μm、42μm 和 70μm 的热影响层）在试样失效时的应力分别为 114.5MPa、138.8MPa 和 148MPa，内部基体的应力为 284.5MPa、291.2MPa 和 299.8MPa。由此可见，热影响区的厚度是影响应力大小的重要因素，厚度越厚，材料失效时内外部所受应力均较大。当厚度一定时，热影响层的外部应力曲线总体呈下降趋势。随着氧化层厚度的增加，应力曲线下降得越来越快。相反，内部基体所受应力总体呈上升的趋势，氧化层越厚其应力增长越快。

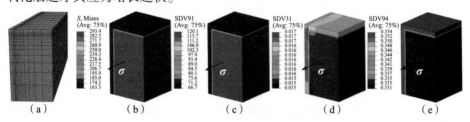

图 10-12 分层模型及计算结果

（a）局部细化的两相网格模型，基体与热影响层的（b）Mises 应力；

（c）分切应力；（d）分切应变；（e）损伤的分布特征。

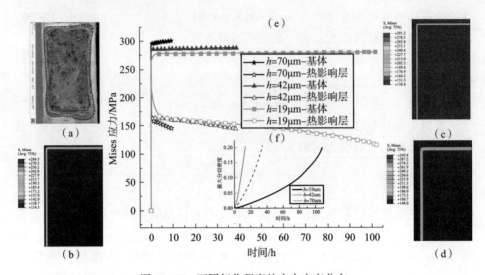

图 10-13 不同氧化程度的应力应变分布

(a) 蠕变断口形貌；(b) 氧化 50h；(c) 氧化 200h；

(d) 氧化 500h 后材料内外应力分布；(e) Mises 应力；(f) 分切应变的演化。

整体而言，基体损伤略小于热影响层损伤，在初始蠕变阶段，热影响层和基体的损伤速度增加较快，同时内外层的损伤差异逐渐减小。从断口形貌可观察到初始热影响损伤层，边界粗糙，呈台阶状撕裂。随预氧化时间的增加，内外部损伤差异更加明显，试样断口形貌也表现出内外层分界更明显，主要是氧化使得外部材料劣化，结构疏松无法承受外部应力，因此在表面容易形成裂纹。以预氧化 500h 为例，由两相模型得到基体和热影响层的损伤演化如图 10-14 所示。早期阶段的基体损伤略小于热影响层损伤，热影响层大概是 $5.943×10^{-3}$，而基体为 $1.632×10^{-3}$，有一定程度的差别。随着时间的延长，在相同的蠕变变形下，两者损伤差距慢慢减小，热影响层损伤大概是 $3.655×10^{-1}$，而基体为 $3.435×10^{-1}$，数值几乎相等。前面的试验结果表明，蠕变过程中微裂纹起源于损伤较大的热影响区，蠕变破坏过程中基体内部也形成了大量的孔洞和微裂纹。模拟结果表明蠕变过程中热影响层与基体之间存在较大的应力差、较小的损伤差和相当大小的应变，其模拟结果与试验结果一致。

图 10-15 为在 980℃ 不同预氧化时间下的蠕变试验曲线和模拟曲线对比图，材料的损伤由内外部两种参数确定，从图中可以看出，模拟结果与试验曲线吻合较好。预氧化 200h 和 500h 后的蠕变试样的断裂寿命要比氧化 50h 试样短 2 倍和 10 倍左右，且氧化 500h 的损伤效果比 200h 更明显。可以看出，氧化 50h 的蠕变变形率较低，随氧化程度的加深，预氧化 200h 的试样在稳态蠕

变的阶段蠕变变形率快速增加。预氧化 500h 的蠕变曲线与前两者有明显不同，其第二个蠕变阶段几乎消失，由第一阶段直接转为第三阶段。

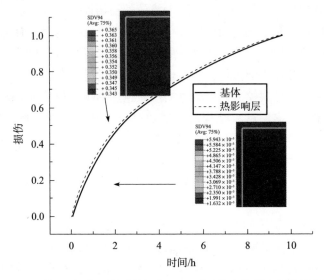

图 10-14　采用两相模型得到预氧化 500h 后基体和热影响层的损伤演化

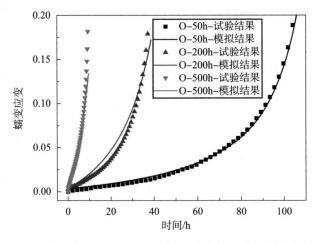

图 10-15　不同预氧化时间下的蠕变试验曲线和模拟曲线对比图

10.9　模型对比

初始预氧化损伤模型为一种唯象模型，具有方便快捷的特点，也适用于其他条件下预氧化和预热处理后的蠕变寿命预测，其建立过程如下：拟合不同初始损伤和蠕变寿命的关系—试验得到不同预处理程度下的蠕变行为—建立初始损伤和预处理程度特征量的关系。这个等效的初始损伤也可以是一个随时间变化的量，可以推广到氧化腐蚀环境作用下镍基单晶合金蠕变寿命的预测，即分别拟合氧化腐蚀环境下和参考环境下的蠕变曲线，得到损伤和时间的关系，损伤差即为氧化腐蚀产生的损伤，对损伤差和时间进行拟合即得到氧化腐蚀产生的等效蠕变损伤。分层模型则可具体揭示氧化热影响层和基体层的失效机理差异，可推广至具有多层材料结构的镍基单晶合金蠕变机理的揭示和寿命的预测，例如带涂层镍基单晶合金的蠕变行为。

10.10　本章小结

（1）本章进行了不同时间预氧化后的蠕变试验，从宏观蠕变断口形貌出发，观察到氧化引起的断裂面积不断增大。从微观结构的角度出发，发现裂纹易萌生于氧化热影响层处，这也是氧化促进蠕变断裂的原因之一。

（2）断口周围的微观组织以"氧化层-氧化热影响层（γ′相消失层）-γ′相减少层-基体层"的结构存在，随预氧化时间的增加，氧化层和热影响层厚度增加，氧化侵蚀更加严重，氧化不均匀程度增加，热影响层内的裂纹密度和深度增加，氧化显著加速了镍基单晶合金的蠕变断裂。

（3）本章基于热影响层增厚动力学模型和晶体塑性理论，建立了两种氧化蠕变模型。利用初始氧化损伤模型可以快速有效地预测镍基单晶高温合金在高温氧化环境下的蠕变寿命。此外，通过两相模型可以得到基体和热影响层的Mises应力、应变、分切应力和应变的分布演化，揭示了基体和热影响层破坏机理的差异。

参考文献

［1］XIA W S, ZHAO X B, YUE L, et al. A review of composition evolution in Ni-based single crystal superalloys ［J］. Journal of Materials Science & Technology, 2020, 44：76-95.

［2］XIA W S, ZHAO X B, YUE L, et al. Microstructural evolution and creep mechanisms in Ni-based single crystal superalloys: a review ［J］. Journal of Alloys and Compounds, 2020, 819：152954.

［3］SATO A, CHIU Y L, REED R C. Oxidation of nickel-based single-crystal superalloys for industrial gas turbine applications ［J］. Acta Materialia, 2011, 59：225-240.

[4] PEI H Q, WEN Z X, LI Z W, et al. Influence of surface roughness on the oxidation behavior of a Ni-4. 0Cr-5. 7Al single crystal superalloy [J]. Applied Surface Science, 2018, 440: 790-803.

[5] RAMSAY J D, EVANS H E, CHILD D J, et al. The influence of stress on the oxidation of a Ni-based superalloy [J]. Corrosion Science, 2019, 154: 277-285.

[6] WANG H L, SUO Y H, SHEN S P. Reaction-diffusion-stress coupling effect in inelastic oxide scale during oxidation [J]. Oxidation of Metals, 2015, 83 (5-6): 507-519.

[7] BENSCH M, PREUßNER J, HÜTTNER R, et al. Modelling and analysis of the oxidation influence on creep behaviour of thin-walled structures of the single-crystal nickel-base superalloy René N5 at 980℃ [J]. Acta Materialia, 2010, 58 (5): 1607-1617.

[8] MANNAVA V, SAMBASIVARAO A, PAULOSE N, et al. An investigation of oxidation/hot corrosion-creep interaction at 800℃ in a Ni-base superalloy coated with salt mixture deposits of $Na_2SO_4-NaCl-NaVO_3$ [J]. Corrosion Science, 2019, 147: 283-298.

[9] YU Z Y, WANG X M, YUE Z F. The effect of stress state on rafting mechanism and cyclic creep behavior of Ni-base superalloy [J]. Mechanics of Materials, 2020, 149: 103563.

[10] HILL R. Generalized constitutive relations for incremental deformation of metal crystals by multislip [J]. Journal of the Mechanics and Physics of Solids, 1966, 14 (2): 95-102.

[11] HILL R, RICE J R. Constitutive analysis of elastic-plastic crystals at arbitrary strain [J]. Journal of the Mechanics & Physics of Solids, 1972, 20 (6): 401-413.

[12] KACHANOV L M. Introduction to continuum damage mechanics [M]. London: Martinus Nijhoff Publishers, 1986.

[13] RABOTNOV Y N, LECKIE F A, PRAGER W. Creep problems in structural members [J]. Journal of Applied Mechanics, 1970, 37 (1): 249.

[14] YEH N M, KREMPL E, DANGVAN K, et al. Advances in Multiaxial Fatigue [M]. ASTM, 1993.

第 11 章
高温氧化对镍基单晶合金热疲劳裂纹萌生的影响

11.1 引言

在燃气涡轮发动机服役过程中，其热端部件例如涡轮叶片合金材料在发动机启动、加速和刹车过程中通常会承受温度的突然变化。当服役温度突然上升或下降时，热端部件合金材料内部和外部会出现较高的温度梯度并产生较大的瞬态热应力[1-2]，这个过程被称为"热冲击"。热冲击的反复施加会导致合金发生热疲劳，已成为燃气涡轮发动机热端部件寿命的重要限制因素。镍基单晶高温合金因拥有良好的高温力学性能而被广泛应用于航空发动机的热端部件。近年来，针对镍基单晶高温合金的热疲劳行为已经出现相关的研究[3-8]，但大多从试验观察角度进行。瞬态热冲击条件下的热应力分布、热疲劳裂纹萌生及扩展行为相关的模拟研究还比较少。并且，常规的测试方法很难准确得出叶片的瞬时温度场和应力场。计算机数值模拟技术在各个领域的广泛应用，为涡轮叶片热应力分布研究提供了新的思路。本章将试验和有限元模拟结合，对镍基单晶高温合金 V 形缺口试样瞬时热冲击条件下的热应力分布、热冲击疲劳裂纹萌生行为进行研究，此研究对镍基单晶高温合金涡轮叶片的寿命预测具有重要参考意义。

11.2 瞬态热冲击疲劳裂纹萌生试验

通过《中国高温合金手册》[9] 查得目标镍基单晶合金的材料密度为 $8780kg/m^3$，不同温度下的热学和力学参数见表 11-1。根据材料手册中关于目标镍基单晶合金的物理性质的描述，其力学性能具有明显的各向异性，而热学性能几乎是各向同性的。$\sigma_{0.2}$ 为塑性屈服强度，E、μ 和 G 分别表示弹性模量、泊松比和剪切模量，C 表示比热容，λ 表示热传导系数，α 表示热膨胀系数，表中 E、μ 和 G 均为 ［001］ 方向的数据。

表 11-1　目标镍基单晶合金热学和力学参数

温度/℃	$\sigma_{0.2}$/MPa	E/GPa	μ	G/GPa	C/(J/kg·℃)	λ/(W/m·℃)	α/10^6℃
25	930	131	0.344	155	332.5	6.78	11.92
300					427	11.15	
600					531	17.6	13.15
650	940	107.5					
700	930	107			566	20.2	13.53
760	935	105.5	0.377	115			
800					600	22.3	14.19
850	1030	98	0.383	106			
900			0.386	97	635	24.55	14.39
980	680	80.5	0.39	86			
1000	627	78.1	0.392	73	669	26.8	15.00

试样被加工成尺寸为 14mm×10mm×2mm 的 V 形缺口矩形平板，如图 11-1 所示。试样的长度、宽度和厚度方向分别平行于 ［001］、［010］ 和 ［100］ 取向（误差小于 5°）。缺口圆弧半径为 0.2mm，开口方向垂直于 ［001］ 取向。热疲劳试验前在超声波中用丙酮和无水乙醇对试样清洗 10 分钟。为了便于下面的分析，定义了角度 θ，逆时针方向为正方向，如图 11-1 所示。

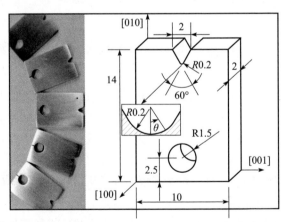

图 11-1　试样几何尺寸 (mm) 和 V 形缺口处 θ 角的定义

试验方法参见 HB 6660-2011《金属板材热疲劳试验方法》。热冲击疲劳裂纹萌生试验过程如图 11-2 所示，热循环上限温度 T_{max} 分别为 760℃、900℃和

1000℃，通过电阻炉进行加热。循环周期为80s，炉内加热60s，水冷20s，试样夹具的上升和下降由计算机和伺服电动机控制。通过热电偶监测加热炉中的气氛温度和冷却池中的水温，波动不超过±3℃，温度采集频率为每秒10次。在初始阶段，在 T_{max} 分别为760℃、900℃和1000℃条件下分别每隔100、50和20次循环对试样进行裂纹萌生的观测，每个上限温度至少测试5个试样。经过一定数量的热循环后，将试样研磨并抛光以除去表面氧化物，这样可以更清楚地观察裂纹形态。使用三维超宽景深光学显微镜和扫描电子显微镜来研究热疲劳裂纹的萌生行为。根据本研究中的其他标准[10-11]，热疲劳裂纹萌生寿命 N_{ini} 定义为形成0.1mm长主裂纹所需的热/冷却循环次数。金相分析用于研究热疲劳裂纹萌生的模式和机理。

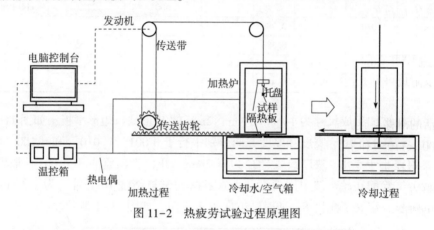

图11-2　热疲劳试验过程原理图

11.3　瞬态热冲击裂纹萌生寿命及形貌

采用Origin软件对测量得到的平均主裂纹长度随循环次数的变化规律进行分析，其中3个试样的测量结果如图11-3所示。镍基单晶高温合金瞬态热冲击疲劳裂纹的萌生和扩展大致可分为三个阶段，即裂纹萌生阶段、稳定快速扩展阶段和减速扩展阶段。热疲劳裂纹的萌生和扩展阶段之间具有明显的界限，裂纹萌生阶段的扩展速率明显较慢，这与合金在恒温下的机械疲劳裂纹扩展行为不同。对于恒温条件下的机械疲劳试样，一旦裂纹萌生随后将迅速发生扩展，并且试样疲劳寿命主要取决于裂纹萌生。而对于热疲劳，瞬态热应力的产生很大程度上取决于试样本身的几何形状。随着裂纹的扩展，热应力首先增加然后减小，裂纹萌生阶段不同上限温度下，镍基单晶合金V形缺口试样缺口周围裂纹形貌如图11-4所示。主裂纹的萌生位置大致在缺口周围约为±45°处，主裂纹的总体扩展方向呈现出一定的晶体学特征，与［001］方向大致成±45°夹角，裂纹扩展路径显示出晶体滑移剪切的特征。三种上限温度下裂纹萌生阶段裂纹尖端区域的 SEM 形态和微观失效机理分别如图 11-5（a）、（b）和（c）所示。微观失效机理示意图中实线表示裂纹，黑色虚线表示滑移迹线。在 T_{max} = 760℃时，主裂纹周围出现了一些剪切 γ′ 相的滑移痕迹，这些滑移痕迹线大致平行于裂纹传播方向（与［001］方向成45°夹角）。因此在 T_{max} = 760℃时，晶体滑移剪切是导致热疲劳裂纹萌生的主要机理。在 T_{max} = 900℃条件下，由于部分裂纹沿着 γ 相通道进行扩展，使得裂纹整体上和［001］方向之间的夹角小于45°，如图 11-5（b）中的箭头所指位置。但是在 γ′ 相内部，裂纹扩展方向与［001］方向之间的角度仍为45°。γ 相通道内裂纹的扩展路径呈现出"之"字形特征，局部与［001］方向之间的夹角仍为45°。此外，主裂纹周围还有一些滑移痕迹，在 T_{max} = 900℃条件下，晶体滑移剪切仍为镍基单晶合金 V 形缺口附近主要的裂纹萌生机理。在 T_{max} = 1000℃条件下，由于温度较高，热影响区首先在裂纹扩展之前形成，在主裂纹附近可见大量的由平行的滑移迹线组成的滑移带，滑移带中的 γ′ 相在 100 次循环后发生一定程度的扭曲，如图 11-5（d）所示。镍基单晶合金有三组可以被激活的滑移系族，即八面体滑移族（Oct1，{111}<110>）、六面体滑移族（Cub，{100}<110>）和十二面体滑移族（Oct2，{111}<112>），分别包括 12 个、6 个和 12 个滑移系。镍基单晶高温合金的拉伸试验表明，八面体滑移族在 900℃以下会被激活，而高于 900℃时，十二面体和六面体滑移族将同时被激活[12]。Neu[13]得出结论：在较低温条件下，晶体裂纹扩展倾向于沿八面体滑移面，而在较高温度下，裂纹的扩展则倾向于 I 型张开。Liu[14] 也发现镍基单晶高温合金 DD32 和 SRR99 在热疲劳过程中易于激活的滑移系为 {111}<110>。因此，结合观测到的裂纹和滑动迹线的形态以及文献研究结果，可以得出镍基单晶合金热疲劳裂纹萌生阶段八面体滑移系主要被激活。

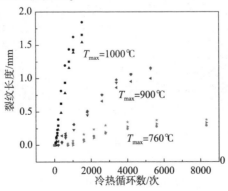

图 11-3　三种 T_{max} 条件下热疲劳裂纹扩展动力学

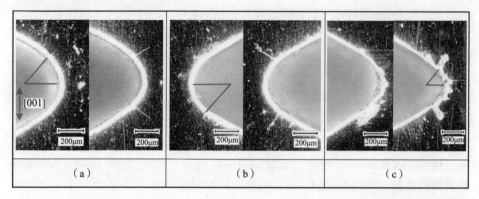

图 11-4　裂纹萌生阶段不同上限温度/热循环次数下 V 形缺口周围裂纹超景深光学显微形貌
(a) 760℃-1600~2790 次；(b) 900℃-260~600 次；(c) 1000℃-50~100 次。

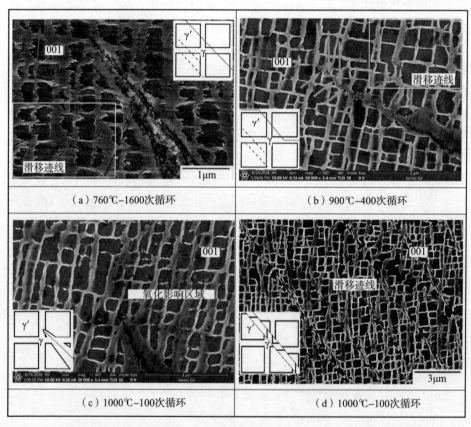

图 11-5　不同上限温度/热循环次数下裂纹萌生阶段裂纹尖端区域的 SEM 形态和微观失效机理
(a) 760℃-1600 次；(b) 900℃-400 次；(c) 1000℃-100 次；(d) 1000℃-100 次。

在上限温度为 760℃、900℃ 和 1000℃ 条件下，目标镍基单晶合金热疲劳裂纹萌生寿命分别为 1600、400 和 80 次循环。可以看出，上限温度对热疲劳裂纹萌生行为具有显著影响。Han[15] 发现上限温度每上升 100℃，热疲劳寿命（当裂纹长度达到 0.5mm 时的热疲劳循环次数）将减少 1~6 倍。随着上限温度升高，裂纹周围高温氧化程度增加。上限温度 T_{max} 与 0.5mm 长裂纹的热疲劳萌生寿命 $N_{0.5}$ 之间的关系可用表示为

$$T_{max} = AN_{0.5}^{b} \tag{11-1}$$

Li[16] 认为金属的热疲劳裂纹萌生寿命（当裂纹长度达到 0.25mm 时的热疲劳循环次数）与许多因素有关，例如温度梯度和高温氧化。热疲劳的本质是热应力引发热应变，然后产生热应变疲劳。热疲劳裂纹萌生寿命满足以下公式：

$$N_{i} = \frac{\varepsilon_{f}^{2}}{K_{\varepsilon}\eta\alpha(\Delta T - \Delta T_{0})^{2}} \tag{11-2}$$

式中：ε_{f}、K_{ε}、η 和 α 为与材料和缺口几何形状相关的常数。因此，式（11-2）可以写成：

$$N_{i} = \frac{K}{(\Delta T - \Delta T_{0})^{2}} \tag{11-3}$$

使用上述两个方程拟合本研究的试验结果，可以推导出以下方程：

$$T_{max} = \frac{1461.4}{N_{ini}^{0.08596}}, \quad N_{ini} = \frac{1.6311 \times 10^{7}}{(\Delta T - 640℃)^{2}} \tag{11-4}$$

其中 N_{ini} 表示当裂纹长度扩展到 0.1mm 时的热疲劳寿命，如图 11-6（a）和图 11-6（b）所示。可以得出，镍基单晶合金的热疲劳裂纹萌生寿命临界温差 ΔT 为 640K。

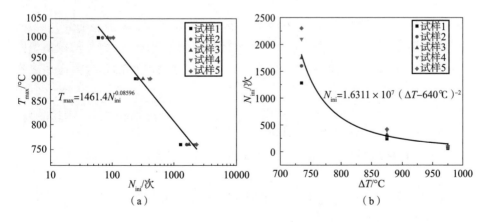

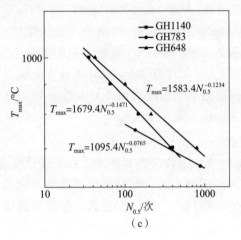

图 11-6　不同拟合方程下镍基高温合金热疲劳裂纹萌生寿命拟合结果

（a）$T_{max} = 1461.4N_{ini}^{-0.08596}$；（b）$N_{ini} = 1.6311 \times 10^7 \ (\Delta T - 640℃)^{-2}$；

（c）文献［15］中三种镍基高温合金的热疲劳裂纹萌生寿命拟合结果。

11.4　瞬态热冲击疲劳裂纹萌生寿命预测

11.4.1　各向异性瞬态热冲击本构理论

　　镍基单晶高温合金力学性能表现出明显的各向异性，而热学性能则不明显[9]，本书近似认为各向同性。三维无内热源瞬态热传导微分方程可表示为

$$\frac{\partial^2 T}{\partial x^2} + \frac{\partial^2 T}{\partial y^2} + \frac{\partial^2 T}{\partial z^2} = \frac{\rho C}{\lambda}\frac{\partial T}{\partial t} \tag{11-5}$$

式中：T 为试样内部当前温度场；ρ 为密度；C 为比热容；λ 为热导率；t 为时间。根据第三类边界条件考虑试样和周围流体之间的热传递。试样的表面温度场为 T_w，周围流体温度场为 T_f，周围流体与试样表面之间的综合表面换热系数为 H，则边界条件可表示为

$$-\lambda\left(\frac{\partial T}{\partial n}\right)_w = H(T_w - T_f) \tag{11-6}$$

式中：n 为试样边界外法线的方向，试样的表面温度场为 T_w 最初的条件是

$$T(x, y, z, t=0) = T_0(x, y, z) \tag{11-7}$$

　　采用顺序耦合方法，根据计算的瞬态温度场作为条件可计算得到应力场。总应变通常由三部分组成：

$$\varepsilon = \varepsilon_e + \varepsilon_p + \varepsilon_{th} \tag{11-8}$$

式中：ε_e、ε_p、ε_{th} 分别为弹性应变、塑性应变和热应变。热应变满足以下等式：

$$\varepsilon_{th} = \Delta (T - T_0) \tag{11-9}$$

式中：Δ 为材料的热膨胀系数。在纯弹性条件下，可以得到应力-应变关系：

$$\sigma_e = C_e \varepsilon_e \tag{11-10}$$

式中：C_e 为弹性系数矩阵。

镍基单晶高温合金为沉淀强化，由基体相和强化相组成，强化相均匀分布在基体相中。由于强化相和基体相都是面心立方晶体结构，因此材料的力学行为具有晶体取向相关性的特征。对于镍基单晶高温合金，弹性系数矩阵为

$$(C_e) = \begin{pmatrix} C_{11} & C_{12} & C_{12} & 0 & 0 & 0 \\ C_{12} & C_{11} & C_{12} & 0 & 0 & 0 \\ C_{12} & C_{12} & C_{11} & 0 & 0 & 0 \\ 0 & 0 & 0 & C_{44} & 0 & 0 \\ 0 & 0 & 0 & 0 & C_{44} & 0 \\ 0 & 0 & 0 & 0 & 0 & C_{44} \end{pmatrix} \tag{11-11}$$

其中 $C_{11} = E(1-\mu)/(1+\mu)(1-2\mu)$、$C_{12} = E\mu/(1+\mu)(1-2\mu)$ 和 $C_{44} = G$。E、μ 和 G 分别为目标镍基单晶合金 [001] 方向的弹性模量、泊松比和剪切模量。

在弹塑性条件下，晶体塑性理论从晶体学特征的滑移变形出发，可以准确地预测晶体材料的各向异性力学行为以及变形过程中组织结构的演变和发展。在晶体塑性理论中，滑移系的分切应力与宏观应力之间的关系被描述为

$$\tau^{(\alpha)} = \sigma : P^{(\alpha)} \tag{11-12}$$

$$P^{(\alpha)} = \frac{1}{2}(m^{(\alpha)}n^{(\alpha)^T} + n^{(\alpha)}m^{(\alpha)^T}) \tag{11-13}$$

式中：$\tau^{(\alpha)}$ 为分切应力，$P^{(\alpha)}$ 为取向因子并且 σ 为热应力。基于晶体塑性几何变形，可建立应力变化率和分切应变率关系如下：

$$\hat{\sigma} = EMT : A - \sum_{\alpha=1}^{n} [EMT : P^{(\alpha)} + B^{(\alpha)}] \dot{\gamma}^{(\alpha)} \tag{11-14}$$

式中：EMT 为瞬时弹性模量张量；$\hat{\sigma}$ 为应力变化率；A 为变形率张量；$\dot{\gamma}^{(\alpha)}$ 为分切应变率，可得

$$B^{(\alpha)} = W^{(\alpha)} \sigma - \sigma W^{(\alpha)} \tag{11-15}$$

式中：W 为旋转张量。

通常情况下，每一个滑移系的分切应变率 $\dot{\gamma}^{(\alpha)}$ 可采用一个率相关的幂方

程来描述，如下表达式所示：

$$\dot{\gamma}^{(\alpha)} = \dot{\gamma}_0 \left| \frac{\tau^{(\alpha)}}{\tau_0^{(\alpha)}} \right|^{\frac{1}{m}} \mathrm{sign}(\tau^{(\alpha)}) \tag{11-16}$$

式中：$\dot{\gamma}_0$ 为参考剪切应变率；$\tau_0^{(\alpha)}$ 为临界分切应力；m 为应变速率的灵敏指数。冷却过程中的最大应变速率可在 $0.01 \sim 0.1\mathrm{s}^{-1}$ 范围。应考虑应变率对材料弹塑性行为的影响。塑性宏观应变与滑移系的分切应变之间的关系可表示为

$$\varepsilon_p = \sum \gamma^{(\alpha)} \boldsymbol{P}^{(\alpha)} \tag{11-17}$$

Asaro 等[17-18] 指出滑移系分切应力的演变遵循如下硬化规律：

$$\dot{\tau}_0^{(\alpha)} = \sum_{\beta=1}^{N} h^{\alpha\beta} |\dot{\gamma}^{\beta}| \tag{11-18}$$

式中：$h^{\alpha\beta}$ 为硬化系数，它决定了滑移系 β 中的滑移剪切量对滑移系 α 所造成的硬化。$h^{\alpha\beta}$ 可以通过下式确定：

$$h^{\alpha\beta} = \boldsymbol{q}^{\alpha\beta} h_{\beta} \tag{11-19}$$

式中：$\boldsymbol{q}^{\alpha\beta}$ 为描述潜硬化的矩阵；h_{β} 为单滑移硬化率。本章采用的硬化率为

$$h_{\beta} = h_0 \left(1 - \frac{\tau_{\alpha}}{\tau_s}\right)^p \tag{11-20}$$

式中：h_0 为硬化模量；τ_s 和 p 为模型参数。

然而，在热疲劳条件下，温度的变化将不可避免地影响临界分切应力的演变。因此，临界分切应力的变化率应表示为滑移率和温度变化率的函数。结合式（11-18）~式（11-20），恒温下临界分切应力的演变速率可表示为

$$\dot{\tau}_0^{(\alpha)} = h_0 \left(1 - \frac{\tau_{\alpha}}{\tau_s}\right)^p \sum_{\beta=1}^{N} \boldsymbol{q}^{\alpha\beta} |\dot{\gamma}^{\beta}| \tag{11-21}$$

上述公式又可写成

$$\dot{\tau}_0^{(\alpha)} \left(1 - \frac{\tau_0^{(\alpha)}}{\tau_s}\right)^{-p} = h_0 \sum_{\beta=1}^{N} \boldsymbol{q}^{\alpha\beta} |\dot{\gamma}^{\beta}| \tag{11-22}$$

假设材料参数 h_0、τ_s、p 和 $\boldsymbol{q}^{\alpha\beta}$ 为与时间无关的常量，将式（11-22）对时间积分得到

$$\frac{-\tau_s}{-p+1} \left(1 - \frac{\tau_0^{(\alpha)}}{\tau_s}\right)^{-p+1} \Bigg|_0^t = h_0 \sum_{\beta=1}^{N} \boldsymbol{q}^{\alpha\beta} \int_0^t |\dot{\gamma}^{\beta}(\tau)| \mathrm{d}\tau \tag{11-23}$$

式（11-22）与式（11-23）又可写成

$$\frac{\tau_s}{p-1} \left(\frac{1}{1 - \dfrac{\tau_0^{(\alpha)}}{\tau_s}}\right)^{p-1} \Bigg|_0^t = h_0 \sum_{\beta=1}^{N} \boldsymbol{q}^{\alpha\beta} \int_0^t |\dot{\gamma}^{\beta}(\tau)| \mathrm{d}\tau \tag{11-24}$$

定义 S_0 为 $\tau_0^{(\alpha)}$ 在 $t=0$ 时的初值，上述公式又可写成

$$\frac{\tau_s}{p-1}\left(\frac{1}{\frac{1-\tau_0^{(\alpha)}}{\tau_s}}\right)^{p-1} - \frac{\tau_s}{p-1}\left(\frac{1}{\frac{1-S_0}{\tau_s}}\right)^{p-1} = h_0 \sum_{\beta=1}^{N} \boldsymbol{q}^{\alpha\beta} \int_0^t |\dot{\boldsymbol{\gamma}}^{\beta}(\tau)|\,\mathrm{d}\tau$$

(11-25)

假设 h_0 与 τ_0 是温度 T 的方程，将式（11-25）对时间微分得

$$\dot{\tau}_0^{(\alpha)} = h_0\left(1 - \frac{\tau_0^{(\alpha)}}{\tau_s}\right)^p \sum_{\beta=1}^{N} \boldsymbol{q}^{\alpha\beta} |\dot{\boldsymbol{\gamma}}^{\beta}| + \frac{\mathrm{d}h_0}{\mathrm{d}T}\dot{T}\left(1 - \frac{\tau_0^{(\alpha)}}{\tau_s}\right)^p$$

$$\sum_{\beta=1}^{N} \boldsymbol{q}^{\alpha\beta} \int_0^t |\dot{\boldsymbol{\gamma}}^{\beta}(\tau)|\,\mathrm{d}\tau + \left(\frac{\frac{1-\tau_0^{(\alpha)}}{\tau_s}}{\frac{1-S_0}{\tau_s}}\right)^p \frac{\mathrm{d}S_0}{\mathrm{d}T}\dot{T}$$

(11-26)

可知，式（11-26）较经典 Asaro 临界分切应力演化定律式（11-21）增加了温度相关项。因为 h_0 随温度的变化不明显，式（11-26）右边第二项对结果的影响不显著，可以略去，可得

$$\dot{\tau}_0^{(\alpha)} = h_0\left(1 - \frac{\tau_0^{(\alpha)}}{\tau_s}\right)^p \sum_{\beta=1}^{N} \boldsymbol{q}^{\alpha\beta} |\dot{\boldsymbol{\gamma}}^{\beta}| + \left(\frac{\tau_s - \tau_0^{(\alpha)}}{\tau_s - S_0}\right)^p \frac{\mathrm{d}S_0}{\mathrm{d}T}\dot{T}$$

(11-27)

则根据施密特法则，初始临界分切应力 $S_0 = \sigma_{0.2}/\sqrt{6}$。在恒温条件下，式（11-26）的第二项为零，公式将退化为经典的 Asaro 临界分切应力演化定律。根据如上晶体塑性理论，目标镍基单晶合金在不同温度下模拟得到的拉伸应力-应变曲线与试验结果对比如图 11-7 所示，二者具有较高的一致性。

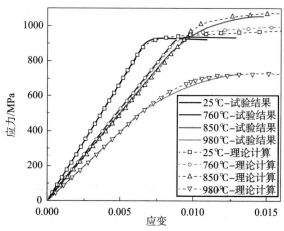

图 11-7　镍基单晶合金不同温度下宏观应力-应变曲线模拟结果与试验结果对比

11.4.2 寿命预测模型

本章采用了 ABAQUS/Standard 主求解器。根据试样的形状和尺寸，建立了一个三维热-力耦合模拟半模型，由 16384 个单元组成。模型 V 形缺口周围的网格形状如图 11-8 所示。该网格模型采用 C3D8R 和 C3D6 单元类型，采用顺序耦合方法计算模型的热应力场，UMAT 子程序用于分析塑性行为，对缺口部位局部网格进行了细化，采用的模型参数如表 11-2 所列。

图 11-8 含 16384 个单元的 1/2 模型的缺口处的网格形状

表 11-2 本构模型参数

m	$\dot{\gamma}_0$	p	h_0	τ_s	S_0
0.02	0.03	1.3	$1.2S_0$	$1.5S_0$	$\sigma_{0.2}/\sqrt{6}$

在加热过程中，试样表面的热传递包括对流传热和辐射传热。参考相关研究[19]，加热过程中可以将两种换热系数简化为 200W/(℃/m²) 的综合传热系数。水冷过程中则相对较为复杂，通常情况下，换热系数先增加后减小，因为试样在水冷过程中存在 3 个不同的传热阶段，即薄膜沸腾阶段、气泡沸腾阶段和对流阶段。与其他研究数据不同，本书中考虑了此 3 个冷却阶段带来的影响。使用非线性估计方法，基于特定形状试样的测量温度值，得到了 3 个上限温度条件下的换热系数变化与温度的关系。

11.4.3 寿命预测结果

单晶塑性变形的主要机制是在分切应力的激励下产生分切应变。因此，使用分切应力造成的损伤来评估镍基单晶合金的热疲劳裂纹萌生寿命是可行的。

$$N_{\text{ini}} = \frac{1}{\nabla D_i^{\text{fat}}} \tag{11-28}$$

并且

$$\nabla D_i^{\text{fat}} = \sum_{\alpha=1}^{12} \left[\frac{|\tau_{\max}^\alpha|}{S_{\text{foct}}} \right]^{m_{\text{foct}}} \left[\left| \frac{\dot{\gamma}_{\max}^\alpha}{\dot{\gamma}_{\text{foct}}} \right| \right]^{n_{\text{foct}}} \qquad (11-29)$$

由于应变速率对温度敏感，因此需要在温度梯度中考虑温度效应。因此，需使用如下循环损伤准则[20]：

$$\nabla D_i^{\text{fat}} = \sum_{\alpha=1}^{12} \left[\frac{|\tau_{\max}^\alpha|}{S_{\text{foct}}} \right]^{m_{\text{foct}}} \left[\left| \frac{\dot{\gamma}_{\max}^\alpha}{\dot{\gamma}_{\text{foct}}} \right| \right]^{n_{\text{foct}}} \exp\left(-\frac{Q^c}{RT} \right) \qquad (11-30)$$

式中：T 为绝对温度；R 和 Q^c 均为材料参数；$\dot{\gamma}_{\max}^\alpha$ 和 $\tau_{\max}^\alpha$ 分别为循环过程中的最大分切应变率和最大分切应力。参数 m_{foct} 在 450℃ 以上为 $T/100$，在 450℃ 以下为 4.5。n_{foct} 的值可通过最大热应力点对应的温度下的单轴低周疲劳试验进行计算和校正，其随温度的变化如表 11-3 所列。S_{foct} 的值分别为 $2.5S_0$ 和 10，S_0 为相应温度下的初始临界分切应力。

表 11-3　n_{foct} 的值随温度的变化情况

温度/℃	n_{foct}
<450	0.25
450	0.2
600	0.15
700	0.12
800	0.11
>900	0.1

通过顺序耦合方法计算了模型在循环温度下的瞬态温度场、应变场和应力场。将每个冷却或加热过程设定为一个计算步。以 $T_{\max} = 1000℃$ 为例，在第一个加热步中计算的最大分切应力为 92.6MPa，远低于初始临界分切应力。因此，为提高计算效率，模拟从第一个冷却步开始。本章分析了前几个热循环过程中的最大八面体分切应力和损伤演化行为，如图 11-9 所示。在第一个冷却步中，最大分切应力为 424.6MPa，高于当前温度下初始临界分切应力，出现在缺口周围大致±45°处。可以推断，缺口附近的部分高应力区域超过了屈服应力。冷却后，残余应力出现在缺口周围约±30°处。在随后的加热过程中，最大分切应力达到 232.7MPa。在第二个冷却步中，热应力最大值明显小于第一个冷却步。一方面，这是因为在第一个冷却步中局部区域产生了塑性应变；另一方面，在前一个加热步中，试样的温度没有完全达到上限温度。最大分切应力在随后的热循环过程中保持稳定。损伤的演化具有类似的行为。在第二个冷却步后，稳定的最大损伤出现在缺口周围约±45°处和沿厚度方向的 3/8 和 5/8 位置处。随后创建了通

过稳定最大损伤节点（由箭头指向）的路径（图11-9（a）中的曲线）。为了显示稳定最大损伤节点的位置，$T_{max}=1000℃$条件下不同时刻（图11-9（a）中的1、2、3和4时刻）沿路径的最大分切应力和损伤如图11-9（b）和图11-9（c）所示。因此，采用相应的最大稳定损伤值1.569×10^{-2}用于计算热裂纹萌生寿命。

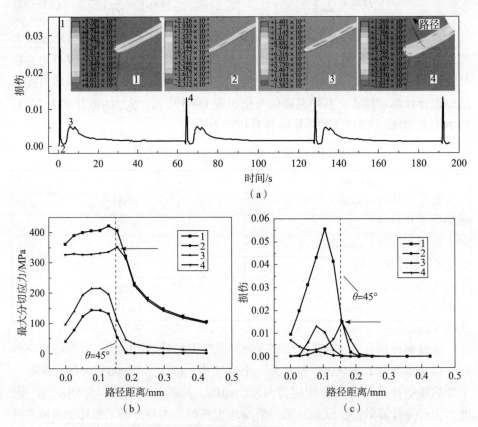

图 11-9　（a）最大值点的损伤演化规律；（b）$T_{max}=1000℃$下特定

时刻沿指定路径的最大分切应力分布；（c）损伤分布。

图 11-10 比较了不同上限温度下镍基单晶合金热疲劳裂纹萌生寿命的预测值和试验值。从图中可以看出，预测值普遍低于试验值，这是因为试验值是裂纹扩展到 0.1mm 时的冷热循环次数，而预测值则是缺口最大稳定损伤点处的损伤积累达到 1 时的冷热循环次数。此外，试验过程中裂纹周围的高温氧化和材料力学性能的退化等因素的综合作用导致了试验值较小。具体的试验影响因素将在后面的内容中进行详细讨论。

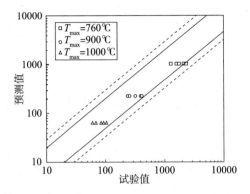

图 11-10 热疲劳裂纹萌生寿命试验值和预测值对比

11.5 瞬态热应力的产生机理

在一个热冲击过程中，瞬时温度梯度可能导致试样应力集中区域产生较大的热应变和热应力。在热应力达到屈服强度后，塑性应变将开始累积，塑性应变的不断累积导致局部材料失效，由此热疲劳裂纹萌生。以 $T_{max}=1000℃$ 为例，冷却过程中节点 A 到节点 G 之间的温度梯度明显高于加热过程。加热过程中最大主应力为 -237MPa，为压缩应力。由于该应力小于材料的屈服强度，故此加热过程中的热应力没有使材料发生屈服。而在冷却过程中，纯弹性条件下的最大主应力为 1340MPa，为拉应力，该应力超过了材料的屈服强度，如图 11-11（a）所示。在弹塑性条件下，冷却过程中的最大主应力为 1287.6MPa，如图 11-11（b）

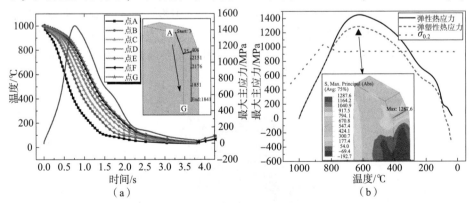

图 11-11 （a）点 A~G 的温度随时间的变化和相应的第一次冷却过程中弹性阶段的最大应力点的主应力随时间的变化规律；（b）第一次冷却过程中弹性和弹塑性阶段最大应力点的最大主应力随温度的变化规律。

所示。冷却过程中试样缺口处的最大主应力可在 1s 内达到塑性屈服强度。因此，冷却过程中的最大应变速率大致为 $0.01 \sim 0.1 s^{-1}$。从应力最大时的温度和应力分布可以看出，较高应力区域的温度均低于 850℃。

11.6　瞬态热冲击过程中分切应力–应变变化规律

由试验结果可以看出，沿八面体滑移面的滑移剪切是导致镍基单晶合金热疲劳裂纹萌生的主要方式。在热疲劳裂纹扩展过程中，由于试样的完整性发生了变化，裂纹尖端周围的热应力分布发生了明显变化。一些局部裂纹扩展方向将偏离原始滑移方向并呈现 I 型（张开型）的特征。在扩展到一定长度后，裂纹扩展模式又转变为晶体滑移剪切。随着热疲劳裂纹长度的增加，裂纹扩展模式可归纳为"晶体滑移剪切—I 型开裂—晶体滑移剪切"。故此，镍基单晶合金在热疲劳裂纹萌生阶段，八面体滑移系族主要被激活。八面体滑移族由 3 个滑移面组成，每个滑移面具有 3 个滑移方向，如图 11－12、图 11－13 和表 11-4 所示。可以看出，八面体滑移系族包括了 12 个滑移系。这些滑移系是相互关联的，并且不同的滑移系可以在（100）平面上形成相互平行或垂直的滑移迹线。图 11-5 中所示的滑移迹线可以属于不同的滑移平面和滑移系。因此，在特定的区域中，主要被激活的滑移平面和滑移方向是固定的。损伤的产生主要取决于塑性分切应变率和分切应力，分切应力超过临界分切应力的滑移系将导致损伤的累积。当分切应力大于临界分切应力时将产生塑性分切应变。然而，当分切应力小于临界分切应力时，塑性分切应变为零，并且分切应变率也几乎为零，此时滑移系无损伤累积。以 $T_{max} = 1000℃$ 条件下最大稳定损伤节点为例，单个冷却循环过程中 12 个滑移系的分切应力和分切应变率的变化曲线分别如图 11-14 和图 11-15 所示。参与损伤累积的滑移系最大分切应力处

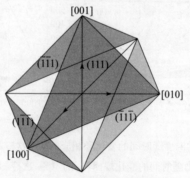

图 11－12　八面体滑移系的滑移面

的分切应力和分切应变率分布分别如图 11-16 和图 11-17 所示。参与损伤累积的滑移系主要有(111)[10$\bar{1}$]、(111)[0$\bar{1}$1]、($\bar{1}$ $\bar{1}$1)[011]和($\bar{1}$ 11)[101]，其中(111)[10$\bar{1}$]滑移系产生的分切应力最大。因此，对于特定的位置，参与损伤累积的主要是超过临界分切应力的滑移系。

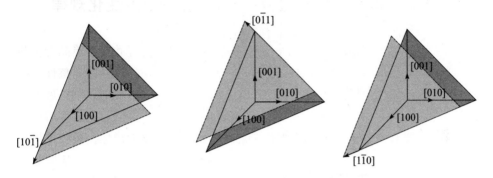

图 11-13 （111）滑移面的滑移方向

表 11-4 12 个八面体滑移系对应的分切应力

SS No.	τ1	τ2	τ3	τ4	τ5	τ6	τ7	τ8	τ9	τ10	τ11	τ12
滑移平面		(111)			($\bar{1}$1$\bar{1}$)			(11$\bar{1}$)			($\bar{1}$11)	
滑移方向	[10$\bar{1}$]	[0$\bar{1}$1]	[1$\bar{1}$0]	[10$\bar{1}$]	[110]	[011]	[110]	[0$\bar{1}$1]	[101]	[011]	[101]	[1$\bar{1}$0]

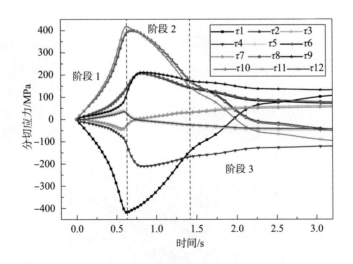

图 11-14 最大稳定损伤点处的八面体分切应力随时间的变化趋势

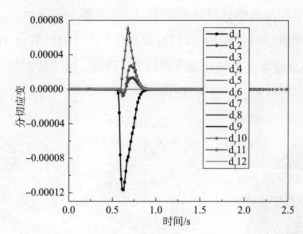

图 11-15　最大稳定损伤点处的八面体分切应变随时间的变化趋势

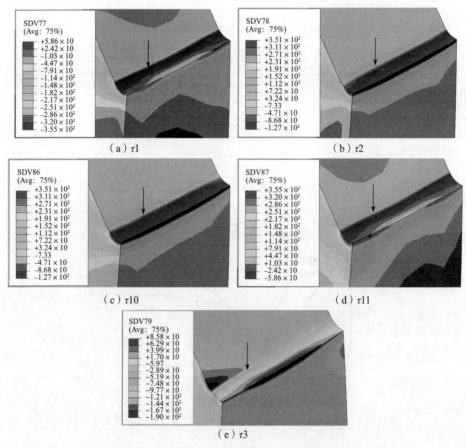

图 11-16　单个冷却循环中不同滑移系的最大分切应力分布

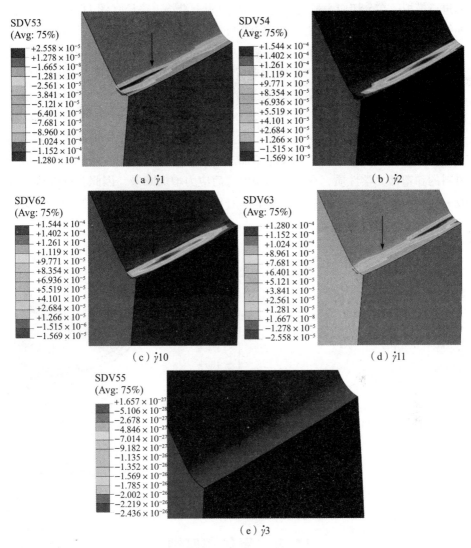

图 11-17 单个冷却循环中不同滑移系的最大分切应变分布

11.7 温度对瞬态热冲击应力–应变的影响

如上文所述，Han[15] 认为上限温度的增加会明显降低材料的热应力，从而导致热疲劳寿命的降低。Li[16] 认为热疲劳裂纹的萌生寿命与温度梯度和高温氧化等诸多因素有关。热疲劳的本质是热应力引发热应变，然后发生热应变疲劳。因此对不同上限温度下镍基单晶高温合金 V 形缺口试样的瞬态热冲击应力和应变进行模拟。在分切应力最大时刻试样缺口附近沿特定路径（图11-9（a）中的曲线）的分切应变和分切应力分布如图11-18所示。在该模型中，分切应变表示相应位置由于分切应力而产生的塑性应变。仿真结果表明，模型在3种上限温度下的最大主应变和分切应变的差异明显大于最大主应力和分切应力的差异。此外，温度均衡后上限温度为760℃、900℃和1000℃条件下最大残余主应变分别为 $1.2×10^{-4}$、$8.1×10^{-4}$ 和 $2.3×10^{-3}$，3个值之间也存在明显差别，在一定程度上反映了塑性应变的差异。当上限温度较高时，试样内部和外部之间会产生较大的热膨胀差异。应变的增加主要取决于温度梯度的增加，但是由于材料的弹塑性力学性质，在达到屈服值之后应力增加减慢。因此，可以认为热疲劳裂纹萌生寿命在3种上限温度下的显著差异主要取决于热塑性应变的差异。

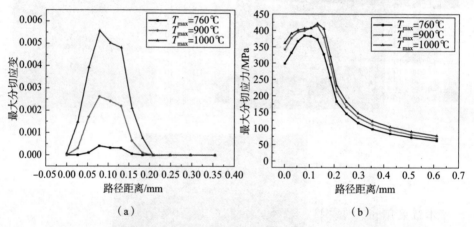

（a）　　　　　　　　　　　　（b）

图11-18　（a）不同上限温度下缺口附近特定路径的瞬态热分切应变分布；
　　　　　　（b）瞬态热分切应力分布。

11.8　氧化和腐蚀

T_{max} =760℃条件下1600循环之后缺口表面上氧化层的厚度约为 1~2μm，热影响区中的 γ′ 相消失层约为 2~3μm 厚，如图11-19（a）所示。可以看出在热影响区存在表面缺陷，容易引起裂纹萌生。在 T_{max} = 1000℃条件下100次冷热循环之后 γ′ 相消失层的厚度约为 5~8μm，其中分布有大量微裂纹，如图11-19（b）所示。所有微裂纹扩展方向均沿着特定的晶体取向。由于主裂纹的形成在一定程度上缓解了支裂纹尖端处的局部应力集中，因此支裂纹的扩展速率减慢或停止。在具有微裂纹的区域中，γ′ 相消失层的厚度可以达到约

10μm。高温引起的氧化是引起热疲劳损伤的重要因素。一方面，高温氧化将持续消耗 γ′ 相稳定元素，如 Al 和 Cr，并进一步将 γ′ 相转化为 γ 相，它会削弱合金的强度，加速裂纹的萌生和扩展。另一方面，由于热膨胀系数的差异，在测试期间由于热循环引起的局部氧化膜剥落可导致不均匀的氧化，使表面产生几何缺陷。

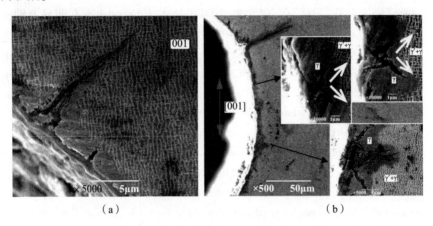

（a）　　　　　　　　　　　　　（b）

图 11-19　不同冷热循环后缺口附近氧化形貌

（a）$T_{max}=760℃/1600$ 次；（b）$T_{max}=1000℃/100$ 次。

11.9　本章小结

本章采用试验和模拟结合的方法研究了上限温度为 760℃、900℃ 和 1000℃ 条件下镍基单晶合金 V 形缺口试样在瞬态热应力下的热疲劳裂纹萌生行为，主要结论如下：

（1）V 形缺口试样主要产生两个主裂纹，裂纹扩展方向与枝晶生长方向约为 45°。裂纹萌生过程中 {111}<110>滑移系族主要被激活。与 $T_{max}=760℃$ 和 $T_{max}=900℃$ 不同，在 $T_{max}=1000℃$ 时，主裂纹附近存在大量滑移带。高温氧化也是促进热冲击疲劳裂纹萌生的重要因素。

（2）基于三维瞬态热力耦合理论和率相关变温晶体塑性理论，建立了镍基单晶合金瞬态热冲击本构模型，模拟了不同上限温度下分切应力和损伤随循环数的演化和分布。在水冷过程中考虑了 3 个表面换热阶段。

（3）在瞬态热冲击模拟过程中激活了八面体滑移系。主要参与滑移剪切的数值较高的分切应力组为 $\tau 1$、$\tau 2$、$\tau 10$ 和 $\tau 11$，对应的滑移面和滑移方向分别为 $(111)[10\bar{1}]$、$(111)[0\bar{1}1]$、$(\bar{1}11)[011]$ 和 $(\bar{1}\bar{1}1)[101]$。模拟损伤得到

的热冲击疲劳裂纹萌生寿命与试验结果吻合较好，并且模拟得到的较高最大主应力区域与试验中观察到的裂纹萌生区域吻合较好。

参考文献

［1］ JANSSENS K G F, NIFFENEGGER M, REICHLIN K. A. Computational fatigue analysis of cyclic thermal shock in notched specimens ［J］. Nuclear Engineering & Design, 2009, 239 (1): 36-44.

［2］ FISSOLO A, AMIABLE S, ANCELET O, et al. Crack initiation under thermal fatigue: an overview of CEA experience. Part I: Thermal fatigue appears to be more damaging than uniaxial isothermal fatigue ［J］. International Journal of Fatigue, 2009, 31 (3): 587-600.

［3］ GUI W M, ZHANG H Y, YANG M, et al. The intrinsic relationship between microstructure evolution and thermal fatigue behavior of a single-crystal cobalt-base superalloy ［J］. Acta Metallurgica Sinica, 2017, 30 (12): 1192-1200.

［4］ ZHOU Z J, YU D Q, WANG L, et al. Effect of skew angle of holes on the thermal fatigue behavior of a Ni-based single crystal superalloy ［J］. Journal of Alloys & Compounds, 2015, 628 (744): 158-163.

［5］ WANG L, ZHOU Z, ZHANG S, et al. Crack initiation and propagation around holes of Ni-based single crystal superalloy during thermal fatigue cycle ［J］. Acta Metall Sin, 2015, 51 (10): 1273-1278.

［6］ GETSOV L, SEMENOV A, SEMENOV S, et al. Thermal fatigue of single-crystal superalloys: Experiments, crack-initiation and crack-propagation criteria ［J］. Materiali in Tehnologije, 2015, 49 (5): 773-778.

［7］ SEMENOV A S, GETSOV L B. Thermal fatigue fracture criteria of single crystal heat-resistant alloys and methods for identification of their parameters ［J］. Strength of Materials, 2014, 46 (1): 38-48.

［8］ LI F, LI S, WU Y, et al. Thermal cycle fatigue behaviors of a single crystal Ni_3Al base alloy ［J］. Procedia Engineering, 2012, 27: 1141-1149.

［9］ 中国金属学会高温材料分会. 中国高温合金手册 ［M］. 北京: 中国标准出版社, 2012.

［10］ FELBERBAUM L, VOISEY K, GÄUMANN M, et al. Thermal fatigue of single-crystalline superalloy CMSX-4® : a comparison of epitaxial laser-deposited material with the base single crystal ［J］. Materials Science & Engineering A, 2001, 299 (1): 152-156.

［11］ YANG J, ZHENG Q, SUN X, et al. Thermal fatigue behavior of K465 superalloy ［J］. Rare Metals, 2006, 25 (3): 202-209.

［12］ 岳珠峰. 航空发动机涡轮叶片多学科设计优化 ［M］. 北京: 科学出版社, 2007.

[13] NEU R W. Crack paths in single-crystal Ni-base superalloys under isothermal and thermome-
　　 chanical fatigue [J]. International Journal of Fatigue, 2019, 123: 268-278.

[14] LIU Y, YU JJ, XU Y, et al. Thermal fatigue behavior of single-crystal superalloy [J].
　　 Rare Metal Materials and Engineering, 2009, 38 (1): 59-63.

[15] HAN Z X. Effects of temperature on thermal fatigue properties of some wrought superalloys
　　 [J]. Gas Turbine Experiment & Research, 2007, 20: 53-57.

[16] LI G, WU J, JIANG Y, et al. The nucleation and propagation of a thermal fatigue crack in
　　 4Cr2NiMoV steel [J]. Journal of Materials Processing Technology, 2000, 100 (1): 63-66.

[17] ASARO R J. Micromechanics of crystals and polycrystals [J]. Advances in Appl Mech,
　　 1983, 23 (08): 1-115.

[18] ASARO R J. Crystal plasticity [J]. J. Appl. Mech, 1983, 50: 921-934.

[19] QAYYUM F, KAMRAN A, ALI A, et al. 3D numerical simulation of thermal fatigue dam-
　　 age in wedge specimen of AISI H13 tool steel [J]. Engineering Fracture Mechanics, 2017,
　　 180: S0013794416305768.

[20] TINGA T, BREKELMANS W M, GEERS M G D. Time-incremental creep-fatigue damage
　　 rule for single crystal Ni-base superalloys [J]. Materials Science & Engineering A, 2009,
　　 508 (1-2): 200-208.

第12章
高温氧化对镍基单晶合金
热疲劳裂纹扩展的影响

12.1　引言

　　目前，新型航空涡轮发动机的进口温度不断增加，涡轮叶片形式通常为具有冷却内部通道的薄壁叶片，这将导致更大的温度梯度，使得热疲劳裂纹更可能在叶片上萌生和扩展。在一定数量的热应力循环后，组件材料会失效，这些循环次数被定义为热疲劳寿命，包括热疲劳裂纹萌生和扩展的循环数。对于传统的机械疲劳，一旦裂纹萌生，将迅速扩展，疲劳寿命主要取决于裂纹萌生寿命[1-2]。然而，对于热疲劳而言，热应力的大小很大程度上取决于部件本身的形状。在正常情况下，拉应力和压应力同时存在于部件上，应力梯度较大，但高应力区域小。当裂纹扩展到一定长度时，组件才会被认为失效，而非裂纹萌生时刻。近年来，镍基高温合金已被广泛应用于航空航天发动机的热端部件，并且经常在诸如高温和高载荷的恶劣环境中长时间使用。因此，研究镍基单晶合金的热疲劳裂纹扩展行为对涡轮叶片在服役环境下寿命模型的建立具有重要参考意义。已经发现，镍基单晶高温合金的热疲劳裂纹萌生和扩展受晶体取向的影响较大[3-4]。而在某些情况下，镍基单晶高温合金热疲劳裂纹扩展以非晶体模式（张开型模式）进行。又有研究表明[5]，热疲劳裂纹非晶体扩展模式的发生主要取决于温度、环境、保载时间和试样的晶体学取向。然而，这些研究大多数都是从试验观察的角度来进行研究的。在瞬态热疲劳条件下，裂纹尖端的裂纹扩展行为和力学特性的相关研究还比较缺乏。本章采用试验与有限元模拟相结合的方法研究了瞬态热疲劳条件下镍基单晶高温合金 V 形缺口平板试样的热疲劳裂纹扩展行为。该研究为镍基单晶涡轮叶片使用寿命的评估提供了重要参考。

12.2　瞬态热冲击疲劳裂纹扩展试验

目标镍基单晶合金不同温度下的热学和力学参数随温度变化规律如图 12-1 所示。

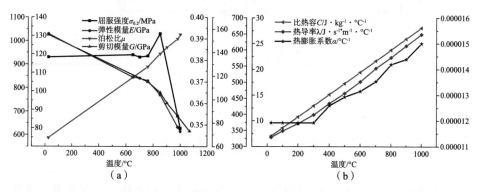

图 12-1　镍基单晶合金的材料参数（E、μ 和 G 均为 [001] 取向数据）[6]

（a）力学参数；（b）热力学参数。

试验方法参见 HB 6660—2011《金属板材热疲劳试验方法》。热冲击疲劳裂纹扩展试验过程示意图参见第 11 章中的图 11-2。热循环上限温度（T_{max}）分别为 760℃、900℃ 和 1000℃，通过电阻炉进行加热，循环周期为 80s，炉内加热 60s，水冷 20s。试样夹具的上升和下降由计算机和伺服电动机控制，通过热电偶监测加热炉中的气氛温度和冷却池中的水温，波动不超过 ±3℃，温度采集频率为每秒 10 次。在初始阶段，T_{max} 分别为 760℃、900℃ 和 1000℃ 条件下分别每隔 100、50 和 20 个循环对试样进行裂纹观测。通过单个试样测试热疲劳裂纹的扩展曲线，每个上限温度至少测试 5 个试样。经过一定数量的热循环后，将试样研磨并抛光以除去表面氧化物，这样可以更清楚地观察裂纹形态。使用三维超宽景深光学显微镜和扫描电子显微镜（SEM）来研究热疲劳裂纹的扩展行为。根据文献 [7]，V 形缺口附近热疲劳裂纹主要形态如图 12-2 所示。对于镍基单晶合金，结合初步测试结果，热疲劳条件下 V 形缺口附近可生成 2 条主裂纹，其形态如图 12-4（a）所示，故此 V 形缺口附近的两个最长裂纹长度即为所测裂纹长度。每个上限温度至少使用 5 个试样测到的裂纹长度作为平均主裂纹长度。金相分析用于研究热疲劳裂纹扩展的模式和机理。

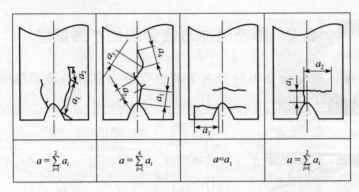

图 12-2　热疲劳裂纹长度计算方法[7]

12.3　裂纹扩展行为

图 12-3 显示了在 3 种上限温度下，同一试样的两个相对面 V 形缺口附近随着热循环次数增加热疲劳裂纹扩展形貌的变化。裂纹起始位置在缺口所在圆周处约±45°夹角处，并且整个裂纹扩展方向与［001］方向（枝晶生长方向）之间的角度约为 45°。沿八面体滑移面的滑移剪切是导致镍基单晶合金热疲劳裂纹萌生的主要原因。随着热疲劳裂纹的扩展，由于试样的完整性发生了变化，裂纹尖端周围的热应力分布发生了明显变化。一些局部裂纹扩展方向将偏离原始滑移方向并呈现 I 型（张开型）的特征。在扩展到一定长度后（在 $T_{max}=760$℃时约为 100μm，在 $T_{max}=900$℃时约为 200μm，在 $T_{max}=1000$℃时约为 300μm），裂纹扩展模式又转变为晶体滑移剪切。随着热疲劳裂纹长度的增加，裂纹扩展模式可归纳为"晶体滑移剪切—I 型开裂—晶体滑移剪切"。参考文献［5］指出，镍基单晶合金热机械疲劳裂纹扩展路径及其 I 型（张开型）和沿八面体滑移面滑移剪切型之间的过渡受多种因素的影响，包括温度、环境、保载时间和试样的晶体学取向。

裂纹长度和扩展速率随热循环次数增加的变化曲线如图 12-4（a）和图 12-4（c）所示。图 12-4（b）为图 12-4（a）的局部放大图，裂纹扩展速率随裂纹长度增加的变化曲线如图 12-4（d）所示。使用 Origin 软件计算 da/dN 值，位置 x 处的多项式值可以计算为 $f(x)=a_n x^n+a_{n-1}x^{n-1}+\cdots+a_1 x+a_0$，其中 n 是多项式阶数，而 $a_i, i=0,1,\cdots,n$ 是拟合系数。将热疲劳裂纹扩展至 100μm 时的热循环次数定义为裂纹的萌生寿命，使用超景深光学显微镜监测裂纹的萌生和扩展。由于热疲劳试验过程中试样的运动和表面氧化物的形成，很难动态

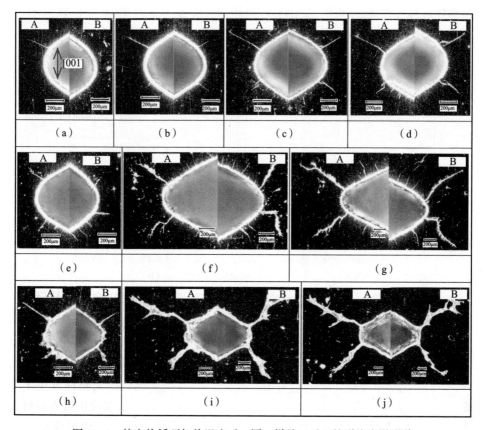

图 12-3　特定热循环加热温度后，同一样品正反面的裂纹光学形貌

（a）1600 次循环/760℃；（b）2790 次循环/760℃；（c）5600 次循环/760℃；（d）8320 次循环/760℃；

（e）600 次循环/900℃；（f）2000 次循环/900℃；（g）3400 次循环/900℃；（h）200 次循环/1000℃；

（i）580 次循环/1000℃；（j）1040 次循环/1000℃。

监测裂纹的扩展，因此，在不同数量的热循环后，采用超景深光学显微镜测量同一试样的裂纹长度并观察其宏观形态。将 14mm×10mm 表面进行适量打磨并抛光以除去表面氧化物，以便更清楚地观察裂纹形态。在 T_{max} = 760℃ 条件下，约 1600 次循环后裂纹萌生，之后裂纹扩展速率先逐渐增加至一定值后逐渐降低，经过约 8000 次热循环后，裂纹长度扩展至约 300μm，此时裂纹扩展速率明显较小直至停止扩展。在 T_{max} = 900℃ 条件下，约 400 次循环后，试样的 V 形缺口附近形成了许多初始裂纹，其中只有一条裂纹会继续扩展，即为主裂纹。在主裂纹扩展过程中，形成了二次裂纹，这些二次裂纹在扩展到一定长度（不超过 200μm）后会停止扩展。主裂纹在萌生后裂纹扩展速率先增加后减小，经过约 4000 次热循环后，主裂纹的长度扩展至约 1000μm，此时裂纹扩展速率已经显著降低。在 T_{max} = 1000℃ 条件下，裂纹大致在第 80 个循环开始萌生，主裂纹扩展过程中仍然存在二次裂纹的萌生，其长度大致为 T_{max} = 900℃ 条件下的 2~3 倍。在大约 1000 次热循环后，主裂纹的长度扩展至大约 1500μm，此时扩展速率已明显降低。

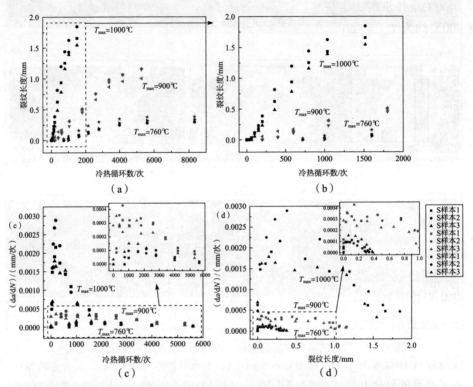

图 12-4　3 种不同加热温度下的热疲劳裂纹扩展规律

(a) a-N 关系；(b) a-N 关系（局部）；(c) da/dN-N 关系；(d) da/dN-a 关系。

在 3 种加热温度下，从裂纹的整体形状来看，八面体滑移族（{111}<110>）主要被激活，裂纹的扩展趋势均表现出"萌生—加速扩展—稳定快速扩展—减速扩展"的规律。因此，对于无外载荷自约束的热疲劳行为，裂纹扩展寿命通常占整个失效寿命的较大部分。如图 12-5 所示，裂纹的萌生和扩展寿命随加热温度的升高而显著降低，结合图 12-3，每个试样可观察到 4 个主要裂纹形貌。采用 5 个试样的平均值作为试验获得的平均裂纹长度。采用 Origin 软件绘制并拟合每个试样的热疲劳裂纹长度随热循环次数增加的变化曲线，这里采用 3 种试样的数据。当平均裂纹达到 100μm 时，从拟合曲线获得热疲劳裂纹萌生的热循环数，3 种加热温度下的热疲劳裂纹扩展速率都先增加后减小。文献［8］指出最大 da/dN 与材料性能，试样形状和测试温度有关，本书中，da/dN 在最大值附近相对稳定，并且 a-N 关系接近直线。此阶段成为稳定快速扩展阶段。在 3 种加热温度下，稳定快速扩展阶段的裂纹扩展速率分别约为 8.0×10^{-5}、3.0×10^{-4} 和 1.8×10^{-3} mm/循环。$T_{max} = 1000℃$ 条件下的稳定快速扩展速率约为 $T_{max} = 900℃$ 条件下的 6 倍，而 $T_{max} = 900℃$ 约为 $T_{max} = 760℃$ 的 4 倍。

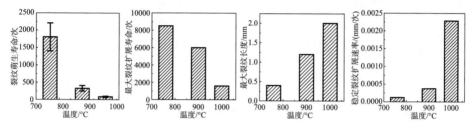

图 12-5　3 种不同加热温度下的热疲劳试验结果对比

12.4　裂纹扩展机理

图 12-6 显示了在 3 种加热温度下经过特定次数的热循环后热疲劳裂纹 SEM 形貌图和快速扩展阶段的扩展机理图。在 $T_{max} = 760℃$ 条件下，经过 1600 和 2500 次热循环后，裂纹尖端的形貌呈现出直线状，γ' 和 γ 相均被剪切。1600 次循环后，裂纹周围发生了一定程度的氧化和腐蚀，这是因为裂纹长度较短并且 O 元素可以到达裂纹尖端。经过 8320 次热循环后，裂纹尖端周围发生了严重的氧化和明显的钝化，裂纹宽度明显变大，裂尖半径明显大于稳定快速扩展阶段，因此应力集中系数较小，这将使裂纹尖端的应力明显减小从而降低裂纹的扩展速率。$T_{max} = 900℃$ 条件下 600 次热循环后，裂纹尖端呈折线形态，裂纹主要沿 γ 相通道相传播，局部剪切 γ' 相。快速扩展阶段的裂纹扩展机理为 γ' 相剪切断裂，与 760℃ 时相似，裂纹尖端滑移痕迹周围的 γ' 相有一定程度的相对滑移。在裂纹减速扩展阶段，裂纹尖端也观察到了明显的氧化。在 $T_{max} = 1000℃$ 条件下，裂纹开始基本沿 γ 相扩展。在快速扩展阶段，裂纹尖端仍呈现直线形态。与 $T_{max} = 760℃$ 和 900℃ 条件下不同的是，裂纹尖端迹线周围的 γ' 相相对滑移变形较为严重。在裂纹减速扩展过程中，裂纹宽度明显增加，并且在裂纹中可观察到明显的氧化物沉积。裂纹尖端的金相组织明显发生筏化。之前的研究中，K465[9]、GTD-111[10] 和 DD33[11] 合金的热疲劳裂纹尖端的金相形貌也存在类似的研究结果，即裂纹尖端附近粗化的 γ' 相被拉长并

规则排列（图12-6（i））。$T_{max}=760℃$、$T_{max}=900℃$和$T_{max}=1000℃$条件下的裂纹扩展机理分别为"氧化加速—γ′相剪切—氧化减速""氧化加速—γ相通道扩展—γ′相滑移剪切—氧化减速"和"氧化加速—γ相通道扩展—γ′相变形滑移剪切—氧化减速"。

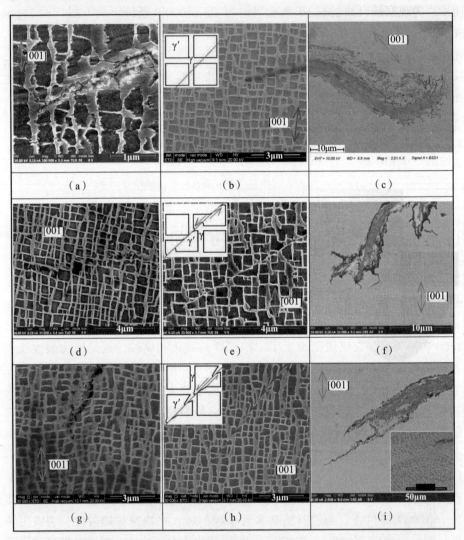

图12-6　不同加热温度下，特定循环后裂纹尖端区域的SEM形貌和相应的微观失效机理

(a) 1600次循环/760℃；(b) 2500次循环/760℃；(c) 8320次循环/760℃；

(d) 600次循环/900℃；(e) 900次循环/900℃；(f) 5280次循环/900℃；

(g) 171次循环/1000℃；(h) 600次循环/1000℃；(i) 1520次循环/1000℃。

12.5　氧化对裂纹扩展行为的影响

热疲劳裂纹减速扩展阶段中不同热循环后缺口附近区域的形貌如图 12-7 所示。为观察缺口面的裂纹形态，将样品台和水平线间夹角设为 20°。T_{max} = 900℃条件下，试样 V 形缺口表面的氧化层明显较厚，且裂纹根部有明显的氧化物沉积。T_{max} = 1000℃条件下，V 形缺口表面氧化物已明显剥落，尤其是裂纹根部附近的区域。可以认为随着加热温度的升高，裂纹的长度和宽度均增加，裂纹中的氧化物沉积明显增加。高温引起的氧化是引起热疲劳损伤的重要因素。高温氧化将持续消耗 Al 和 Cr 等 γ′相稳定元素，并进一步将 γ′相转变为 γ 相，如图 12-8（EDX 的表面元素扫描）所示。这会降低合金的强度并加速裂纹的产生和扩展。

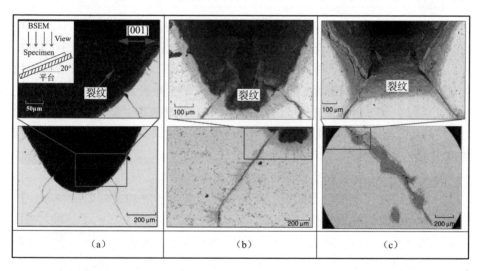

图 12-7　3 种加热温度下裂纹减速扩展阶段的缺口和裂纹的 BSEM 形貌

（a）8320 次循环/760℃；（b）5280 次循环/900℃；（c）1520 次循环/1000℃。

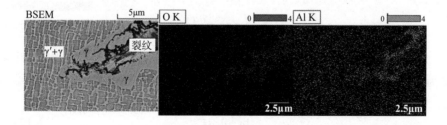

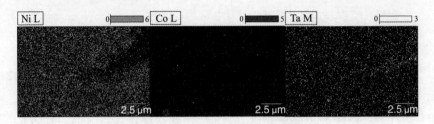

图 12-8　$T_{max}=1000℃$ 条件下 50 次循环后热裂纹尖端周围的元素分布

12.6　瞬态热冲击疲劳裂纹扩展寿命预测

12.6.1　各向异性瞬态热疲劳裂纹扩展理论

镍基单晶合金具有可激活的三组滑动系族：八面体滑移系族（Oct1，{111}<110>）、六面体滑移系族（Cub，{100}<110>）和十二面体滑移系族（Oct2，{111}<112>），分别包含 12 个、6 个和 12 个滑移系。镍基单晶高温合金的拉伸试验表明，八面体滑移系族在温度低于 900℃ 时会被激活，而在 900℃ 以上，十二面体和六面体滑移系族将同时被激活。在这项研究中，缺口的开口方向垂直于 [001] 方向。结合试验中的裂纹形态，可以推断出镍基单晶合金的八面体滑移系主要被激活。

瞬态热应力的计算参照式（11-5）~式（11-27）。

J-积分通常用于准静态断裂分析，表征与裂纹扩展相关的能量释放。J-积分根据与裂纹扩展相关的能量释放速率来定义。图 12-9 显示了三维（3D）J-积分的计算原理图。对于 3D 断裂平面中的虚拟裂纹提前 $\lambda(s)$，能量释放率由下式给出[12]：

$$J = \int_A \lambda(s) \cdot \boldsymbol{n} \boldsymbol{H} \boldsymbol{q} \mathrm{d}A \tag{12-1}$$

式中：$\boldsymbol{n}$ 为 $\mathrm{d}A$ 的外法向量；$\boldsymbol{q}$ 为虚拟裂纹扩展方向，$\boldsymbol{H}$ 表示为

$$H = \left(W\boldsymbol{I} - \boldsymbol{\sigma}\frac{\partial \boldsymbol{u}}{\partial \boldsymbol{x}} \right) \tag{12-2}$$

对于线弹性材料，W 为弹性应变能，$\boldsymbol{I}$ 为单元矩阵，$\boldsymbol{\sigma}$ 为应力矩阵，$\partial \boldsymbol{u}/\partial \boldsymbol{x}$ 为应变矩阵；$\mathrm{d}A$ 为管状表面的表面单元面积，该表面围绕裂纹尖端或裂纹线，则有

$$\mathrm{d}A = \mathrm{d}s\mathrm{d}\boldsymbol{\Gamma} \tag{12-3}$$

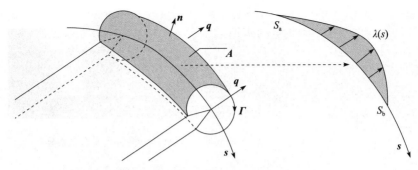

图 12-9　三维 J-积分计算原理示意图

12.6.2　寿命预测模型

在采用软件 ABAQUS/Standard 主求解器模块进行计算时，采用隐式算法和 0.005 的残差。模型的热应力场采用顺序耦合方法进行计算。在线弹性断裂力学和弹塑性断裂力学的条件下，基于单元应力的外推法分别计算应力强度因子和 J-积分。UMAT 子程序用于分析弹塑性行为。用于模拟的参数见第 11 章中表 11-1 和本章表 12-1。根据热疲劳试验结果和第 5 章研究中获得的无裂纹模型的最大主应力分布（图 12-10（b）），选取 7 种不同长度裂纹模型以计算不同加热温度下的应力强度因子和 J-积分值。裂纹长度分别为 0.025mm、0.117mm、0.279mm、0.517mm、0.891mm、1.338mm 和 1.941mm。裂纹扩展方向与［001］方向之间的夹角为 45°。包含 0.517mm 长裂纹的半模型网格如图 12-10（a）所示。局部网格细化用于模型缺口和裂纹尖端附近的网格。该模型在结构上采用 C3D8R 和 C3D6 类型。如表 12-2 所列，采用 5 种不同网格数量研究网格灵敏度对有限元分析的影响。$T_{max} = 1000℃$ 纯弹性条件下 0.279mm 长裂纹模型在水冷过程中裂纹尖端的最大应力强度因子 K_{max} 和相应的 CPU 运行时间如图 12-11 所示。当网格密度级别超过 4 时，K_{max} 随着网格密度增加的增加而变得逐渐缓慢，但是相应的计算时间却迅速增加。网格密度过高会大量增加求解时间，这不利于提高计算效率。因此，在同时考虑精度和效率的前提下，本书选择了网格数量为 12976 的半模型。

表 12-1　有限元模拟中的本构模型参数

m	$\dot{\gamma}_0$	p	h_0	τ_s	S_0
0.02	0.03	1.3	$1.2S_0$	$1.5S_0$	$\sigma_{0.2}/\sqrt{6}$

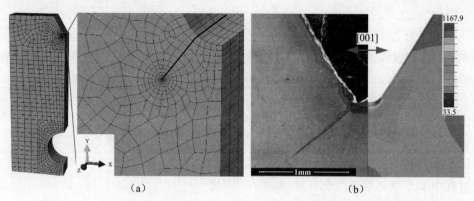

（a）　　　　　　　　　　　　　　（b）

图 12-10　（a）裂纹长度为 0.517mm 的 V 形缺口热疲劳试样的 1/2 网格模型
（x-y-z 轴分别代表 [001]-[010]-[100] 取向）；（b）$T_{max}=1000℃$
下试验的热疲劳裂纹形态和模拟的无裂纹模型的最大主应力分布。

表 12-2　5 种类型网格密度

网格密度类型	1	2	3	4	5
网格总数量	6192	7920	10560	12976	19464
裂纹尖端网格数量	12	18	18	24	24
厚度方向网格数量	12	12	16	16	24

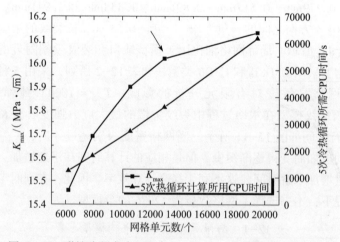

图 12-11　弹性阶段水冷过程中，0.279mm 裂纹模型的 5 种类型
网格密度的裂纹尖端 K_{max} 值和相应的 CPU 时间

模拟过程中的热载荷与试验条件相同。在加热步中，试样温度设置为
25℃，外部环境温度为 1000℃。此步骤中的两个主要传热系数（对流和辐射）

可简化为 200W/(℃·m²) 的综合值，在冷却步中，样品温度为 1000℃，外部环境温度为 25℃，水冷过程中表面换热系数的确定相对复杂。通常情况下，在高温冷却过程中存在 3 个不同的传热阶段，分别为薄膜沸腾阶段、起泡沸腾阶段和对流阶段，传热系数先增大然后减小。区别于其他研究结果中等效为一个综合值，本书考虑了此 3 个冷却阶段。基于非线性估算法的数学模型，对目标镍基单晶合金圆柱试样特定点进行温度变化曲线测量，根据测量结果通过逆算法计算程序可得水冷过程中不同加热温度条件下的表面换热系数随温度变化的关系如图 12-12 所示。为了验证表面换热系数的准确性，比较了加热和冷却过程中 V 形缺口根部的试验温度和模拟温度变化，如图 12-13 所示。可以看出，模拟结果与试验结果具有较好的吻合度。

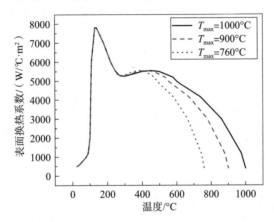

图 12-12　不同上限温度下，水冷过程中的表面传热系数随温度的变化规律

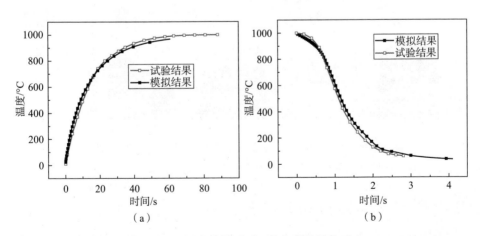

图 12-13　缺口根部的试验温度和模拟温度对比

（a）加热过程；（b）冷却过程。

12.6.3 弹塑性条件下裂纹尖端瞬态热应力

以 $T_{max} = 1000℃$ 条件下 0.279mm 长裂纹模型为例,裂纹尖端在指定时间的最大主应力和温度分布以及最大分切应力分布如图 12-14 所示。最大主应力在第一加热步中,裂纹尖端周围的最大应力为 936.1MPa,最大分切应力为246.8MPa。加热过程完成后,裂纹尖端无残余应力。在第一个冷却过程中,最大分切应力为 813.5MPa,远超材料的初始临界分切应力(382MPa),并使裂纹张开,如图 12-14(c)所示。冷却过程完成后,裂纹尖端两侧区域中产生相对较大的残余压缩应力,并在裂纹尖端前方区域产生拉伸应力(不超过屈服强度)。与第一个加热步相比,第二个加热步导致了裂纹闭合(正向屈服)和较大的热压应力。然后,在随后的冷却步中,由于应力松弛,产生了比第一个冷却步(613MPa)相对小的最大分切应力。

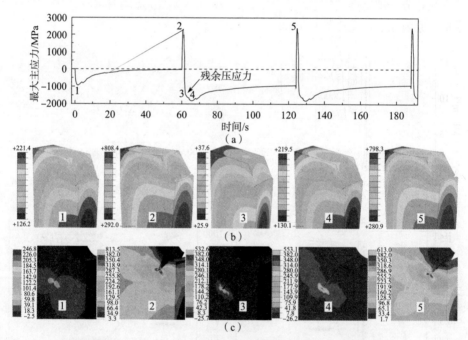

图 12-14 $T_{max} = 1000℃$ 下 0.279mm 裂纹模型裂纹尖端计算结果

(a)最大主应力演化;(b)特定时刻下的温度分布;(c)最大分切应力分布。

12.6.4 应力强度因子和 J-积分

在线弹性断裂力学和弹塑性断裂力学的基础上,应力强度因子 K 和 J-积分可用来模拟裂纹扩展。基于裂纹有限元模型,可以确定沿裂纹前端的每个节点的

应力强度因子和 J-积分。根据单元应力的外推法用于计算应力强度因子和 J-积分。裂纹尖端在加热和冷却过程中分别受到压缩应力和拉伸应力。最大拉伸热应力对应 K_{max}，最大压缩应力对应 K_{min}。在线弹性断裂力学中，压应力不会促进裂纹扩展。以 T_{max}＝1000℃ 条件下 0.279mm 长裂纹模型为例，裂纹尖端周围3 种热循环的 K 和 J-积分随时间的变化如图 12-15（a）和图 12-15（c）所示。冷却过程中 K 和 J-积分的最大值明显大于加热过程。图 12-15（b）和图 12-15（d）显示了 3 种加热温度下的 K_{max} 和最大 J-积分随设定裂纹长度的变化曲线。裂纹尖端 K_{max} 和最大 J-积分随着裂纹长度增加的变化趋势对于确定裂纹扩展趋势很重要。随着裂纹长度的增加，二者均先增大然后减小。如图 12-4（d）所示，在 3 种加热温度下，随着裂纹长度的增加，da/dN 随裂纹长度增加的变化也为先增加后减小。可以看出，K_{max} 和最大 J-积分随裂纹长度的变化趋势与试验得到的 da/dN 相近。但是试验得到的极限裂纹长度明显短于模拟。原因如下：①反复的热冲击会导致裂纹尖端严重氧化，氧化不仅会改变裂

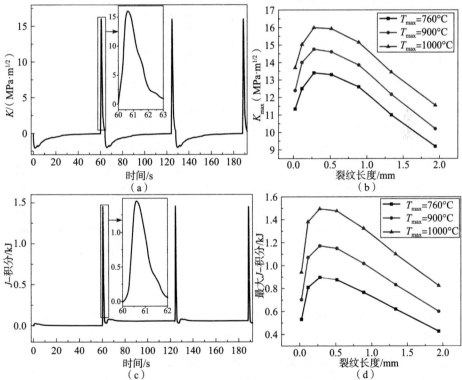

图 12-15　T_{max}＝1000℃ 下 0.279mm 裂纹模型裂纹尖端处 K 和 J-积分
的演化以及 3 种加热温度下随裂纹长度的变化
（a）K；（b）J-积分；（c）K；（d）J-积分。

纹周围材料的力学强度，也会促进裂纹扩展减速阶段裂纹尖端发生钝化，从而降低了裂纹尖端的应力集中系数，而且，在裂纹表面上氧化产物的堆积加速了裂纹的闭合；②在热疲劳试验条件下，裂纹尖端的应力梯度高于常规机械疲劳，这会导致局部材料更易发生屈服；③热冲击对合金材料的力学性能有显著的影响。

12.6.5 热疲劳裂纹扩展寿命预测

由于涉及影响因素较多，镍基单晶合金热疲劳裂纹扩展行为较为复杂。为了计算裂纹扩展寿命，本章采用了帕里斯定律：$da/dN=C(\Delta K)^n$。热疲劳裂纹扩展寿命公式如下：

$$N_p = \int_{a_i}^{a_m} \frac{da}{\dfrac{da}{dN}} = \int_{a_i}^{a_m} \frac{da}{C(\Delta K)^n} \tag{12-4}$$

式中：a_i 为裂纹初始长度；a_m 为裂纹极限长度；da/dN 为裂纹扩展速率；C 和 n 为材料常数；ΔK 为应力强度因子幅值。通过试验获得的裂纹扩展曲线如图 12-4 所示。由公式可知，为了计算热疲劳裂纹扩展寿命，必须确定热疲劳裂纹扩展速率 da/dN 和不同加热温度下的应力强度因子幅值 ΔK 之间的关系。由于裂纹尖端的局部屈服，Elber[13] 首先提出了机械疲劳条件下的裂纹闭合行为。有效应力强度因子幅 ΔK 可以通过以下公式计算：

$$\Delta K_{eff} = K_{max} - K_{open} \tag{12-5}$$

但是，如 12.6.4 节所述，在热疲劳试验条件下的裂纹闭合行为更为严重和复杂。仅考虑由裂纹尖端处的局部塑性屈服引起的裂纹闭合行为是不严谨的。因此，根据图 12-15 （b） 和图 12-4 （d） 中获得的裂纹长度的 K_{max} 和测得的 da/dN 的变化趋势特征，通过引入有效的裂纹极限长度影响系数 K_{eff}，可以得出 ΔK_{eq} 和 da/dN 在对数坐标上线性相关。K_{eff} 是试验过程中裂纹尖端的氧化，材料退化和塑性屈服对有效热疲劳裂纹极限长度的综合影响系数。可以建立以下关系：

$$\Delta K = f'(a') = f'(K_{eff}a) \tag{12-6}$$

$$\Delta K_{eq} = f(a) = f\left(\frac{a'}{K_{eff}}\right) \tag{12-7}$$

这里考虑线性弹性断裂力学，即 $\Delta K = K_{max} - K_{min}$。$a'$ 为模拟裂纹长度。从计算结果可以看出，a'-ΔK 的变化趋势与加热温度和表面换热系数无关。实际上，a'_{max} 的长度与试样的形状有很大的关系。通过图 12-15 （b） 可以近似计算出 $a'_{max} = 2000\mu m$。a 为试验裂纹长度，通过图 12-4 （a） 中 a-N 图可以近似得出 $a_{max} = 410\mu m$ （$T_{max} = 760℃$）、$a_{max} = 1200\mu m$ （$T_{max} = 900℃$） 和 $a_{max} = 1900\mu m$ （$T_{max} = 1000℃$）。K_{eff} 等于 a'_{max}/a_{max}。对数据进行线性回归以获得 ΔK_{eq} 和 da/dN

之间的关系方程。图 12-16 显示了在 3 种加热温度下对数坐标中的 ΔK_{eq} 和
da/dN 的拟合关系，拟合方程如表 12-3 所列。将获得的参数和通过模拟获得的
ΔK_{eq} 代入方程，可以得到通过模拟获得的 a-da/dN 关系。将 3 种加热温度下模
拟的 a-da/dN 和 N-da/dN 变化趋势与试验进行了比较，比较结果如图 12-17 所
示。可以看出，通过模拟获得的裂纹扩展速率与试验具有较高的吻合度。

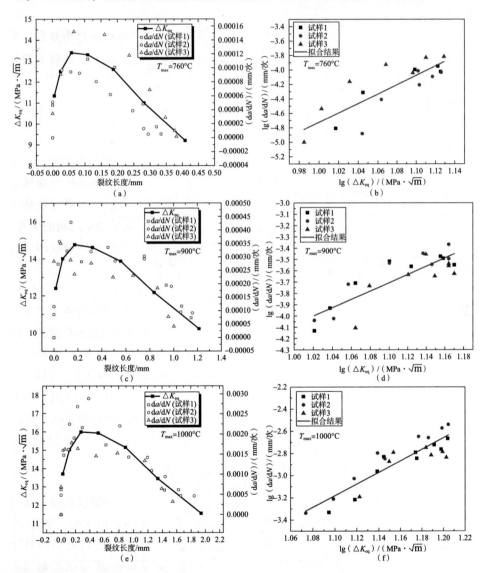

图 12-16　3 种加热温度下模拟参数 ΔK_{eq} 和试验结果 da/dN 随裂纹长度的变化规律对比

表 12-3　3 种循环温度下的拟合方程

循环温度/℃	拟合方程	C	n	K_{eff}	裂纹扩展速率方程	相关系数
$25 \sim 760$	$y = 6.49x - 11.22$	6.03×10^{-12}	6.49	4.88	$da/dN = 6.02 \times 10^{-12} (\Delta K)^{6.49}$	0.71
$25 \sim 900$	$y = 3.65x - 7.72$	1.89×10^{-8}	3.65	1.67	$da/dN = 1.89 \times 10^{-8} (\Delta K)^{3.65}$	0.72
$25 \sim 1000$	$y = 5.23x - 8.93$	1.17×10^{-9}	5.23	1.05	$da/dN = 1.17 \times 10^{-9} (\Delta K)^{5.23}$	0.85

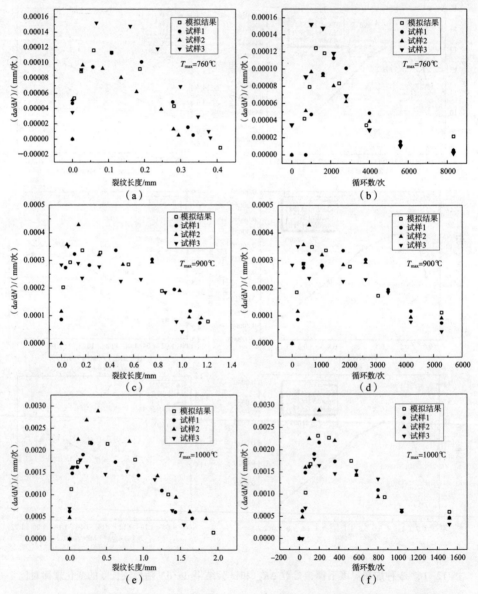

图 12-17　3 种加热温度下 da/dN 随裂纹长度和循环数变化的模拟结果和试验结果对比

12.7　本章小结

本章采用试验和模拟结合的方法研究了上限温度为 760℃、900℃ 和 1000℃ 条件下镍基单晶合金 V 形缺口试样在瞬态热冲击下的热疲劳裂纹扩展行为，主要结论如下：

（1）通过试验研究了 V 形缺口镍基单晶合金在 25～700℃、25～900℃、25～1000℃ 条件下的热疲劳裂纹的扩展行为。主裂纹总体扩展方向与枝晶生长方向成 45°夹角，{111}<110>滑移系族主要被激活。

（2）在 3 种加热温度下，裂纹的萌生和扩展行为都表现出"裂纹萌生—加速扩展—稳定快速扩展—减速扩展"的规律。

（3）$T_{max}=760℃$、$T_{max}=900℃$ 和 $T_{max}=1000℃$ 条件下稳定快速扩展阶段的裂纹扩展机理分别为 γ' 相剪切、γ' 相滑移剪切和 γ' 相变形滑移剪切。

（4）对 V 形缺口镍基单晶合金裂纹模型的瞬态热应力、应力强度因子和 J-积分进行模拟。模拟得到冷却阶段的 K_{max} 和最大 J-积分显著大于加热阶段。随着裂纹长度的增加，3 种加热温度下 K_{max} 和最大 J-积分均先增大然后减小，这与试验得到的 da/dN 的变化趋势一致。

（5）水冷却过程中裂尖热应力的模拟考虑了 3 种表面换热阶段。通过引入有效裂纹极限长度影响系数 K_{eff}，可得 $\Delta K_{eq}=f(a)=f(a'/K_{eff})$。模拟得到的裂纹扩展速率随温度和循环数增加的变化趋势与试验具有较高的吻合度。

参考文献

[1] CONNOLLEY T, REED P A S, STARINK M J. Short crack initiation and growth at 600℃ in notched specimens of Inconel718 [J]. Materials Science & Engineering A, 2003, 340（1）: 139-154.

[2] REGER M, REMY L. High temperature, low cycle fatigue of IN-100 superalloy I: Influence of temperature on the low cycle fatigue behaviour [J]. Materials Science & Engineering A, 1988, 101（1）: 47-54.

[3] GETSOV L, SEMENOV A, SEMENOV S, et al. Thermal fatigue of single-crystal superalloys: Experiments, crack-initiation and crack-propagation criteria [J]. Materiali in Tehnologije, 2015, 49（5）: 773-778.

[4] GETSOV L, DOBINA N, RYBNIKOV A. Thermal fatigue of a Ni-based superalloy single crystal [J]. Materiali in Tehnologije, 2007, 41（2）: 67.

[5] NEU R W. Crack paths in single-crystal Ni-base superalloys under isothermal and thermome-

chanical fatigue [J]. International Journal of Fatigue, 2019, 123: 268-278.

[6] 中国金属学会高温材料分会. 中国高温合金手册 [M]. 北京: 中国标准出版社, 2012.

[7] 韩增祥. 金属热疲劳试验方法的探索 [J]. 理化检验 (物理分册), 2008 (05): 250-254+257.

[8] HAN Z X. Effects of temperature on thermal fatigue properties of some wrought superalloys [J]. Gas Turbine Experiment & Research, 2007 (04): 53-57.

[9] YANG J, ZHENG Q, SUN X, et al. Thermal fatigue behavior of K465 superalloy [J]. Rare Metals, 2006, 25 (3): 202-209.

[10] WANG X M, ZHOU Y, ZHAO Z H, et al. Microstructural evolution of creep-induced cavities and casting porosities for a damaged Ni-based superalloy under various hot isostatic pressing conditions [J]. Acta Metallurgica Sinica (English Letters), 2015, 28 (5): 628-633.

[11] ZHOU Z J, YU D Q, WANG L, et al. Effect of skew angle of holes on the thermal fatigue behavior of a Ni-based single crystal superalloy [J]. Journal of Alloys & Compounds, 2015, 628 (744): 158-163.

[12] GDOUTOS E E. Fracture mechanics: An introduction [M]. Berlin: Springer Science & Business Media, 2006.

[13] ELBER W. The significance of fatigue crack closure, Damage tolerance in aircraft structures: ASTM International, 1971, 230-242.

第13章
高温氧化对镍基单晶合金气膜孔结构热疲劳行为的影响

13.1 引言

热疲劳是高温服役环境下结构部件中的主要失效模式之一[1]，尤其在被称为现代工业"王冠明珠"的航空发动机中，热疲劳现象更为显著。在航空发动机服役过程中，涡轮叶片不仅承受离心力以及燃气冲击引起的弯曲应力和振动应力，还承受由于叶片温度场的不均匀分布和叶片各部分的不同热容量引起的热应力。发动机运行期间涡轮前进口的温度变化将导致叶片温度场的波动，特别是发动机点火和停车过程，容易导致叶片发生热疲劳损坏，进而在多次循环后，叶片气膜孔部位萌生热疲劳裂纹[2-5]。事实上，在航空发动机叶片中热疲劳问题正在加剧，这是因为当前叶片采用更加复杂的空心翼型的内部冷却结构，同时叶片大多采用各向异性的单晶高温合金材料来抵抗更高的服役温度，导致在叶片极薄的前缘和后缘处产生的热梯度变得更大，并且萌生热疲劳裂纹的趋势增加。为了提高航空发动机的服役性能，就必然导致镍基单晶叶片的工作温度升高，转速增加，热瞬态增强，从而导致叶片更容易发生热疲劳破坏，使其耐久性受损[1,5]。

本章以涡轮冷却叶片气膜孔结构为研究对象，通过设计并开展不同温度和循环次数的镍基单晶气膜孔结构模拟件热疲劳试验，结合场发射扫描电子显微镜等宏微观观测手段，对比研究温度、循环次数对热疲劳寿命的影响，目的是通过本章的研究，为单晶涡轮冷却叶片的热疲劳寿命评估提供数据支撑。

13.2 热疲劳行为研究

13.2.1 热疲劳理论

早期的热疲劳理论是基于金属疲劳理论建立起来的，例如日本学者平修二[6]认为热疲劳发生的机理为持续滑移带的产生（"挤出""陷入"的形成）和亚结构的发展与空穴的产生。此后，学者们专门针对冷热疲劳提出了"强化"和"松动"等理论[7]，认为金属材料的热疲劳破坏是"强化"和"松动"相结合的过程。除此以外，热疲劳位错理论认为疲劳损伤与晶粒内显微塑性变形有关，按位错概念，金属材料在受交变应力情况下，往复的位错运动使金属内的原子之间产生较多的空位，在疲劳过程中随着空位的成长和发展，逐渐形成裂纹。

13.2.2 热疲劳裂纹萌生及扩展

镍基单晶高温合金的瞬态热冲击下，热疲劳裂纹的萌生和扩展大致可分为3个阶段，即裂纹萌生阶段、稳定快速扩展阶段和减速扩展阶段。热疲劳裂纹的萌生和扩展受内外因素的共同影响，外部因素包括温度、压力等环境因素，内部因素包括材料的缺陷、显微组织等因素。如碳化物与基体的物理性能（导热率、热膨胀系数）有差异，其在冷热循环过程中所表现出的动态行为与基体不协调，热疲劳裂纹容易沿基体与碳化物的相界面开裂，因此，热疲劳裂纹的萌生与碳化物的物理性质有关。与此同时，强化相与热疲劳裂纹的萌生扩展密切相关，因此第二相质点的大小、数量分布直接影响热疲劳寿命。

合金疲劳损伤过程实质上就是合金在交变载荷下的自由膨胀，在循环应力的作用下产生位错滑移，同时由滑移的不均匀性形成疲劳裂纹核心，成为合金微观组织无法修复的破坏源，微裂纹萌生后并逐渐扩展开来，达到了一个临界长度后，裂纹失稳，发生断裂。其中热疲劳裂纹的萌生主要发生在应力集中的区域或者显微组织不均匀区域，通过不均匀滑移造成微裂纹形核及萌生。

一般来说，金属材料在热疲劳中因受热膨胀和冷却收缩受到限制就会产生热应力，经过反复的升温与降温造成材料损伤，损伤累积到一定程度后将导致材料破坏。在循环热应力的作用下，金属将发生变形，伴随产生点阵畸变，使显微组织产生损伤，其表现为变形孪晶、空穴、位错和微裂纹等缺陷的增加。

这种组织的损伤随热疲劳的循环次数增加而不断累积，为热疲劳裂纹的萌生准备了必要的条件；同时位错、孪晶等缺陷在相界面处受阻，使得相界面产生孔洞，结合强度下降。当组织损伤到达一定程度，相界面处的应力大于其结合强度时，便造成相界面脱黏，造成显微裂纹萌生。

13.3　气膜孔结构热疲劳试验

本章试验采用国产第二代镍基单晶高温合金，主要化学成分如表 13-1 所列。采用螺旋选晶法制备出［001］取向的单晶试棒，并利用电子背散射衍射分析，确保铸态棒材的结晶取向与预期取向的偏差小于 10°。为减少单晶合金枝晶偏析，保证单晶合金的均匀化，对铸态单晶试棒经进行如下热处理：1290℃/2h+1315℃/4h/AC+1120℃/4h/AC+870℃/32h/AC。

表 13-1　镍基单晶合金化学成分组成

元素	Al	Cr	Co	Mo	Ta	W	Re	Ni
质量分数/%	4.86	4.94	10.02	1.36	6.05	8.24	3.12	剩余

用电火花切割机沿单晶棒材（100）面加工平板气膜孔结构热疲劳试样，试样尺寸如图 13-1 所示。在距离试样边缘 5mm 位置采用电火花垂直打孔，孔径为 0.25mm，每列孔的圆心在试件纵向的投影间距为 1.5mm。试验前，将热疲劳试样表面采用 2000#SiC 砂纸研磨，使得试样表面粗糙度保持一致。采用光学显微镜观察气膜孔周及其附近区域，确保无裂纹后开展热疲劳试验。试验结束后，采用机械抛光获得光滑表面，在 $HNO_3：HF：C_3H_8O_3=1：2：3$ 的溶液中腐蚀片刻后使用酒精清洗，在光学显微镜、高分辨率场发射扫描电镜下观测气膜孔周裂纹萌生及裂纹尖端微观组织演变。

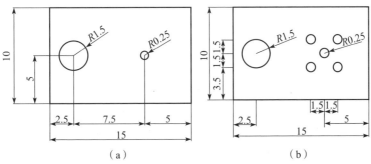

图 13-1　试样尺寸（单位：mm）

（a）单孔试样；（b）5 孔试样。

按照 HB 6660—2011《金属板材热疲劳试验方法》执行本章节试验，采用高温炉和浸水装置对试样进行加温和降温，该试验装置如图 13-2 所示，利用该装置开展不同温度下的热疲劳试验，使用红外测温仪进行加热及冷却过程中的温度测量。

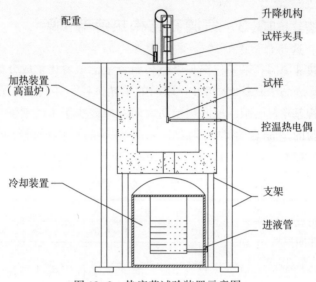

图 13-2　热疲劳试验装置示意图

本章节采用了 3 种温度载荷谱：温度上限 T_{max} 分别为 850℃、980℃ 和 1050℃，采用如图 13-3 所示的温度曲线，循环周期为 90s，其中 80s 用于将试样加热并保持在峰值温度，10s 用于将试样插入温度为 25℃ 的水中冷却并保温。

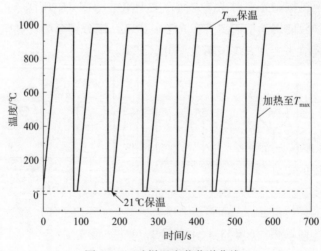

图 13-3　试样温度载荷谱曲线

13.4 瞬态热冲击下热疲劳裂纹形貌

13.4.1 单气膜孔结构热疲劳裂纹形貌

热疲劳裂纹扩展的 3 个阶段之间具有明显的界限，萌生阶段的裂纹扩展速率明显较慢，这与合金在恒温下的机械疲劳裂纹扩展行为不同，瞬态热应力的产生很大程度上取决于试样本身的几何形状。随着裂纹的扩展，热应力首先增加然后减小。

为揭示镍基单晶合金气膜孔结构热疲劳裂纹与显微组织结构的关系，对经历热疲劳试验的试样进行磨抛腐蚀，并在高分辨率扫描电镜下观测合金裂纹形貌。如图 13-4 所示为带单气膜孔试样在 25~980℃ 循环 1500 次和 3000 次下的微观形貌。气膜孔孔周在热疲劳裂纹萌生过程中会产生微裂纹和微坑，氧化层也清晰可见。由图 13-4（b）可以看出，在孔周氧化层与试样基体间分布着一些黑色氧化物，表明氧化行为有从孔周向试样内部不断扩展的趋势，且裂纹由氧化层中的微坑起源，并向试样内部发展。由此可以推断，孔周热疲劳裂纹萌生的过程可以分为 3 个阶段：氧化层的形成、氧化层中微坑的形成以及起源于微坑的裂纹的形成。

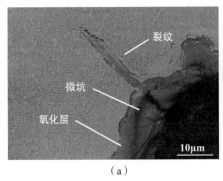
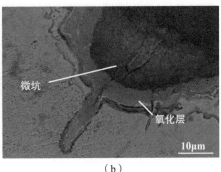

（a） （b）

图 13-4 单气膜孔镍基单晶合 980℃/1500 次和 3000 次循环热疲劳裂纹形貌
(a) 980℃/1500 次循环；(b) 980℃/3000 次循环。

图 13-5 所示为单气膜孔试样在 25~1050℃ 温度下冷热循环 800 次和 1500 次时气膜孔孔周的疲劳裂纹形貌图。可以发现当循环次数增加到 1500 次时，合金氧化层的厚度减小，并且微坑区域增多，这也是氧化层明显脱落的位置。氧化层脱落后形成的微坑区域，导致氧化现象更严重，同时促进了孔周裂纹的扩展。

裂纹萌生阶段不同峰值温度下单气膜孔试样孔周围裂纹形貌如图 13-6 所

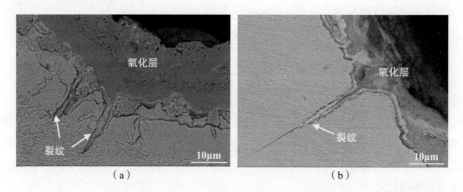

图 13-5　单气膜孔镍基单晶合金 1050℃/800 次和 1500 次循环热疲劳裂纹形貌
(a) 1050℃/800 次循环；(b) 1050℃/1500 次循环。

示。在图 13-6 (a) 中，主裂纹的萌生位置大致在孔周四角沿±45°方向，与枝晶生长方向大致成 45°夹角，沿 [110] 和 [1̄10] 方向向内扩展，且扩展路径显示出晶体滑移剪切的特征。由于镍基单晶合金作为面心立方结构，{111} 面是面心立方的密排面，<110>方向是其密排方向，也是最大切应力方向，在 {111} 面的<110>方向上裂纹更容易扩展，因此热疲劳裂纹扩展方向一般与枝晶方向成 45°夹角。图 13-6 (b) 为孔周 45°方向裂纹萌生部位的微观形貌。

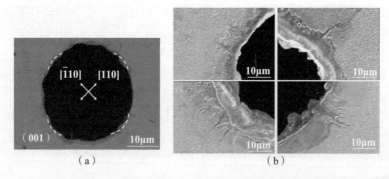

图 13-6　镍基单晶气膜孔镍基单晶合金 1050℃/800 次循环孔周裂纹显微形貌
(a) 孔周全貌；(b) 45°方向孔周放大形貌。

此外，合金中存在的微孔洞、共晶等铸造缺陷都会影响镍基单晶合金的裂纹扩展情况，同时，气膜孔附近组织氧化会造成基体组织和氧化层的膨胀系数不同，降低氧化膜附近金属基体强度，影响微裂纹的扩展方向及扩展速率。

温度环境对气膜孔结构的热疲劳行为有很大的影响。高温时，空位的扩散速度变快，位错的移动也变得更加容易，加上大气环境造成的高温氧化，都会对镍基单晶合金造成不同于室温疲劳的影响，使得疲劳过程更加复杂。在分析温度对气膜孔结构热疲劳行为的影响机理时，应考虑到基体的软化和高温氧化膜的生成。合金基体软化会促进滑移的发生以及裂纹的萌生，减小裂纹的扩展阻力，使扩展加速。理论上，金属表面氧化膜的产生会对合金起到一定的保护作用，减少环境对基体的进一步损伤，从而对热疲劳裂纹的生长起到抑制作用，然而在实际服役中，由于热循环过程中产生的氧化膜含有较多孔洞且容易脱落形成氧化孔洞，反而有利于热疲劳裂纹的萌生和扩展。温度对疲劳过程带来的影响是复杂的，根据材料的使用温度，其影响各不相同。对于长裂纹，高温将促进裂纹的扩展；而对于扩展驱动力小的短裂纹，高温环境对裂纹扩展抑制效果就比较强，这将导致光滑试样疲劳极限的上升和低应力下的试样疲劳寿命的增加。

13.4.2 多气膜孔热疲劳裂纹形貌

一般来讲，冷热疲劳的试验温度对裂纹的萌生有很大的影响，随着热疲劳峰值温度的上升，试样内部的热应力也会增加，当其超过弹性极限时就会发生塑性变形，随着热疲劳试验的循环次数的增加，局部塑性变形累加，产生微裂纹。

图 13-7 为多气膜孔试样在 25~980℃下循环 1500 次时的裂纹萌生形貌。气膜孔的边沿区域为氧化层，通过扫描电镜能谱分析已知氧化层成分主要有 O、Al 和 Cr 元素，Al、Cr 等元素从气膜孔孔周合金的 γ' 相中析出，造成孔周区域合金的强度降低，同时孔周 γ' 相的形貌发生了一定的变化。此外，这些氧化膜强度低，在高温下极易脱落，造成基体合金的进一步氧化，促进了裂纹的快速扩展。图 13-7 中所示的孔周裂纹向合金内部延伸，并未出现扩展方向的改变以及二次裂纹萌生扩展的现象。在更多的资料中显示由于碳化物和基体的热膨胀系数不同，微裂纹会沿着碳化物进一步扩展，在不断的冷热疲劳循环中两相界面产生热应力且不断累加，最后造成裂纹在相界面处快速扩展。

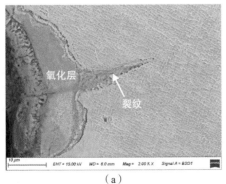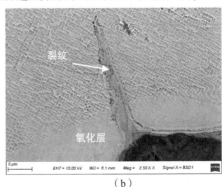

（a）   （b）

图 13-7 五孔试样在 980℃/1500 次循环裂纹形貌

（a）外围孔裂纹形貌；（b）中间孔裂纹形貌。

13.5　瞬态热冲击下孔周氧化和腐蚀

图 13-8 所示为气膜孔试样经历热疲劳后孔周氧化层情况。4 组试样经过不同条件的热疲劳循环后，孔周均出现不同长度的裂纹。

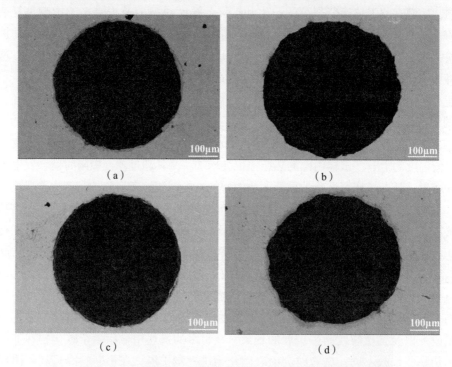

图 13-8　气膜孔合金在热疲劳试验过程中孔周氧化层演变
(a) 980℃/1500 次循环；(b) 980℃/3000 次循环；
(c) 1050℃/800 次循环；(d) 1050℃/1500 次循环。

影响合金氧化过程的因素有很多，比如合金中的元素含量、周围环境温度以及环境中的气体介质等。合金元素的影响主要体现为氧化膜的离子晶体中离子空位与间隙离子的迁移加速了金属氧化，因此，合金中添加合适的元素可以改善晶体的缺陷，降低其氧化速度，上述控制合金氧化的原子价规律被称为哈菲（Hauffe）原子价法原则[8]。温度对金属氧化的影响主要体现为环境温度与合金的氧化速度常数之间符合阿伦尼乌斯（Arrhenius）方程[9]，即温度与金属氧化膜厚度呈指数关系。

由热疲劳裂纹的微观结果可知，氧化行为在热疲劳的裂纹扩展过程中表现明显，高温氧化行为和裂纹的扩展相互促进。在高温下，氧元素扩散速度加快，更易进入合金，气膜孔孔周区域首先被氧化，该现象符合应力作用下的氧脆理论[10]。在温度波动以及热疲劳应力的反复作用下，氧元素逐渐在气膜孔孔周积累，合金中原子间的化学键断裂，导致原子间的结合力下降，当原子间的氧元素浓度超过氧原子在基体中的固溶度时，就会产生高温氧化行为，表现为孔周附近产生氧化层或者在孔周和裂纹前端产生氧化带，如图 13-9（a）所示。对裂纹前沿的氧化带开展的 EDS 能谱分析结果表明，合金表面的氧化物中主要包含 O、Cr、Co、Ni 等元素（图 13-9（b）），氧化物的生成导致了合金中 Co 和 Cr 含量的降低，从而降低了合金的强度，造成合金的热疲劳性能衰减。除此之外，由于氧化物与合金基体的热膨胀系数不同，在热循环应力的反复作用下，材料表面的氧化膜易开裂、脱落，最终形成氧化孔洞，而氧化孔洞的聚集以及相互连接容易引起裂纹的萌生。

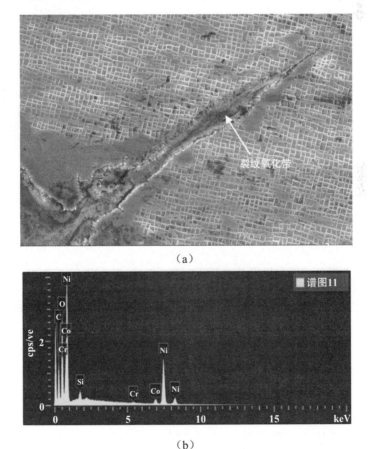

（a）

（b）

图 13-9　热疲劳裂纹尖端氧化层分析
（a）裂纹尖端微观组织形貌；（b）裂纹尖端氧化带 EDS 能谱分析。

为研究热疲劳试验后孔周形貌、氧化腐蚀产物分布规律，将气膜孔试样表面进行抛光并用场发射扫描电镜进行观测。图13-10为合金在$T_{max}=980℃$条件下热疲劳1500次与3000次循环后试样表面的背散射电子像，对合金采用线扫描采集表面各元素分布，并在图中标注。如图13-10（a）所示，$T_{max}=980℃$条件下热疲劳1500次循环后，孔周氧化层厚度为$5\sim8\mu m$，热影响区中的γ'相消失层厚度为$4\sim6\mu m$。同时，合金表面出现了明显的成分衬度，结合线扫描得到各元素分布。按照氧化产物的形貌，氧化层可以分成4个层次，标记为Ⅰ、Ⅱ、Ⅲ、Ⅳ。其中，氧化层Ⅰ结构较为疏松，且存在较为明显的空洞；氧化层Ⅱ较为致密；氧化层Ⅲ为最亮的区域；氧化层Ⅳ为较浅的区域。根据线扫描得到的元素成分可知，氧化层Ⅰ的主要元素从高到低依次为O、Ni、Co；氧化层Ⅱ的主要元素含量从高到低依次为O、W、Ta、Al、Cr；氧化层Ⅲ的主要元素含量从高到低依次为W、Al、O、Ta；Ⅳ层的主要元素含量从高到低依次为Ni、Cr、Co，该层氧元素分布非常少，可以理解为无氧层。

图13-10（b）为$T_{max}=980℃$条件下热疲劳3000次循环之后孔周氧化层背散射形貌，该条件下氧化层的厚度约为$8\sim10\mu m$，热影响区中的γ'相消失层厚度约为$2\sim3\mu m$。通过与图13-10（a）的对比可知，在980℃温度下，随着热疲劳循环次数增多，孔周氧化层厚度增大，但是热影响区域γ'相消失层会稍有减小，并且裂纹易从热影响区缺陷处萌生。

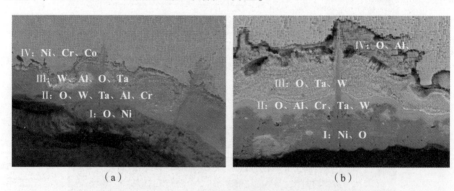

（a）　　　　　　　　　　（b）

图13-10　气膜孔镍基单晶合金980℃/1500次和3000次循环热疲劳氧化层背散射形貌
（a）980℃/1500次循环；（b）980℃/3000次循环。

图13-11为合金在$T_{max}=1050℃$条件下800次与1500次循环后孔周表面氧化层的成分分析，如图13-11（a）所示，$T_{max}=1050℃$条件下经历热疲劳800次循环后，合金表面出现了明显的成分衬度，结合线扫描得到各元素分布，按照氧化产物的形貌，氧化层可以分成3个层次，标记为Ⅰ、Ⅱ、Ⅲ，其中氧化层Ⅰ结构较为疏松，且存在较为明显的空洞，氧化层Ⅱ较为致密，氧化层Ⅲ为

转浅的区域。根据线扫描得到的元素含量可知，氧化层 I 的主要元素从高到低依次为 O、Ni；氧化层 II 的主要元素含量从高到低依次为 O、Al、Cr、Ta；氧化层 III 的主要元素含量从高到低依次为 Ni、Al、Cr、Ta、Co，该层氧元素分布非常少，可以理解为无氧层。

图 13-11（b）为 $T_{max} = 1050℃$ 条件下热循环 1500 次后孔周氧化层背散射形貌，结合线扫描得到的各元素分布，按照氧化产物的形貌，氧化层可以分成 3 个层，并且从内向外氧化层的厚度明显减小，热影响区中的 γ′ 相消失层厚度增大。通过与图 13-11（a）的对比可知，在 1050℃ 温度下，随着热疲劳循环次数增多，孔周氧化层厚度减小，但是热影响区域 γ′ 相消失层会稍有增大，并且裂纹扩展明显。

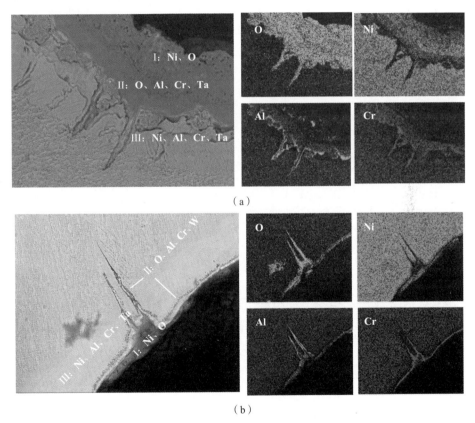

（a）

（b）

图 13-11　气膜孔镍基单晶合金 1050℃/800 次和 1500 次循环热疲劳氧化层背散射形貌
（a）1050℃/800 次循环；（b）1050℃/1500 次循环。

图 13-12 为氧化条件下的裂纹尖端扩展机理，裂纹扩展经历了热影响层裂纹形核、氧化加速、氧化-裂纹扩展相互促进、氧化减速、裂尖钝化 5 个阶段，

在氧化-裂纹扩展相互促进阶段的单个循环的过程中，裂纹在降温阶段首先在热影响层进行扩展，其次延伸至基体并扩展一定长度，直至降温阶段完成；而在之后的加温阶段，裂纹尖端受到压应力，但因氧化物的堆积，裂纹尖端无法完全闭合，随着温度的升高，裂纹尖端会发生一定程度的氧化，生成一定厚度的氧化层和热影响层；在随后的降温过程中，裂纹尖端又会首先在热影响层进行扩展。如此循环往复，形成了氧化-裂纹扩展相互促进阶段。

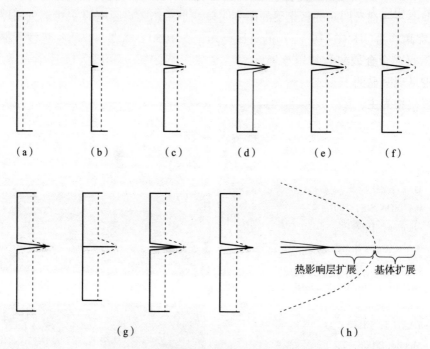

图 13-12　氧化-热疲劳交互裂纹扩展机理

（a）原始；（b）裂纹形核；（c）氧化加速；（d）氧化-裂纹扩展相互促进；（e）氧化减速；（f）裂纹尖端钝化；（g）氧化-裂纹扩展相互促进单个热循环进程；（h）裂纹尖端的热影响层-基体扩展区域。

　　结合氧化动力学理论及断裂力学理论，氧化-裂纹扩展相互促进阶段裂纹扩展速率可用式（13-1）表示，即将氧化-裂纹扩展相互促进的一个循环内裂纹扩展总速率分解为不考虑氧化的裂纹扩展速率和氧化造成的裂纹扩展速率之和：

$$\frac{\mathrm{d}a}{\mathrm{d}N} = \left(\frac{\mathrm{d}a}{\mathrm{d}N}\right)_{\mathrm{mec}} + \left(\frac{\mathrm{d}a}{\mathrm{d}N}\right)_{\mathrm{oxi}} = L_1(J)^p + \delta L_2(K_p)^q \tag{13-1}$$

式中：K_p 为氧化增重系数，因裂尖受到应力的影响，并且应力会发生循环变化，故该系数与最大循环应力有关；J 为不考虑氧化的裂纹尖端J-积分。

13.6　本章小结

（1）镍基单晶气膜孔试样热循环疲劳裂纹的萌生受到热疲劳温度峰值的影响很大，峰值升高会促进裂纹萌生程度。

（2）冷热疲劳裂纹主要萌生于试样的气膜孔孔周应力集中处，孔周<110>是最大切应力方向，故合金裂纹的萌生位置在孔周，且与枝晶生长方向大致成45°夹角，沿 [110] 和 [$\bar{1}$10] 方向向内扩展。

（3）合金裂纹萌生伴随氧化层向内扩展，且由于元素的偏析，孔周裂纹形貌呈现明显的三层式分布，第一层以氧化镍为主，第二层以氧化铝、氧化铬等氧化物为主，第三层则为无氧层。

参考文献

[1] HALFORD G R. Low-cycle thermal fatigue [J]. Therm Fatigue, 1986, 22 (2)：285-300.

[2] MANSON S S, DOLAN T J. Thermal stress and low cycle fatigue [J]. Journal of Applied Mechanics, 1966, 33 (4)：957.

[3] MANSON S S. Behavior of materials under conditions of thermal stress [J]. NASA Tnd, 1954, 7 (s3-4)：661-665.

[4] HIHARA, LLOYD A, RALPH L, et al. Environmental degradation of advanced and traditional engineering materials [J]. British Corrosion Journal, 2013 (3)：397-426.

[5] YANG J, ZHENG Q, SUN X, et al. Thermal fatigue behavior of K465 superalloy [J]. Rare Metals, 2006, 25 (3)：202-209.

[6] 修二. 热应力与热疲劳（基础理论与设计应用）[M]. 李安定，译. 北京：国防工业出版社，1984.

[7] MAILLOT V, FISSOLO A, DEGALLAIX G, et al. Thermal fatigue crack networks parameters and stability：An experimental study [J]. International Journal of Solids and Structures, 2005, 42 (2)：759-769.

[8] HAUFFE K. Oxidation of metals [M]. New York：Plenum Press, 1965.

[9] 宋文娟. 玻纤增强环氧树脂复合材料耐海水腐蚀行为与寿命预测 [D]. 哈尔滨：哈尔滨工业大学，2014.

[10] 肖旋，许辉，秦学智，等. 3 种铸造镍基高温合金热疲劳行为研究 [J]. 金属学报，2011, 28 (09)：1129-1134.

内容简介

　　本书针对航空发动机涡轮叶片用镍基单晶合金，系统地介绍了其高温氧化与腐蚀行为。全书共13章，主要涉及高温试验技术、多尺度观测与分析技术、氧化动力学理论、氧化扩散理论、氧和合金元素的反应理论、损伤力学与断裂力学理论等内容。本书可供航空航天、力学、金属材料工程等相关专业科研工作人员阅读和参考。

Introduction

This book systematically introduces the research results of the high temperature oxidation and corrosion behaviors of Ni-based single crystal alloys. This book consists of 13 chapters, mainly deals with high temperature test technology, multi-scale observation and analysis technology, oxidation kinetics theory, oxidation diffusion theory, reaction theory of oxygen and alloy elements, damage and fracture mechanics theory, etc. This book can be read and referred by relevant scientific research staff in aerospace, mechanics and metal materials engineering.

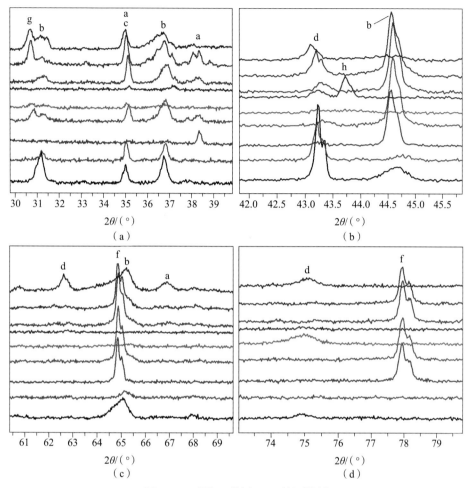

图 2-2 不同 2θ 范围 XRD 检测结果

（a）30°～39°；（b）42°～45.5°；（c）61°～69°；（d）73°～80°。

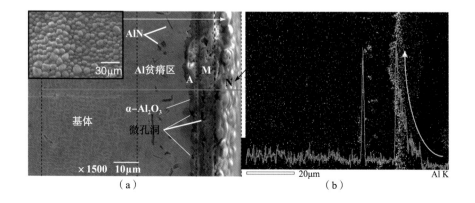

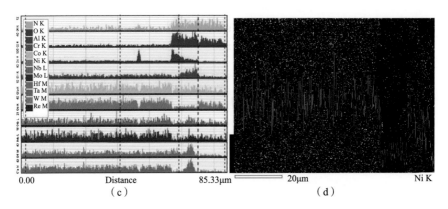

0.00   Distance   85.33μm   20μm   Ni K

（c）   （d）

图 2-4   500h/1050℃ 条件下镍基单晶合金氧化层

（a）表面和横截面显微形貌；（b）Al 元素分布；（c）不同元素线分布；（d）Ni 元素分布。

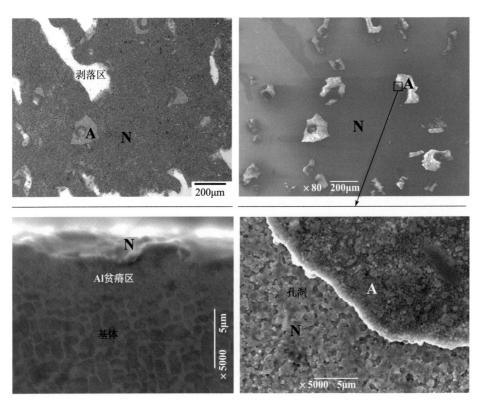

（a）

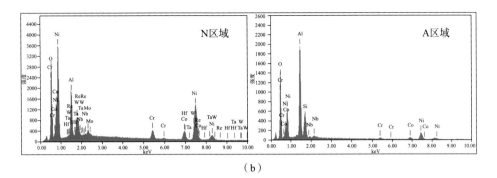

（b）

图 2-5 50h/1100℃条件下镍基单晶合金氧化层

（a）不同区域表面及横截面氧化层显微形貌；（b）EDS 分析。

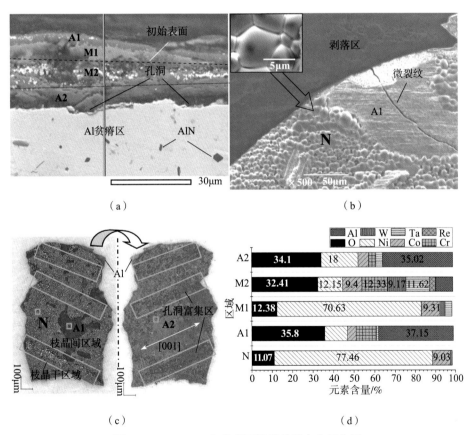

（a）　　　　　　　　　　　　　（b）

（c）　　　　　　　　　　　　　（d）

图 2-6 300h/1100℃条件下镍基单晶合金氧化层

（a）横截面显微形貌；（b）表面显微形貌；（c）剥落层形貌；（d）不同区域元素含量。

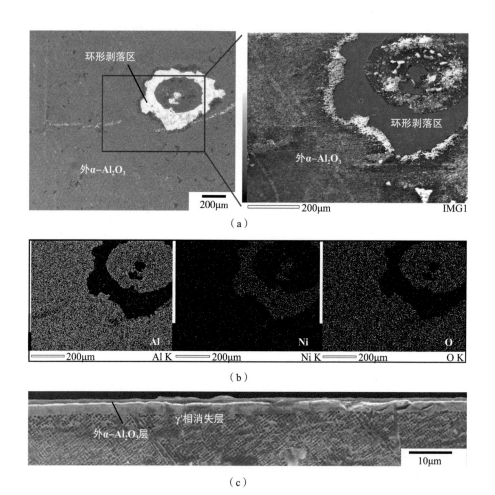

图 3-3　50h/1000℃ 条件下镍基单晶合金氧化层形貌

(a)不同区域表面氧化层形貌；(b)EDS面元素分析；(c)横截面氧化层形貌。

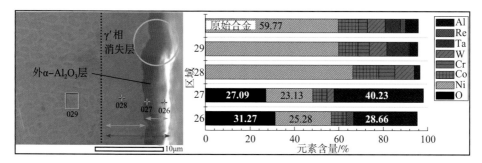

（a）

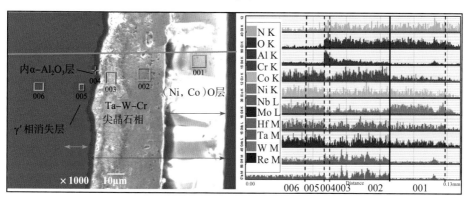

（b）

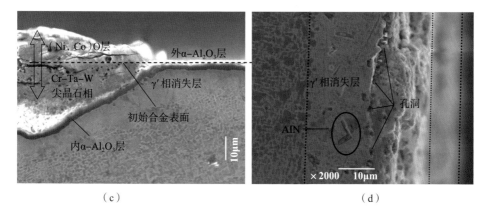

（c）　　　　　　　　　　　　　　　　　（d）

图 3-5　500h/1000℃条件下镍基单晶合金不同区域横截面氧化层形貌及 EDS 分析

（a）未剥落区域；（b）剥落-再生长区域；（c）过渡区域；（d）剥落区域。

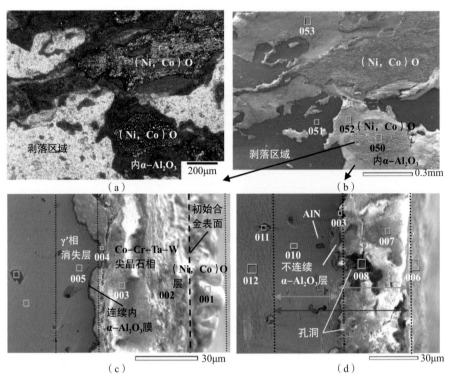

图 3-7 2000h/1000℃条件下镍基单晶合金不同区域氧化层形貌

（a）光学形貌；（b）SEM 形貌；（c）完整区氧化层横截面形貌；（d）剥落区氧化层横截面形貌。

图 3-11 1000℃条件下不同氧化时间剥落氧化层超景深光学形貌

（a）750h；（b）1500h。

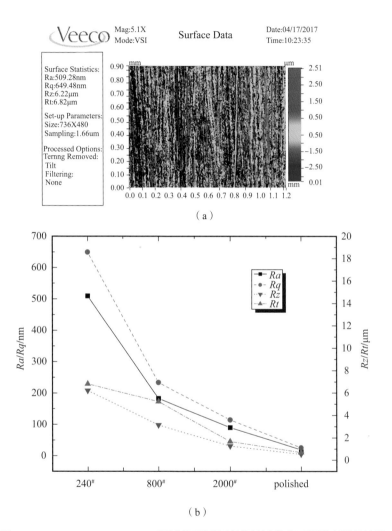

图 4-3　Surface Profiler NT1100 测试仪不同打磨条件试样表面粗糙度测量结果
（a）表面形貌；（b）测量结果。

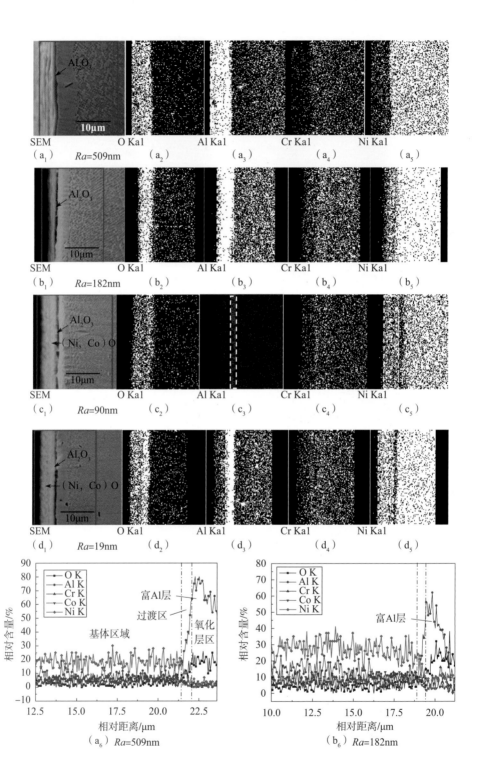

SEM   O Kα1   Al Kα1   Cr Kα1   Ni Kα1

(a_1) $Ra=509\text{nm}$ (a_2) (a_3) (a_4) (a_5)

SEM   O Kα1   Al Kα1   Cr Kα1   Ni Kα1

(b_1) $Ra=182\text{nm}$ (b_2) (b_3) (b_4) (b_5)

SEM   O Kα1   Al Kα1   Cr Kα1   Ni Kα1

(c_1) $Ra=90\text{nm}$ (c_2) (c_3) (c_4) (c_5)

SEM   O Kα1   Al Kα1   Cr Kα1   Ni Kα1

(d_1) $Ra=19\text{nm}$ (d_2) (d_3) (d_4) (d_5)

(a_6) $Ra=509\text{nm}$ (b_6) $Ra=182\text{nm}$

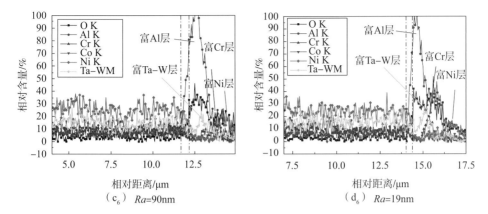

（c₆）$Ra=90nm$ （d₆）$Ra=19nm$

图 4-7   1000℃条件下氧化 2580min 后不同表面粗糙度试样氧化产物的横截面 SEM 形貌、
横截面元素分布和从合金基体到氧化物表面的线元素变化

（a）$Ra=509nm$；（b）$Ra=182nm$；（c）$Ra=90nm$；（d）$Ra=19nm$。

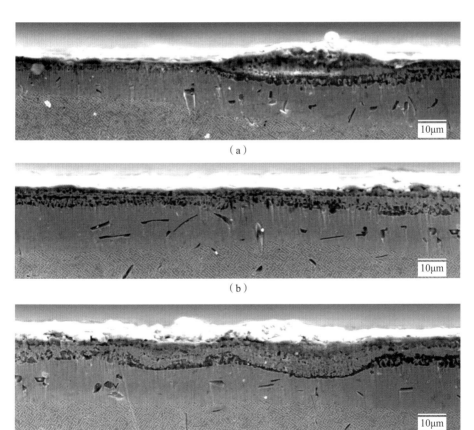

（a）

（b）

（c）

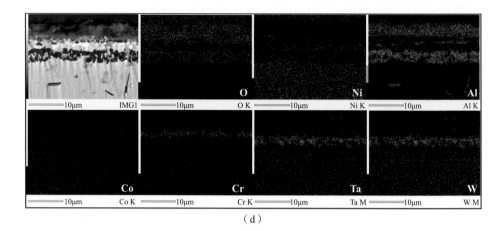

（d）

图 4-8　1000℃条件下氧化 2580min 后 $Ra=90$nm 试件内氧化层 SEM 形貌及元素分析

（a）~（c）氧化层微观形貌；（d）元素分析。

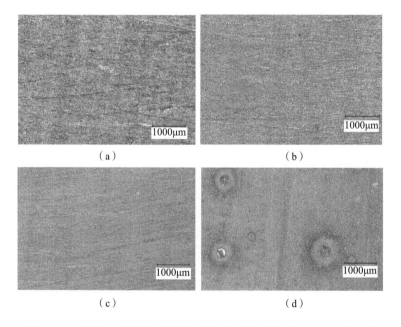

（a）

（b）

（c）

（d）

图 4-12　不同表面粗糙度试样的初始氧化产物进行宏观 OM 温色图谱

（a）$Ra=509$nm；（b）$Ra=182$nm；（c）$Ra=90$nm；（d）$Ra=19$nm。

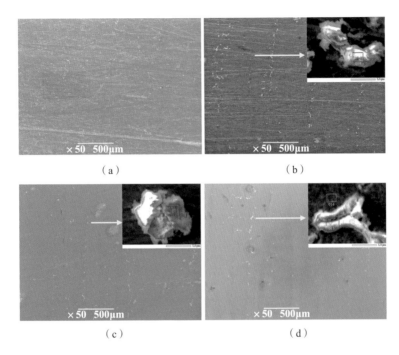

（a）　　　　　　　　　　　（b）

（c）　　　　　　　　　　　（d）

图 4-13　短时氧化后不同表面粗糙度试件表面氧化层宏观形貌和 Ta 氧化物微观形貌

（a）Ra=509nm；（b）Ra=182nm；（c）Ra=90nm；（d）Ra=19nm。

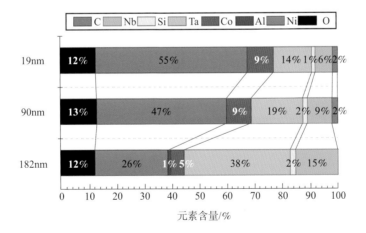

图 4-14　短时氧化后不同表面粗糙度试件表面 Ta 氧化物微观形貌及其元素含量分析

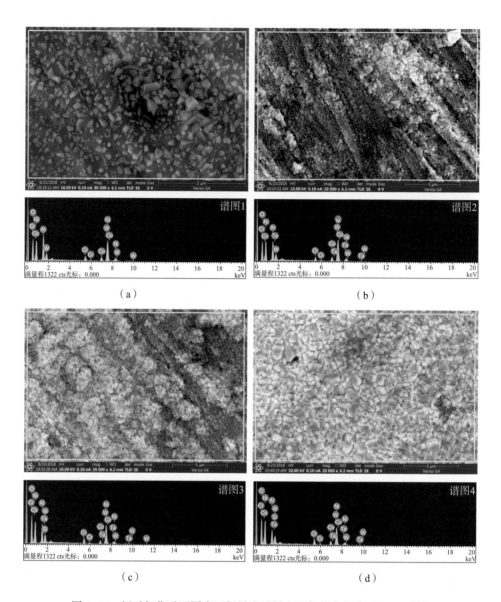

图 4-15 短时氧化后不同表面粗糙度试样主要氧化产物表面 SEM 形貌

（a）$Ra = 509nm$；（b）$Ra = 182nm$；（c）$Ra = 90nm$；（d）$Ra = 19nm$。

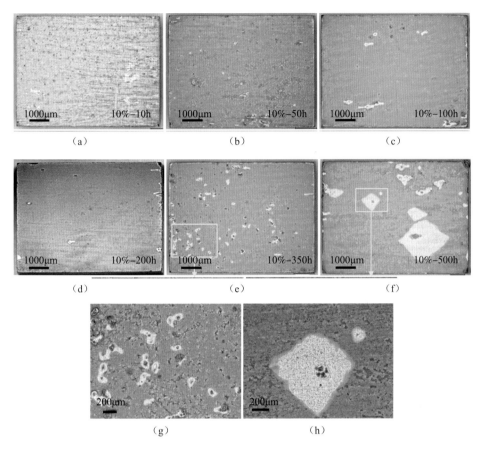

图 5-3　10%氧浓度下氧化不同时间后试样表面氧化物光学形貌

(a)氧化 10h 试样;(b)氧化 50h 试样;(c)氧化 100h 试样;(d)氧化 200h 试样;
(e)氧化 350h 试样;(f)氧化 500h 试样;(g)氧化 350h 试样局部放大图;(h)氧化 500h 试样局部放大图。

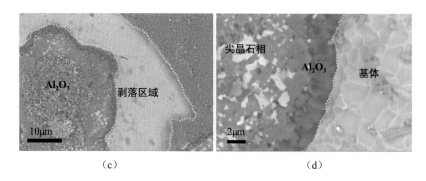

（c）   （d）

图 5-4 10%氧浓度下氧化 50h 后试样表面氧化物形貌
(a)剥落区域宏观形貌；(b)早期生成(Ni,Co)O 和尖晶石相；
(c)剥落区域微观形貌；(d)Al₂O₃ 和基体界面。

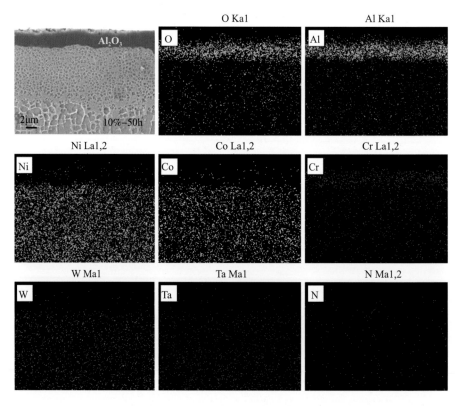

图 5-6 10%氧浓度下氧化 50h 后试样氧化层剖面结构和 EDS 面扫描分析结果

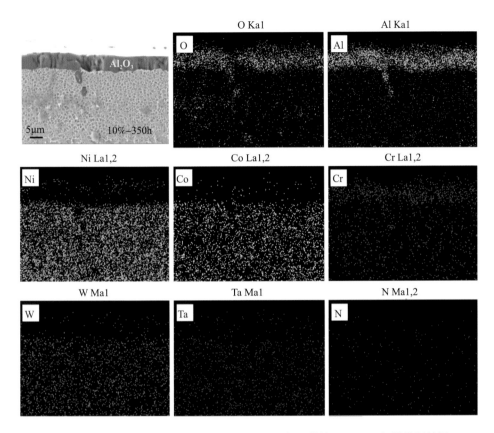

图 5-7 10%氧浓度下氧化 350h 后试样氧化层剖面结构和 EDS 面扫描分析结果

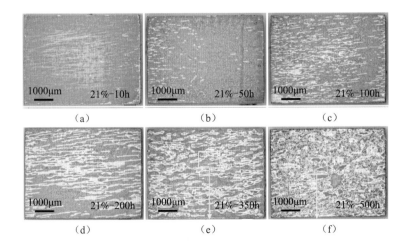

(a)　　　　　　　　　(b)　　　　　　　　　(c)

(d)　　　　　　　　　(e)　　　　　　　　　(f)

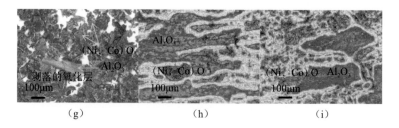

图 5-8　21%氧浓度下试样表面氧化物光学形貌

（a）氧化 10h 试样；（b）氧化 50h 试样；（c）氧化 100h 试样；（d）氧化 200h 试样；

（e）、（h）氧化 350h 试样；（g）氧化 500h 试样剥落氧化层；（f）、（i）氧化 500h 试样。

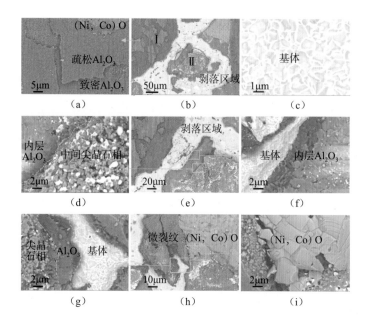

图 5-10　21%氧浓度下氧化 350h 试样表面氧化物微观形貌和剖面氧化层结构

（a）双层 Al_2O_3 结构；（b）剥落区域宏观形貌；（c）氧化层剥落后基体形貌；

（d）尖晶石相和内层 Al_2O_3 边缘形貌；（e）剥落区域微观形貌；

（f）、（g）内层氧化层剥落区域边缘形貌；（h）生成瘤状氧化物区域微观形貌；（i）突起的（Ni,Co）O。

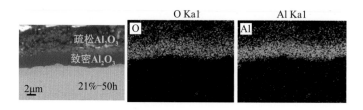

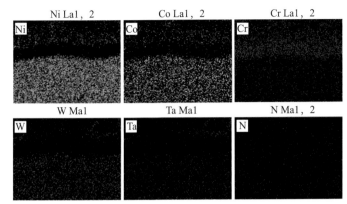

Ni La1, 2　　　　Co La1, 2　　　　Cr La1, 2

W Ma1　　　　Ta Ma1　　　　N Ma1, 2

图 5-11　在 21% 的氧浓度下氧化 50h 后氧化层结构和 EDS 分析结果

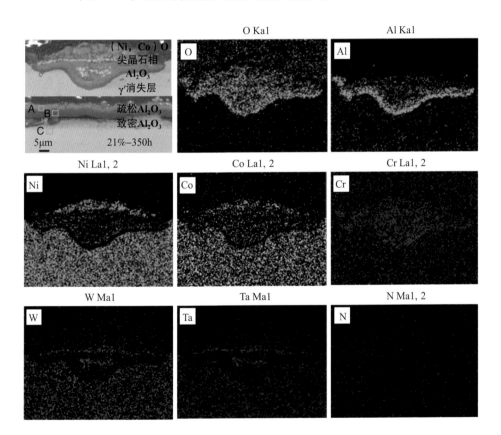

（Ni，Co）O
尖晶石相
Al₂O₃
γ′消失层
疏松 Al₂O₃
致密 Al₂O₃
21%-350h

O Ka1　　　　Al Ka1

Ni La1, 2　　　　Co La1, 2　　　　Cr La1, 2

W Ma1　　　　Ta Ma1　　　　N Ma1, 2

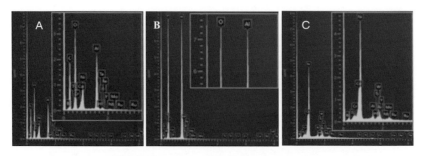

图 5-12　21%的氧浓度下氧化 350h 后氧化层结构和 EDS 分析结果

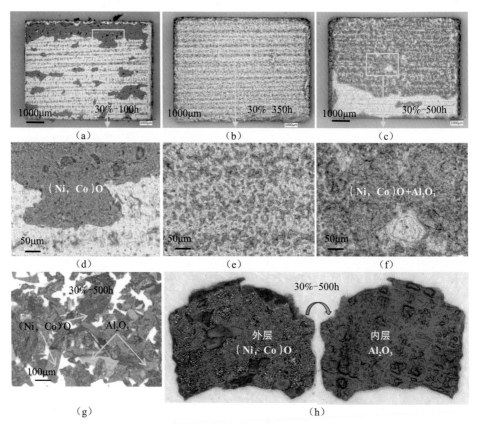

图 5-13　30%氧浓度条件下试样表面氧化物光学形貌和剥落氧化层

(a)、(d)氧化 200h 试样；(b)、(e)氧化 350h 试样；

(c)、(f)氧化 500h 试样；(g)、(h)氧化 500h 试样剥落氧化层。

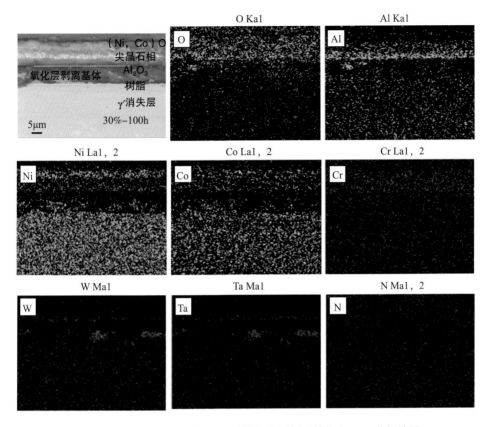

图 5-15　30%氧浓下氧化 100h 试样氧化层剖面结构和 EDS 分析结果

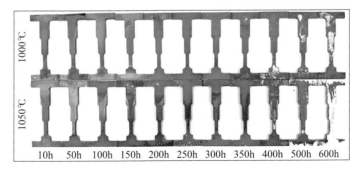

图 6-2　经过不同氧化温度和不同氧化时间拉应力氧化后试样实拍图

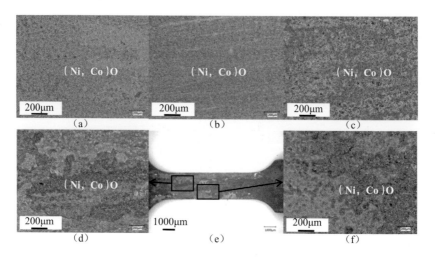

图 6-5 1000℃/120MPa. 试验条件下氧化超景深光学形貌

（a）氧化 10h 试样；（b）氧化 100h 试样；（c）氧化 300h 试样；（d）~（f）氧化 400h 试样。

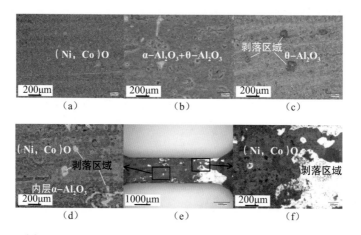

图 6-8 1050℃/120MPa. 试验条件下氧化物超景深光学形貌

（a）氧化 10h 试样；（b）氧化 100h 试样；（c）氧化 300h 试样；（d）~（f）氧化 400h 试样。

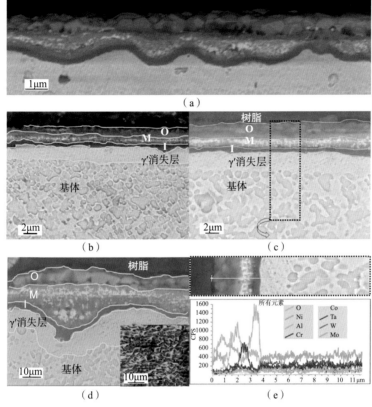

图 6-9　1000℃氧化 300h 的氧化层结构和 EDS 分析结果

(a)无应力试样;(b)40MPa 应力水平试样;(c)60MPa 应力水平试样;

(d)120MPa 应力水平试样;(e)120MPa 应力水平氧化层 EDS 线扫描分析结果。

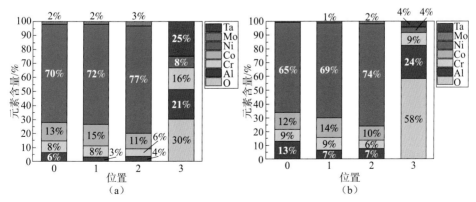

图 7-3　不同区域元素组成

(a)质量比;(b)原子比。

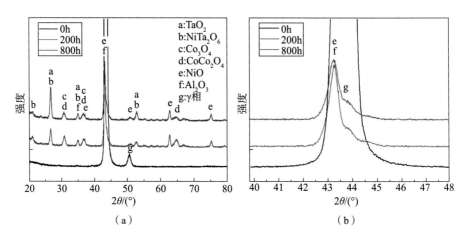

图 7-5　氧化物相分析

（a）不同条件下 XRD 检测结果；（b）局部范围检测结果。

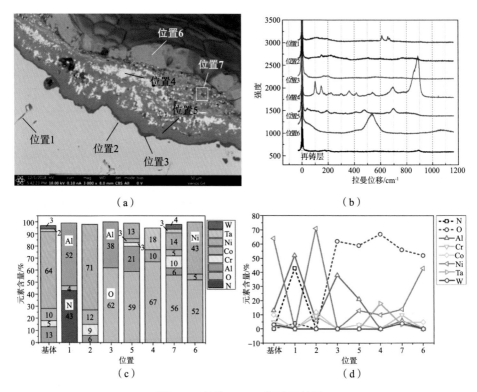

图 7-6　氧化 200h 正常孔再铸层

（a）氧化层形貌；（b）拉曼光谱分析；（c）元素含量；（d）元素变化。

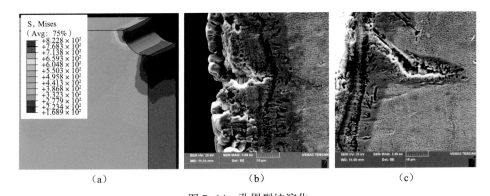

图 7-14　孔周裂纹演化

(a)孔周应力集中有限元计算结果;(b)孔周热影响层裂纹起源微观形貌;

(c)裂纹向内部基体扩展形貌。

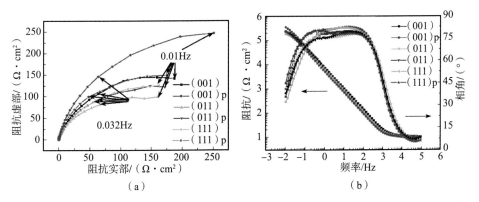

图 9-6　不同取向的镍基单晶高温合金在 3.5% NaCl 溶液中恒电位极化测试前后的 EIS 图谱

(a)Nyquist 曲线;(b)Bode 曲线。